21世纪高等院校教材

微 积 分

周性伟 主编

科学出版社
北京

内 容 简 介

本书共 10 章, 包括实数与函数、极限与连续、导数与微分、微分中值定理与导数应用、不定积分、定积分、常微分方程简介、多元函数微分学、二重积分、无穷级数等内容. 书后附有部分习题参考答案.

本书可作为高等院校非数学专业学生的教材, 也可作为教师、学生和其他人员的参考书.

图书在版编目(CIP)数据

微积分/周性伟主编. —北京: 科学出版社, 2009
21 世纪高等院校教材
ISBN 978-7-03-023512-1

Ⅰ. 微⋯ Ⅱ. 周⋯ Ⅲ. 微积分 Ⅳ. O172

中国版本图书馆 CIP 数据核字(2008) 第 185777 号

责任编辑: 王静　房阳 / 责任校对: 陈玉凤
责任印制: 张克忠 / 封面设计: 陈敬

科学出版社 出版
北京东黄城根北街 16 号
邮政编码: 100717
http://www.sciencep.com
新科印刷有限公司 印刷
科学出版社发行　各地新华书店经销
*
2009 年 5 月第 一 版　开本: B5(720×1000)
2014 年 6 月第六次印刷　印张: 12 1/4
字数: 235 000
定价: 22.00 元
(如有印装质量问题, 我社负责调换)

前　言

目前在我国高等学校，几乎所有专业都把微积分 (或高等数学) 开设成必修课. 由于微积分的内容十分丰富，各专业可根据自身的需要，选取其中的一部分来讲解，从而形成不同类型的微积分课. 而这种不同，本质上是由专业和总学时数决定的. 一般来说，总学时数多一些，内容就可以多讲一些，讲深一些，例子可以多举一些，习题可以多做一些等.

本教材是为 120 学时左右的微积分课编写的.

其实，不管什么样的专业，设置微积分课的根本目的都是为了实施**素质教育**，是要向学生简要介绍人类文明中已有几百年历史的这部分内容的概貌，从而使学生不仅学到 (进而初步掌握) 一种解决问题的方法，更重要的是能逐步学会严密的逻辑推理，学会对一些现象 (自然界的、社会的)，通过去粗取精，提炼出其中最重要的一些因素的数量关系，建立数学模型，从而更好地揭示这些现象的本质、掌握其规律、预测其未来，最终达到服务人类的目的.

毫无疑问，微积分中与实际问题直接有关的是微分和积分，它们在本教材中占了大部分篇幅. 但另一方面又必须强调，微分和积分的基础是极限. 正是极限这个各种现象的高度概括及它的定量化描述，才使我们从初等数学中那些静止的数字关系及图像中走出来，进入一幅运动的、不断变化的图画中. 在这里我们看到: 瞬时速度，是不断变化的平均速度的极限; 切线，是不断变化的割线的极限; 一块边界弯曲的图形的面积，是众多长方形面积之和的极限等. 不论哪一类微积分课，成功的教学，不仅要使学生能较熟练地 "微分" 和 "积分"，更重要的是使学生能较深刻地理解极限这个概念，从而能较好地运用由此产生的微分和积分，以研究和解决众多新的实际问题. 正是这个原因，和其他同类型教材相比，本教材对极限的方方面面给予了更多的关注.

本教材共分 10 章，第 1~4 章由杨波执笔; 第 5~7 章由王志芹执笔; 第 8 章由冀有虎执笔; 第 9 章由李永平执笔; 第 10 章由姚静执笔. 周性伟参与了所有章节的编写.

我们诚恳希望读者对本教材提出各种宝贵意见和建议.

周性伟

2008 年 10 月于南开大学

目 录

前言
第 1 章　实数与函数 ·· 1
 1.1　实数 ··· 1
 1.2　函数 ··· 2
 1.3　复合函数与反函数 ··· 4
 1.4　函数的一些属性 ·· 5
 1.5　常用的一些不等式 ··· 6
 习题 1 ·· 7
第 2 章　极限与连续 ··· 10
 2.1　数列及其极限 ·· 10
 2.2　函数在一点的极限与连续 ·· 14
 2.3　函数在一点的单侧极限及连续 ·· 17
 2.4　函数在无穷远处的极限 ·· 20
 2.5　极限的性质 ··· 20
 2.6　无穷小量与无穷大量 ·· 24
 2.7　连续函数的性质 ·· 27
 习题 2 ··· 29
第 3 章　导数与微分 ··· 32
 3.1　导数的定义 ··· 32
 3.2　一些基本初等函数的导数 ··· 35
 3.3　导数的运算法则 ·· 36
 3.4　高阶导数 ·· 42
 3.5　微分 ··· 45
 习题 3 ··· 46
第 4 章　微分中值定理与导数应用 ··· 50
 4.1　微分中值定理 ·· 50
 4.2　函数的单调性 ·· 53
 4.3　函数的凸性 ··· 54
 4.4　洛必达法则 ··· 61
 4.5　最值问题 ·· 63

习题 4 ·· 64

第 5 章　不定积分 ·· 67
5.1　原函数的概念 ··· 67
5.2　不定积分的概念 ·· 68
5.3　几个基本的不定积分计算法 ································ 69
习题 5 ·· 75

第 6 章　定积分 ·· 79
6.1　定积分的概念和性质 ······································· 79
6.2　微积分基本定理 ·· 85
6.3　定积分的换元积分与分部积分法 ························· 87
6.4　定积分的应用 ··· 92
6.5　广义积分 ··· 96
习题 6 ·· 99

第 7 章　常微分方程简介 ·· 104
7.1　有关常微分方程的一些基本概念 ························· 104
7.2　导数可解出的一阶常微分方程 $F(x,y,y')=0$ ········· 105
7.3　可降阶的高阶微分方程 ···································· 108
7.4　二阶常系数齐次线性微分方程 ···························· 109
习题 7 ··· 111

第 8 章　多元函数微分学 ·· 113
8.1　预备知识 ·· 113
8.2　多元函数的极限与连续 ···································· 118
8.3　偏导数与全微分 ·· 121
8.4　多元复合函数与隐函数微分法 ···························· 124
8.5　多元函数的极值 ·· 129
习题 8 ··· 134

第 9 章　二重积分 ·· 136
9.1　二重积分的概念 ·· 136
9.2　二重积分的性质 ·· 138
9.3　直角坐标下二重积分的计算 ······························· 140
9.4　极坐标下二重积分的计算 ·································· 146
习题 9 ··· 150

第 10 章　无穷级数 ··· 152
10.1　常数项级数的概念和性质 ································· 152
10.2　正项级数 ··· 155

10.3 任意项级数 ·································· 159
10.4 幂级数 ······································ 161
10.5 函数的幂级数展开 ························ 166
习题 10 ·· 172
部分习题参考答案 ······························· 175

第1章 实数与函数

本章讲述实数及一元函数的概念及其性质.

1.1 实　　数

在中学阶段, 我们已经知道正整数 (即自然数)、数 0、负整数、分数等这样一些数的概念, 这些数统称为**有理数**. 除了有理数外, 还存在像 $\sqrt{2}, \sqrt{3}, \pi$ 等那样的无理数, 当然, 无理数远不只这些. 有理数和无理数统称为**实数**. 所有实数组成的集称为**实数系**.

关于实数系, 需要注意下面几条基本事实:

(1) 若 $\varepsilon > 0$ 和 $M > 0$ 是任意两个正实数, 则必存在正整数 N 使 $N\varepsilon > M$ (这个事实有时也称为**阿基米德公理**);

(2) 实数之间可以像有理数那样进行加、减、乘、除四则运算, 此外, 在和有理数类似的条件下, 也可对实数进行对数、开方、三角函数、反三角函数等运算, 所有这些运算的结果都还是实数;

(3) 任何两个相异实数之间既存在有理数, 也存在无理数. 如果用数轴上的点来表示, 即数轴上任何两个相异点之间既有有理点, 也有无理点. 这个事实通常称为 "有理数和无理数在实数系中的**稠密性**".

下面一些符号经常被用到:

$\mathbb{N}$(自然数全体), $\mathbb{Z}$(整数全体), $\mathbb{Q}$(有理数全体), $\mathbb{Q}^c$(无理数全体), $\mathbb{R}$(实数全体).

又若 X 是一个集合, x 是 X 中的一个元, 则记 $x \in X$; 若 x 不是 X 中的元, 则记 $x \notin X$. 例如, $1 \in \mathbb{N}, -2 \in \mathbb{Z}, 0.1 \in \mathbb{Q}, \sqrt{2} \notin \mathbb{Q}$ 等.

定义 1.1 (1) 设 $a < b$ 是两个实数, 则满足不等式 $a \leqslant x \leqslant b$ 的一切实数 x 组成的集合称为**闭区间**, 记为 $[a, b]$(图 1.1);

(2) 满足不等式 $a < x < b$ 的一切实数 x 组成的集合称为**开区间**, 记为 (a, b)(图 1.2).

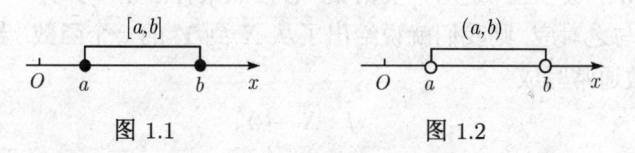

图 1.1

图 1.2

类似地, 可定义下面一些区间:

$[a,b)$ 表示满足不等式 $a \leqslant x < b$ 的一切实数 x 组成的集;

$(a,b]$ 表示满足不等式 $a < x \leqslant b$ 的一切实数 x 组成的集;

$(a,+\infty)$ 表示满足不等式 $x > a$ 的一切实数 x 组成的集;

$[a,+\infty)$ 表示满足不等式 $x \geqslant a$ 的一切实数 x 组成的集;

$(-\infty,b)$ 表示满足不等式 $x < b$ 的一切实数 x 组成的集;

$(-\infty,b]$ 表示满足不等式 $x \leqslant b$ 的一切实数 x 组成的集;

$(-\infty,+\infty) = \mathbb{R}$.

定义 1.2 形如 $(a-\delta, a+\delta)$ 的开区间称为 a 的**邻域**, 其中 $\delta > 0$, 记为 $N(a,\delta)$.

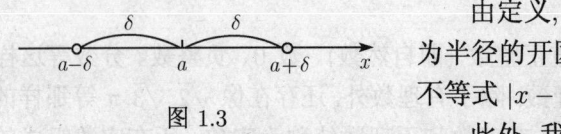

由定义, $N(a,\delta)$ 就是以 a 为中心, 以 δ 为半径的开区间 $(a-\delta, a+\delta)$, 它也就是满足不等式 $|x-a| < \delta$ 的实数 x 的全体 (图 1.3).

图 1.3

此外, 我们经常把满足 $0 < |x-a| < \delta$ 的一切 x 组成的集称为 a 的**空心邻域**, 它也就是邻域 $N(a,\delta)$ 中取走中心 a 以后的集合.

1.2 函 数

在中学阶段, 我们已学过下列一些函数:

$y = C$ （常数函数）;

$y = a^x$ （指数函数）;

$y = x^\lambda$ （幂函数）;

$y = \log_a x$ （以 $a > 0, a \neq 1$ 为底的对数函数）;

$y = \sin x, \quad \cos x, \quad \tan x, \quad \cot x$ （三角函数）;

$y = \arcsin x, \quad \arccos x, \quad \arctan x, \quad \text{arccot}\, x$ （反三角函数）.

上述六类函数统称为**基本初等函数**, 它们虽然有各自的定义域及图像, 但有一个共同点, 即对其定义域中的每一个 x, 都通过一定的法则对应于唯一的一个 y 值. 例如,

$$x \xrightarrow{\text{对应法则} a^x} y(=a^x), \quad x \xrightarrow{\text{对应法则} x^\lambda} y(=x^\lambda).$$

把这种共同点一般化, 就得到一般函数的概念.

定义 1.3 设 X, Y 是两个实数集. 若按照某种法则, 对每一 $x \in X$, 有唯一的一个 $y \in Y$ 与之对应, 则我们就说给出了从 X 到 Y 的一个**函数**. 若用 f 表示该法则, 这个函数通常写成

$$f : X \to Y,$$

1.2 函 数

而上述 x 和 y 之间的关系可写成

$$y = f(x).$$

此时称 x 为**自变量**, y 为**因变量**, X 为 f 的**定义域**, $f(X)$ (即值 $f(x)$ 全体) 为 f 的**值域**.

于是, 基本初等函数都是函数. 注意, 只要法则相同, 自变量和应变量可以用不同的符号来表示. 例如 $y = \sin x, u = \sin t$ 表示的是同一个函数, 即正弦函数.

下面列举几个特别的函数.

例 1 设 A 是一个实数集. 定义

$$\chi_A(x) = \begin{cases} 1, & x \in A, \\ 0, & x \notin A, \end{cases}$$

$\chi_A(x)$ 称为集合 A 的**特征函数**.

特别地, 有理数全体 $\mathbb{Q}$ 的特征函数 $D(x)$ 称为**狄利克雷函数**, 即

$$D(x) = \begin{cases} 1, & x \text{ 为有理数}, \\ 0, & x \text{ 为无理数}. \end{cases}$$

例 2 函数

$$\operatorname{sgn} x = \begin{cases} 1, & x > 0, \\ 0, & x = 0, \\ -1, & x < 0 \end{cases}$$

称为**符号函数**(图 1.4). 很明显, 对任何 x,

$$x \cdot \operatorname{sgn} x = |x|.$$

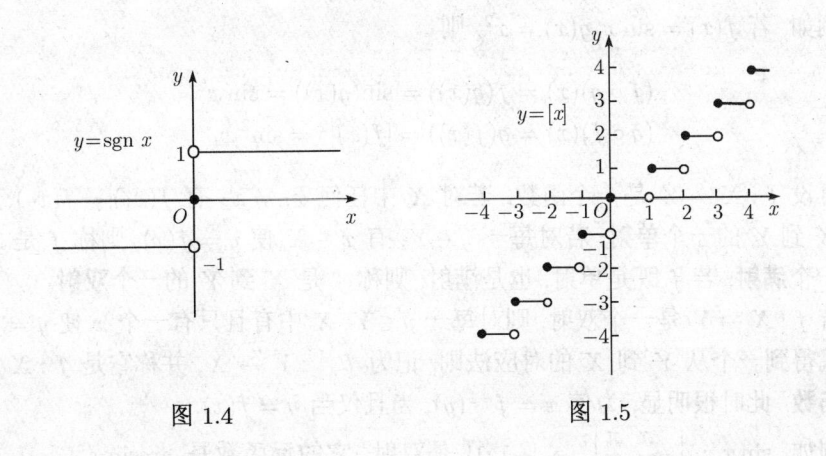

图 1.4

图 1.5

例 3 对每一实数 x, 定义

$$[x] = 不大于x的最大整数.$$

$[x]$ 称为**取整函数**(图 1.5).

例如, $[1.2] = 1, [0.3] = 0, [-2.3] = -3, [5] = 5$ 等. 很明显, 对任何 x,

$$[x] \leqslant x < [x] + 1.$$

我们知道每一个有理数 x 可唯一地表示为一个分数 $\dfrac{q}{p}$, 其中 p 是正整数, q 是整数, p 和 q 既约 (即没有大于 1 的公因子). 于是可以有下面的定义.

例 4 定义

$$R(x) = \begin{cases} \dfrac{1}{p}, & x = \dfrac{q}{p}, \text{ 其中} p \text{和} q \text{是互素整数}, p > 0 \\ 0, & x \text{为无理数}, \end{cases}$$

上述 $R(x)$ 称为**黎曼函数**. 例如 $R(0)=1, R(0.1)=0.1, R(0.2)=0.2, R(0.3)=0.1$ 等.

1.3 复合函数与反函数

设 $g: X \to Y, f: Y \to Z$ 是两个函数. 此时对每一 $x \in X$, 按法则 g, 得到实数 $y = g(x) \in Y$. 又对这个 y, 按法则 f, 得到实数 $z = f(y) = f(g(x)) \in Z$. 这样由这两个函数 g 和 f, 我们得到一个新的从 X 到 Z 的函数:

$$x \xrightarrow{g} y = g(x) \xrightarrow{f} z = f(y) = f(g(x)).$$

这个函数称为函数 g 和 f 的**复合函数**, 记为 $f \circ g$.

例如, 若 $f(x) = \sin x, g(x) = x^2$, 则

$$(f \circ g)(x) = f(g(x)) = \sin(g(x)) = \sin x^2,$$
$$(g \circ f)(x) = g(f(x)) = [f(x)]^2 = \sin^2 x.$$

再设 $f: X \to Y$ 是一个函数. 若对 X 中任何 $x_1 \neq x_2$ 有 $f(x_1) \neq f(x_2)$, 则称 f 是 X 到 Y 的一个**单射**; 若对每一 $y \in Y$, 有 $x \in X$ 使 $y = f(x)$, 则称 f 是 X 到 Y 的一个**满射**; 若 f 既是单射, 也是满射, 则称 f 是 X 到 Y 的一个**双射**.

若 $f: X \to Y$ 是一个双射, 则对每一 $y \in Y$, X 中有且只有一个 x 使 $y = f(x)$, 这样就得到一个从 Y 到 X 的对应法则, 记为 $f^{-1}: Y \to X$, 并称它是 $f: X \to Y$ 的**反函数**. 此时很明显, 为使 $x = f^{-1}(y)$, 当且仅当 $y = f(x)$.

例如, $\sin x : \left[-\dfrac{\pi}{2}, \dfrac{\pi}{2}\right] \to [-1, 1]$ 是双射, 它的反函数是 $\arcsin x : [-1, 1] \to$

$\left[-\frac{\pi}{2}, \frac{\pi}{2}\right]$. 再如, $x^2 : [0, +\infty) \to [0, +\infty)$ 是双射, 它的反函数是 $\sqrt{x} : [0, +\infty) \to [0, +\infty)$.

由基本初等函数通过有限次加、减、乘、除及复合得到的函数称为**初等函数**. 特别地,
$$P(x) = a_0 + a_1 x + \cdots + a_n x^n, \quad a_n \neq 0$$
称为 n **阶多项式**, 它是初等函数. 两个多项式的商称为**有理函数**, 它也是初等函数.

1.4 函数的一些属性

(1) **有界性**. 设 $f(x)$ 定义在实数集 D 上.

若有实数 M, 使对任何 $x \in D$ 有 $f(x) \leqslant M$, 则称 $f(x)$ 在 D 上是**有上界的**, 并称 M 是 $f(x)$ 的一个**上界**;

若有实数 m, 使对任何 $x \in D$ 有 $f(x) \geqslant m$, 则称 $f(x)$ 在 D 上**是有下界的**, 并称 m 是 $f(x)$ 的一个**下界**;

若 $f(x)$ 在 D 上既有上界, 也有下界, 则称 $f(x)$ 在 D 上**有界**. 不是有界的函数称为**无界函数**.

很明显, 为使 $f(x)$ 在 D 上有界, 充要条件是有 $L > 0$, 使对一切 $x \in D$ 有 $|f(x)| \leqslant L$.

容易验证, $\sin x, \cos x$ 在 $(-\infty, +\infty)$ 上是有界的; $x^2, 2^x$ 在 $[0, 1]$ 上是有界的; 此外, 特征函数、符号函数、黎曼函数也都是有界的.

例 1 求证 $f(x) = \dfrac{1}{x}$ 在 $(0, 1)$ 上无界.

证明 由定义, 只需证明 $f(x)$ 没有上界. 事实上任给 $M > 1$, 取 $x_0 = \dfrac{1}{2M}$, 则 $x_0 \in (0, 1)$ 并且 $f(x_0) = \dfrac{1}{x_0} = 2M > M$. 这说明任何 $M > 1$ 都不是 $f(x) = \dfrac{1}{x}$ 在 $(0, 1)$ 上的上界. 因此 $f(x)$ 在 $(0, 1)$ 上是无界的.

(2) **单调性**. 设 $f(x)$ 定义在实数集 D 上.

若对 D 中任何两点 x_1, x_2, 只要 $x_1 < x_2$, 就有 $f(x_1) \leqslant f(x_2)$ ($f(x_1) < f(x_2)$), 则称 $f(x)$ 在 D 上是**单增的**(**严格单增的**);

若对 D 中任何两点 x_1, x_2, 只要 $x_1 < x_2$, 就有 $f(x_1) \geqslant f(x_2)$ ($f(x_1) > f(x_2)$), 则称 $f(x)$ 在 D 上是**单减的**(**严格单减的**).

例如, x^2 在 $(-\infty, 0]$ 上是严格单减的, 在 $[0, +\infty)$ 上是严格单增的; 符号函数和取整函数都是单增的, 但不是严格单增的.

(3) **奇偶性**. 设 $f(x)$ 定义在形如 $(-a, a)$ 的对称区间上.

若对任何 $x \in (-a, a)$ 有 $f(-x) = f(x)$, 则称 $f(x)$ 是**偶函数**;

若对任何 $x \in (-a, a)$ 有 $f(-x) = -f(x)$, 则称 $f(x)$ 是**奇函数**.

例如, $x, \sin x, \operatorname{sgn} x$ 都是 $(-\infty, +\infty)$ 上的奇函数; $|x|, \cos x$ 都是偶函数.

(4) **周期性**. 设 $f(x)$ 定义在 $(-\infty, +\infty)$ 上. 若有 $T > 0$, 使对任何 x 有 $f(x+T) = f(x)$, 则称 $f(x)$ 是**周期函数**, 并称 T 是 $f(x)$ 的一个**周期**.

例如, 2π 是 $\sin x, \cos x$ 的周期, 而且是最小的正周期. 容易验证, 任何正有理数都是狄利克雷函数的周期. 因此狄利克雷函数没有最小的正周期.

1.5 常用的一些不等式

不等式在分析问题的证明中经常出现.

(1) **三角不等式**. 对任何实数 a, b,

$$||a| - |b|| \leqslant |a + b| \leqslant |a| + |b|.$$

事实上, 由于 $-|a||b| \leqslant ab \leqslant |a||b|$, 因此

$$a^2 - 2|a||b| + b^2 \leqslant a^2 + 2ab + b^2 \leqslant a^2 + 2|a||b| + b^2,$$

即

$$(|a| - |b|)^2 \leqslant (a+b)^2 \leqslant (|a| + |b|)^2.$$

由此得 $||a| - |b|| \leqslant |a+b| \leqslant |a| + |b|$.

(2) **算术-几何不等式**. 对任何 n 个正数 $a_1, a_2, \cdots, a_n$,

$$\sqrt[n]{a_1 a_2 \cdots a_n} \leqslant \frac{a_1 + a_2 + \cdots + a_n}{n}.$$

上式左端称为**几何平均值**, 右端称为**算术平均值**.

事实上, 当 $n = 2$ 时, 由 $a_1 - 2\sqrt{a_1 a_2} + a_2 = \left(\sqrt{a_1} - \sqrt{a_2}\right)^2 \geqslant 0$ 就可得所要的不等式. 又若令 $x = \sqrt{a_1 a_2}, y = \sqrt{a_3 a_4}$, 则利用 $n = 2$ 时的不等式, 得到

$$\sqrt[4]{a_1 a_2 a_3 a_4} = \sqrt{xy} \leqslant \frac{x+y}{2} \leqslant \frac{1}{2}\left(\frac{a_1 + a_2}{2} + \frac{a_3 + a_4}{2}\right) = \frac{a_1 + a_2 + a_3 + a_4}{4},$$

即当 $n = 4 = 2^2$ 时不等式成立. 用归纳法, 容易证明对任何 $n = 2^k$ 不等式成立.

其次, 若对某个 n 不等式成立, 可证它对 $n-1$ 也成立. 事实上, 若令 $b = \dfrac{1}{n-1}\sum_{k=1}^{n-1} a_k$, 则

$$b = \frac{1}{n} \cdot nb = \frac{1}{n}[(n-1)b + b] = \frac{1}{n}(a_1 + a_2 + \cdots + a_{n-1} + b) \geqslant \sqrt[n]{a_1 a_2 \cdots a_{n-1} b}.$$

于是 $b^{\frac{n-1}{n}} \geqslant \sqrt[n]{a_1 a_2 \cdots a_{n-1}}$, 即 $b \geqslant \sqrt[n-1]{a_1 a_2 \cdots a_{n-1}}$, 这就是所要的 $n-1$ 时的不等式.

这样, 先用一次 "朝后" 归纳法, 再用一次 "朝前" 归纳法, 就证明了所要的不等式.

(3) **柯西不等式**. 对任何实数 $a_1, a_2, \cdots, a_n$ 及 $b_1, b_2, \cdots, b_n$,

$$\left| \sum_{k=1}^{n} a_k b_k \right| \leqslant \sqrt{\sum_{k=1}^{n} a_k^2} \sqrt{\sum_{k=1}^{n} b_k^2}.$$

事实上, 对任意实数 x,

$$0 \leqslant \sum_{k=1}^{n} (a_k x - b_k)^2 = \sum_{k=1}^{n} a_k^2 \cdot x^2 - 2 \sum_{k=1}^{n} a_k b_k \cdot x + \sum_{k=1}^{n} b_k^2.$$

从而上式右端关于 x 的二次式的判别式非正, 即

$$4 \left(\sum_{k=1}^{n} a_k b_k \right)^2 - 4 \sum_{k=1}^{n} a_k^2 \sum_{k=1}^{n} b_k^2 \leqslant 0.$$

由此得上述柯西不等式.

(4) **一个三角函数不等式**. 对任何 $0 < x < \dfrac{\pi}{2}$,

$$\sin x < x < \tan x.$$

事实上, 作单位圆 (图 1.6). 在 $A(1,0)$ 作切线 AC. 圆心角 $\angle AOB = x$. 延长 OB 交 AC 于 C, 则

$$S_{\triangle OAB} < S_{\text{扇形} OAB} < S_{\triangle OAC},$$

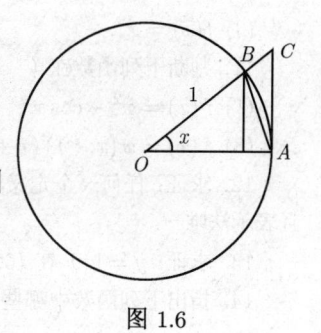

图 1.6

即

$$\frac{1}{2} \sin x < \frac{1}{2} x < \frac{1}{2} \tan x.$$

由此得所要的不等式.

习 题 1

1. 设实数 $a \geqslant 0$. 若对任何 $\varepsilon > 0$ 有 $a < \varepsilon$, 求证 $a = 0$.
2. 给定实数 a, b. 若对任何 $\varepsilon > 0$ 有 $a \leqslant b + \varepsilon$, 求证 $a \leqslant b$.
3. 求下列函数的定义域:

   (1) $y = \sqrt{3x - x^2}$;   (2) $y = \lg(x+3) + \lg(x-3)$;

(3) $y=\sqrt{\cos x^2}$; (4) $y=\arcsin\left(\lg\dfrac{x}{10}\right)$.

4. 设 $f(u)$ 的定义域是 $(0,1)$, 求 $f(\sin x), f(\lg x)$ 及 $f\left(\dfrac{[x]}{x}\right)$ 的定义域.

5. 下列函数 $f(x)$ 和 $g(x)$ 是否相同?
(1) $f(x)=\lg x^2,\ g(x)=2\lg x$;
(2) $f(x)=\sqrt{x^2-1},\ g(x)=x\sqrt{1-\dfrac{1}{x^2}}$.

6. 设 $f(x)=\dfrac{1}{1-x}$, 求 $f(f(x)), f(f(f(x)))$.

7. 设 $f(x)=\dfrac{1-x}{1+x}$, 求 $f(0), f(-x), f(x+1), f(x)+1, f\left(\dfrac{1}{x}\right), \dfrac{1}{f(x)}$.

8. 若 $f\left(\dfrac{x}{x-1}\right)=\dfrac{3x-1}{3x+1}$, 求 $f(x)$.

9. 研究下列函数在指定区间上的单调性:
(1) $x^2, 0\leqslant x<+\infty$; (2) $\sin x, -\dfrac{\pi}{2}\leqslant x\leqslant\dfrac{\pi}{2}$;
(3) $\cos x, 0\leqslant x\leqslant\pi$; (4) $\tan x, -\dfrac{\pi}{2}<x<\dfrac{\pi}{2}$;
(5) $\cot x, 0<x<\pi$; (6) $2x+\sin x, -\infty<x<+\infty$.

10. 研究下列函数的单调性:
(1) $f(x)=ax+b$; (2) $f(x)=ax^2+bx+c$;
(3) $f(x)=x^3$; (4) $f(x)=a^x(a>0)$.

11. 判断下列函数在 $(-\infty,+\infty)$ 上的奇偶性:
(1) $f(x)=x^2-\cos x$; (2) 狄利克雷函数;
(3) $f(x)=x(x-1)(x+1)$; (4) $f(x)=\sin x\cos x$.

12. 求证: 任何一个定义在 $(-l,l)$ 上的函数都可以表示成一个奇函数与一个偶函数之和, 且表示法唯一.

13. 求证: $y=\lg x$ 在 $(0,1)$ 上无界.

14. 指出下列函数中哪些是周期函数, 哪些不是:
(1) $y=\cos(2x-1)$; (2) $y=|\sin x|$;
(3) $y=\sin^2 x$; (4) $\cos x^2$.

15. 求下列函数的反函数:
(1) $y=\dfrac{x-1}{x+1}$; (2) $y=\dfrac{10^x-10^{-x}}{2}$.

16. 若 $f(x)=\begin{cases}1, & |x|<1,\\ 0, & |x|=1,\\ -1, & |x|>1,\end{cases}\ g(x)=10^x$, 求 $f(g(x)), g(f(x))$.

17. 若 $f(x)=\begin{cases}0, & x\leqslant 0,\\ x, & x>0,\end{cases}\ g(x)=\begin{cases}0, & x\leqslant 0,\\ -x^2, & x>0,\end{cases}$
求 $f(g(x)), g(g(x)), f(f(x)), g(f(x))$.

即 x_n 有界. 故由定理 2.1 知 x_n 收敛 $\left(\text{以后会知道} x_n \to \dfrac{\pi^2}{6}\right)$.

利用定理 2.1 还可以证明下面的重要极限, 它在微积分中起着关键的作用.

定理 2.2 数列 $\left(1+\dfrac{1}{n}\right)^n$ 单增有界, 从而收敛, 其极限记为 e, 即

$$\lim_{n\to+\infty}\left(1+\dfrac{1}{n}\right)^n = e = 2.718281828459045\cdots.$$

证明 由二项式展开得

$$\left(1+\dfrac{1}{n}\right)^n = C_n^0 + C_n^1 \dfrac{1}{n} + C_n^2 \dfrac{1}{n^2} + C_n^3 \dfrac{1}{n^3} + \cdots + C_n^n \dfrac{1}{n^n}$$

$$= 1 + \dfrac{n}{1!}\dfrac{1}{n} + \dfrac{n(n-1)}{2!}\dfrac{1}{n^2} + \dfrac{n(n-1)(n-2)}{3!}\dfrac{1}{n^3} + \cdots$$

$$+ \dfrac{n(n-1)\cdots 3\cdot 2\cdot 1}{n!}\dfrac{1}{n^n}$$

$$= 1 + 1 + \dfrac{1}{2!}\left(1-\dfrac{1}{n}\right) + \dfrac{1}{3!}\left(1-\dfrac{1}{n}\right)\left(1-\dfrac{2}{n}\right) + \cdots$$

$$+ \dfrac{1}{n!}\left(1-\dfrac{1}{n}\right)\left(1-\dfrac{2}{n}\right)\cdots\left(1-\dfrac{n-1}{n}\right)$$

$$< 1 + 1 + \dfrac{1}{2!} + \dfrac{1}{3!} + \cdots + \dfrac{1}{n!}$$

$$< 1 + 1 + \dfrac{1}{2} + \dfrac{1}{2^2} + \cdots + \dfrac{1}{2^{n-1}}$$

$$< 1 + \dfrac{1}{1-1/2} = 3.$$

这样本定理中的数列有界. 类似展开得

$$\left(1+\dfrac{1}{n+1}\right)^{n+1} = 1 + 1 + \dfrac{1}{2!}\left(1-\dfrac{1}{n+1}\right) + \dfrac{1}{3!}\left(1-\dfrac{1}{n+1}\right)\left(1-\dfrac{2}{n+1}\right) + \cdots$$

$$+ \dfrac{1}{n!}\left(1-\dfrac{1}{n+1}\right)\left(1-\dfrac{2}{n+1}\right)\cdots\left(1-\dfrac{n-1}{n+1}\right)$$

$$+ \dfrac{1}{(n+1)!}\left(1-\dfrac{1}{n+1}\right)\left(1-\dfrac{2}{n+1}\right)\cdots\left(1-\dfrac{n}{n+1}\right).$$

比较上述两个展开式易知 $\left(1+\dfrac{1}{n}\right)^n < \left(1+\dfrac{1}{n+1}\right)^{n+1}$, 即数列是单增的. 由定理 2.1 得本定理.

以后以 e 为底的对数 $\log_e x$ 简记为 $\ln x$, 即

$$\ln x = \log_e x.$$

定义 2.2(子列)　若 x_n 是一个数列，k_n 是一个严格单增的正整数列，则 x_{k_n} 称为 x_n 的**子列**.

例如，$x_{2n}: x_2, x_4, \cdots, x_{2n}, \cdots$ 是由 x_n 中的偶数项组成的数列，$x_{2n-1}: x_1, x_3, \cdots, x_{2n-1}, \cdots$ 是由 x_n 中的奇数项组成的数列，它们都是 x_n 的子列. 再如，$x_{n^2}: x_1, x_4, x_9, \cdots, x_{n^2}, \cdots$ 也是 x_n 的子列. 通俗地说，子列就是由原数列的一部分 (无穷) 项按原来的顺序组成的数列. 由数列极限的定义立即可得下面的定理.

定理 2.3　若数列 x_n 以 A 为极限，则它的任一子列也以 A 为极限.

因此若一个数列有两个子列，它们有不同的极限，则原数列就不收敛，也就是说没有极限.

例 6　求证极限 $\lim\limits_{n \to \infty} (-1)^n$ 不存在.

证明　此时数列 $x_n = (-1)^n$ 的奇数项组成的子列 $x_{2n-1} = (-1)^{2n-1} = -1$ 有极限 -1，它的偶数项组成的子列 $x_{2n} = (-1)^{2n} = 1$ 有极限 1，$-1 \ne 1$，因此 x_n 没有极限.

2.2　函数在一点的极限与连续

先来看下面三个函数 $f(x), g(x)$, 及 $h(x)$:

$$f(x) = 2x+1;\quad g(x) = 0,\ x \ne 0;\quad h(x) = \frac{\sin x}{x},\ x \ne 0.$$

现在我们问：当 $x \ne 0$ 并且 $x \to 0$ 时，这些函数有怎样的变化趋势？

直观上容易得知 $f(x) \to 1, g(x) \to 0$. 但直观上不容易判断 $h(x)$ 的变化趋势. 于是，和数列极限类似，对函数在一点附近的变化趋势也不能仅靠直观来判断. 为此需要考察 "当 $x \ne x_0$ 并且 $x \to x_0$ 时 $f(x) \to A$" 的确切含义.

我们知道，$x \to x_0$ 即 $|x - x_0| \to 0$；$f(x) \to A$ 即 $|f(x) - A| \to 0$. 这样上述命题就是在 $0 < |x - x_0| \to 0$ 的条件下有 $|f(x) - A| \to 0$. 用语言来说就是 "当 $|x - x_0|$ 越来越接近 0 时，$|f(x) - A|$ 越来越接近 0". 因此要使 x 充分接近 x_0 时 $|f(x) - A| < \dfrac{1}{10}$，就

应该有某个正数 $\delta_1 > 0$，使对满足 $0 < |x - x_0| < \delta_1$ 的一切 x 有 $|f(x) - A| < \dfrac{1}{10}$.

同理，

应该有某个正数 $\delta_2 > 0$，使对满足 $0 < |x - x_0| < \delta_2$ 的一切 x 有 $|f(x) - A| < \dfrac{1}{10^2}$.

应该有某个正数 $\delta_3 > 0$，使对满足 $0 < |x - x_0| < \delta_3$ 的一切 x 有 $|f(x) - A| < \dfrac{1}{10^3}$.

等. 一般地，任给 $\varepsilon > 0$，

应该有某个正数 $\delta > 0$，使对满足 $0 < |x - x_0| < \delta$ 的一切 x 有 $|f(x) - A| < \varepsilon$.

2.2 函数在一点的极限与连续

这样就有下面的定义.

定义 2.3(函数在一点的极限的 ε-δ 定义)   设函数 $f(x)$ 在 x_0 的一个空心邻域中有定义, A 是一个实数. 若对任何 $\varepsilon > 0$, 总有 $\delta > 0$, 使对满足 $0 < |x - x_0| < \delta$ 的一切 x 有 $|f(x) - A| < \varepsilon$, 则称函数 $f(x)$ **在 x_0 处有极限 A**, 记为 "当 $x \to x_0$ 时 $f(x) \to A$" 或

$$\lim_{x \to x_0} f(x) = A.$$

例1   求证 $\lim_{x \to 0}(2x + 1) = 1$.

证明   任给 $\varepsilon > 0$, 取 $\delta = \dfrac{\varepsilon}{2}$, 则当 $0 < |x - 0| < \delta$ 时,

$$|(2x + 1) - 1| = 2|x| < 2\delta = 2 \cdot \frac{\varepsilon}{2} = \varepsilon.$$

由此得本例.

定理 2.4 $\lim_{x \to 0} \dfrac{\sin x}{x} = 1.$

证明   由第1章知道, 当 $0 < x < \dfrac{\pi}{2}$ 时, $\sin x < x < \tan x$, 即 $1 < \dfrac{x}{\sin x} < \dfrac{1}{\cos x}$, 从而 $1 > \dfrac{\sin x}{x} > \cos x$. 因此当 $0 < |x| < \dfrac{\pi}{2}$ 时,

$$\left| \frac{\sin x}{x} - 1 \right| < 1 - \cos x = 2\sin^2 \frac{x}{2} < 2\left(\frac{x}{2}\right)^2 = \frac{x^2}{2}.$$

这样任给 $\varepsilon > 0$, 不妨设 $0 < \varepsilon < \dfrac{1}{2}$. 取 $\delta = \sqrt{2\varepsilon}$, 则当 $0 < |x| < \delta$ 时,

$$\left| \frac{\sin x}{x} - 1 \right| < \frac{x^2}{2} < \frac{\delta^2}{2} = \frac{2\varepsilon}{2} = \varepsilon.$$

定理得证.

定理 2.5(函数极限与数列极限的关系)   为使 $\lim_{x \to x_0} f(x) = A$, 充要条件是对任何数列 x_n, 只要 $x_n \neq x_0$ 而且 $x_n \to x_0 (n \to \infty)$, 就有 $\lim_{n \to \infty} f(x_n) = A$.

证明从略.

例2   求证极限 $\lim_{x \to 0} \sin \dfrac{1}{x}$ 不存在.

证明   令 $x_n = \dfrac{1}{n\pi}, y_n = \dfrac{2}{(4n+1)\pi}$, 则 $x_n \neq 0, y_n \neq 0, x_n \to 0, y_n \to 0$. 但当 $n \to \infty$ 时,

$$\sin \frac{1}{x_n} = \sin n\pi \to 0, \quad \sin \frac{1}{y_n} = \sin\left(2n + \frac{1}{2}\right)\pi \to 1,$$

而 $0 \neq 1$. 故由定理 2.5 得本例.

我们注意到：实际遇到的许多函数在一点的极限就是它在该点的值. 例如, 设 $f(x) = 2x + 1$, 则由例 1 得知 $\lim\limits_{x \to 0} f(x) = 1 = f(0)$. 所谓连续, 指的就是这种情形.

定义 2.4(函数在一点连续的定义)　设函数 $f(x)$ 在 x_0 的一个邻域中有定义. 若
$$\lim_{x \to x_0} f(x) = f(x_0),$$
则称 $f(x)$ 在 x_0 连续.

定理 2.6　常数函数, $a^x(a > 0), x^\lambda, \log_a x(a > 0), \sin x, \cos x, \arcsin x, \arccos x$ 这 8 个函数在它们有定义的点处都是连续的. 具体地说,

(1) $\lim\limits_{x \to x_0} C = C$, C 为常数, $-\infty < x_0 < +\infty$;

(2) $\lim\limits_{x \to x_0} a^x = a^{x_0}$, $a > 0$, $-\infty < x_0 < +\infty$;

(3) $\lim\limits_{x \to x_0} x^\lambda = x_0^\lambda$, $-\infty < \lambda < +\infty$, x_0 是使 x^λ 有定义的任何一点;

(4) $\lim\limits_{x \to x_0} \log_a x = \log_a x_0$, $a > 0$, $x_0 > 0$;

(5) $\lim\limits_{x \to x_0} \sin x = \sin x_0$, $-\infty < x_0 < +\infty$;

(6) $\lim\limits_{x \to x_0} \cos x = \cos x_0$, $-\infty < x_0 < +\infty$;

(7) $\lim\limits_{x \to x_0} \arcsin x = \arcsin x_0$, $-1 < x_0 < 1$;

(8) $\lim\limits_{x \to x_0} \arccos x = \arccos x_0$, $-1 < x_0 < 1$.

证明　只对 (2) 中 $a > 1$ 时的情形来证明. 为此, 任给 $\varepsilon > 0$, 要寻找 $\delta > 0$, 使对满足不等式 $0 < |x - x_0| < \delta$ 的一切 x, 有
$$|a^x - a^{x_0}| < \varepsilon.$$

不妨设 $0 < \varepsilon < a^{x_0}$. 此时由于 $0 < a^{x_0} - \varepsilon < a^{x_0} < a^{x_0} + \varepsilon$ 及 $a > 1$, 因此取对数, 得
$$\log_a(a^{x_0} - \varepsilon) < x_0 < \log_a(a^{x_0} + \varepsilon).$$

于是就有 $\delta > 0$ 使
$$\log_a(a^{x_0} - \varepsilon) < x_0 - \delta < x_0 < x_0 + \delta < \log_a(a^{x_0} + \varepsilon). \tag{2.1}$$

容易证明这个 $\delta > 0$ 就是我们要找的. 事实上, 对任何满足 $0 < |x - x_0| < \delta$ 的 x, 有
$$x_0 - \delta < x < x_0 + \delta.$$

从而由 (2.1) 知
$$\log_a(a^{x_0} - \varepsilon) < x < \log_a(a^{x_0} + \varepsilon),$$
即 $a^{x_0} - \varepsilon < a^x < a^{x_0} + \varepsilon$ 或 $|a^x - a^{x_0}| < \varepsilon$.

本定理中其他函数连续性的证明从略.

根据定理 2.6, 很容易得知下面这些极限:

$$\lim_{x\to 2} 3^x = 3^2 = 9, \quad \lim_{x\to 2} x^2 = 2^2 = 4, \quad \lim_{x\to e} \ln x = \ln e = 1,$$

$$\lim_{x\to \frac{\pi}{4}} \sin x = \sin \frac{\pi}{4} = \frac{\sqrt{2}}{2}, \quad \lim_{x\to \frac{\pi}{3}} \cos x = \cos \frac{\pi}{3} = \frac{1}{2},$$

$$\lim_{x\to \frac{1}{2}} \arcsin x = \arcsin \frac{1}{2} = \frac{\pi}{6}, \quad \lim_{x\to \frac{\sqrt{2}}{2}} \arccos x = \arccos \frac{\sqrt{2}}{2} = \frac{\pi}{4}.$$

2.3 函数在一点的单侧极限及连续

本节讲述的是当 $x > x_0$(或 $x < x_0$) 并且越来越接近 x_0 时 $f(x)$ 的变化趋势, 在概念上这与 2.2 节讲的类似. 下面直接给出定义.

定义 2.5(函数在一点的单侧极限的 ε-δ 定义) 设 $f(x)$ 在区间 $(x_0, x_0 + \Delta)$(或 $(x_0 - \Delta, x_0)$) 上有定义, A 是一个实数. 若对任何 $\varepsilon > 0$, 总有 $\delta > 0$, 使对满足 $x_0 < x < x_0 + \delta$(或 $x_0 - \delta < x < x_0$) 的一切 x 有 $|f(x) - A| < \varepsilon$, 则称函数 $f(x)$在点 x_0 处有右 (左) 极限 A, 记为 "当 $x \to x_0^+ (x \to x_0^-)$ 时 $f(x) \to A$", 或

$$\lim_{x\to x_0^+} f(x) = A \quad (\lim_{x\to x_0^-} f(x) = A).$$

通常把右极限 $\lim\limits_{x\to x_0^+} f(x)$ 记成 $f(x_0^+)$, 把左极限 $\lim\limits_{x\to x_0^-} f(x)$ 记成 $f(x_0^-)$, 即

$$\lim_{x\to x_0^+} f(x) = f(x_0^+), \quad \lim_{x\to x_0^-} f(x) = f(x_0^-).$$

例 1 求证 $\lim\limits_{x\to 0^+} \operatorname{sgn} x = 1, \lim\limits_{x\to 0^-} \operatorname{sgn} x = -1$, 其中 $\operatorname{sgn} x$ 是符号函数, 即

$$\operatorname{sgn} x = \begin{cases} 1, & x > 0, \\ 0, & x = 0, \\ -1, & x < 0. \end{cases}$$

证明 任给 $\varepsilon > 0$, 取 $\delta = 1$, 则

当 $0 < x < \delta = 1$ 时, $\quad |\operatorname{sgn} x - 1| = 0 < \varepsilon,$

当 $-1 = -\delta < x < 0$ 时, $\quad |\operatorname{sgn} x - (-1)| = 0 < \varepsilon.$

由此得本例.

例 2 求证 $\lim\limits_{x\to 0^+} \sqrt{x} = 0.$

证明 任给 $\varepsilon > 0$, 取 $\delta = \varepsilon^2$, 则当 $0 < x < \delta$ 时,
$$\left|\sqrt{x} - 0\right| = \sqrt{x} < \sqrt{\delta} = \sqrt{\varepsilon^2} = \varepsilon.$$

由此得本例.

例 3 求证 $\lim\limits_{x \to 0^-} e^{1/x} = 0$.

证明 任给 $\varepsilon > 0$, 不妨设 $0 < \varepsilon < 1$. 此时 $\ln \varepsilon < 0$. 取 $\delta = \dfrac{-1}{\ln \varepsilon} > 0$, 则当 $\dfrac{1}{\ln \varepsilon} = -\delta < x < 0$ 时, $\dfrac{1}{x} < \ln \varepsilon$, 故
$$\left|e^{1/x} - 0\right| = e^{1/x} < \varepsilon.$$

由此得本例.

下面的定理是明显成立的.

定理 2.7 为使 $f(x)$ 在 x_0 处有极限, 充要条件是 $f(x)$ 在 x_0 处有左、右极限, 并且这两个极限相等.

例如, 由例 1 知 sgn x 在 $x = 0$ 处的左、右极限不相等, 因此它在 $x = 0$ 处没有极限.

与定理 2.5 类似, 有下面的定理.

定理 2.8(函数单侧极限与数列极限的关系) 为使 $\lim\limits_{x \to x_0^+} f(x) = A (\lim\limits_{x \to x_0^-} f(x) = A)$, 充要条件是对任何数列 x_n, 只要 $x_n > x_0 (x_n < x_0)$ 而且 $x_n \to x_0 (n \to \infty)$, 就有 $\lim\limits_{n \to \infty} f(x_n) = A$.

利用此定理容易证明 $\sin \dfrac{1}{x}$ 在 $x = 0$ 处没有左、右极限 (见 2.2 节例 2).

定义 2.6(函数在一点单侧连续的定义) 设 $f(x)$ 在区间 $[x_0, x_0 + \Delta)$(或 $(x_0 - \Delta, x_0]$) 上有定义, 若
$$\lim_{x \to x_0^+} f(x) = f(x_0) \quad (\lim_{x \to x_0^-} f(x) = f(x_0)),$$

则称 $f(x)$ 在 x_0 **右连续** (**左连续**).

例如, 由上述例 2 知 $\sqrt{x}$ 在 $x = 0$ 处右连续.

例 4 研究取整函数 $[x]$ 的连续性.

解 任给一点 x_0.

(1) 若 $x_0 = n$ 是一个整数, 则
$$[x] = \begin{cases} x_0, & x_0 < x < x_0 + 1, \\ x_0 - 1, & x_0 - 1 < x < x_0, \end{cases}$$

第 2 章 极限与连续

本章讲述函数的变化趋势. 先介绍几个符号.

符号 "$\to$" 读作 "越来越接近" 或 "趋向". 例如, "当 x 越来越接近 2 时, x^2 越来越接近 4" 可以表示为 "当 $x \to 2$ 时 $x^2 \to 4$".

符号 "$+\infty$" "$-\infty$" 及 "∞" 分别读作 "正无穷大" "负无穷大" 和 "无穷大", 它们都表示变化趋势. 例如, "$x \to +\infty$" 表示变量 x 沿实线正方向无限地增大; "$x \to -\infty$" 表示变量 x 沿实线负方向无限地减小. 如果把 $+\infty$ 和 $-\infty$ 想象成两个 "数", 那么 $+\infty$ 表示一个比任何数都大的 "数", $-\infty$ 表示一个比任何数都小的 "数". 此时 "$x \to +\infty$" 可以读作 "x 越来越接近 $+\infty$" 或 "x 趋向 $+\infty$"; "$x \to -\infty$" 可以读作 "x 越来越接近 $-\infty$" 或 "x 趋向 $-\infty$". 显然当 $x \to +\infty$ 时 $-x \to -\infty$, 反之亦然. 最后 "$x \to \infty$" 表示变量 x 的绝对值 $|x|$ 沿实线正方向无限地增大, 即 "$|x| \to +\infty$".

在上面这些符号的介绍中, 我们使用了 "越来越接近"、"趋向"、"无限地增大" 及 "无限地减小" 等语言. 从直观上看, 这些语言表达的都是一种变化趋势, 因而是运动的, 而不是静止的. 本章讲述的就是当自变量沿一个确定的方向变化时, 应变量的变化趋势.

2.1 数列及其极限

只对正整数有定义的函数称为**数列**, 通常用 x_n, y_n, z_n 等符号表示, 其中 n 为正整数, x_n, y_n, z_n 分别表示对应的函数值. 例如, $x_n = \dfrac{1}{n}, y_n = \dfrac{n}{n+1}, z_n = (-1)^n n$ 等都是数列. 有时为了直观起见, 经常也把数列对应于 $n = 1, 2, 3, \cdots$ 的若干项写出来. 例如, 上面几个数列可以写成:

$$x_n : 1, \frac{1}{2}, \frac{1}{3}, \cdots, \frac{1}{n}, \cdots.$$

$$y_n : \frac{1}{2}, \frac{2}{3}, \frac{3}{4}, \cdots, \frac{n}{n+1}, \cdots.$$

$$z_n : -1, 2, -3, \cdots, (-1)^n n, \cdots.$$

由于一个数列 x_n 的自变量 n 只能取正整数, 因此 n 的变化趋势只有一种, 即 $n \to +\infty$. 至于 x_n 的变化趋势, 就要视 x_n 的具体情况而定. 例如, 直观上容易得

18. 求方程 $[3x+1] = 2x - \frac{1}{2}$ 的解.
19. 设 a, b 为正数, 且 $a + b = ab$, 求 $a + b$ 的最小值.
20. 若 $3x^2 + 2y^2 = 6x$, 求 $x^2 + y^2$ 的最大值、最小值.
21. 若 $f(x), g(x)$ 的定义域和值域都是 $\mathbb{R}$, 且均存在反函数, 求 $y = f^{-1}\left(g^{-1}\left(f(x)\right)\right)$ 的反函数.
22. 求证: $y = \dfrac{\sin x}{x}$ 在 $(0, +\infty)$ 上有界.

2.1 数列及其极限

知, 当 $n \to +\infty$ 时, $\frac{1}{n} \to 0, \frac{n}{n+1} \to 1, (-1)^n n \to \infty$ (即 $|(-1)^n n| = n \to +\infty$). 但如果数列复杂, 就不容易, 甚至根本无法从直观上来判断其变化趋势. 例如, $\sqrt[n]{n}$, $\left(1+\frac{1}{n}\right)^n$ 等数列就属于这种情况. 虽然此时可以通过计算机来计算, 但计算机能且只能计算它们在有限个 n 处的值, 而不管这有限个 n 多到什么程度, 我们都无法得知 "当 n 越来越大时, 它们是否越来越接近某个数?"

这样, 数列的变化趋势不能只依靠直观来判断, 而必须有一种可以量化的方法来界定. 为此我们来仔细考察命题 "当 $n \to +\infty$ 时 $x_n \to A$" 的确切含义.

我们知道, 数 a 和 b 的接近程度是用它们差的绝对值 $|a-b|$ 来度量的: $|a-b|$ 越小, 说明 a 和 b 越接近, 反之亦然. 现在 $x_n \to A$, 即 x_n 越来越接近 A, 说明 $|x_n - A|$ 越来越接近 0, 而这个变化过程是在 $n \to +\infty$, 即 "n 越来越大" 这个条件下实现的. 于是譬如说要使 n 充分大时 $|x_n - A| < \frac{1}{10}$, 就

应该有某个正整数 N_1, 使对一切 $n > N_1$ 有 $|x_n - A| < \frac{1}{10}$.

同理,

应该有某个正整数 N_2, 使对一切 $n > N_2$ 有 $|x_n - A| < \frac{1}{10^2}$,

应该有某个正整数 N_3, 使对一切 $n > N_3$ 有 $|x_n - A| < \frac{1}{10^3}$

等. 由于 $|x_n - A|$ 越来越接近 0, 因此不管给出一个多么小的正数 $\varepsilon > 0$, 当 n 充分大以后, 即当 n 大于某个正整数 N 时, 就有 $|x_n - A| < \varepsilon$. 这就导致下面的定义.

定义 2.1(数列极限的 ε-N 定义) 设 x_n 是一个数列, A 是一个实数. 若对任何正数 $\varepsilon > 0$, 总存在一个正整数 N, 使对满足 $n > N$ 的一切正整数 n 有 $|x_n - A| < \varepsilon$, 则称数列 x_n **收敛**, 并把 A 称为数列 x_n 的 **极限**, 记为 $x_n \to A$, 或

$$\lim_{n \to +\infty} x_n = A.$$

例 1 求证 $\lim\limits_{n \to +\infty} \frac{1}{n} = 0$.

证明 任给 $\varepsilon > 0$, 取正整数 $N > \frac{1}{\varepsilon}$, 则当 $n > N$ 时,

$$\left|\frac{1}{n} - 0\right| = \frac{1}{n} < \frac{1}{N} < \varepsilon.$$

由此得本例.

例 2 求证 $\lim\limits_{n \to +\infty} \frac{n}{n+1} = 1$.

证明 任给 $\varepsilon > 0$, 取正整数 $N > \frac{1}{\varepsilon}$, 则当 $n > N$ 时,

$$\left|\frac{n}{n+1} - 1\right| = \frac{1}{n+1} < \frac{1}{n} < \frac{1}{N} < \varepsilon.$$

由此得本例.

例 3　求证 $\lim\limits_{n\to+\infty} q^n = 0$, 其中 $0 < |q| < 1$.

分析　要使 $|q^n - 0| < \varepsilon$, 即 $|q|^n < \varepsilon$, $n\lg|q| < \lg\varepsilon$, $n > \dfrac{\lg\varepsilon}{\lg|q|} = \log_{|q|}\varepsilon$.

证明　任给 $\varepsilon > 0$, 取正整数 $N > \log_{|q|}\varepsilon$, 则当 $n > N$ 时,
$$|q^n - 0| = |q|^n < |q|^N < |q|^{\log_{|q|}\varepsilon} = \varepsilon.$$

由此得本例.

例 4　求证 $\lim\limits_{n\to+\infty} \sqrt[n]{n} = 1$.

分析　令 $\sqrt[n]{n} - 1 = a_n$, 则当 $n > 1$ 时,
$$n = (1 + a_n)^n = 1 + C_n^1 a_n + C_n^2 a_n^2 + \cdots + C_n^n a_n^n > C_n^2 a_n^2 = \dfrac{n(n-1)}{2} a_n^2.$$

于是 $a_n^2 < \dfrac{2}{n-1}$,
$$0 < \sqrt[n]{n} - 1 = a_n < \sqrt{\dfrac{2}{n-1}}.$$

要使 $|\sqrt[n]{n} - 1| < \varepsilon$, 只需 $\sqrt{\dfrac{2}{n-1}} < \varepsilon$, 即 $n > \dfrac{2}{\varepsilon^2} + 1$.

证明　任给 $\varepsilon > 0$, 取正整数 $N > \dfrac{2}{\varepsilon^2} + 1$, 则当 $n > N$ 时,
$$|\sqrt[n]{n} - 1| < \sqrt{\dfrac{2}{n-1}} < \sqrt{\dfrac{2}{N-1}} < \sqrt{\varepsilon^2} = \varepsilon.$$

由此得本例.

总的来说, 上面这些极限的例子都比较简单, 多数在直观上都能判断. 为了能得到更多更复杂数列的极限, 需要研究数列极限的一些一般性的性质. 我们把有些性质归在后面一般函数极限的性质中讲. 这里只叙述一条, 证明从略.

定理 2.1　单调有界数列必收敛.

例 5　求证数列 $x_n = 1 + \dfrac{1}{2^2} + \dfrac{1}{3^2} + \cdots + \dfrac{1}{n^2}$ 收敛.

证明　显然 x_n 单增. 其次
$$x_n < 1 + \dfrac{1}{1 \cdot 2} + \dfrac{1}{2 \cdot 3} + \cdots + \dfrac{1}{(n-1)n}$$
$$= 1 + \left(1 - \dfrac{1}{2}\right) + \left(\dfrac{1}{2} - \dfrac{1}{3}\right) + \cdots + \left(\dfrac{1}{n-1} - \dfrac{1}{n}\right)$$
$$= 2 - \dfrac{1}{n} < 2,$$

2.1 数列及其极限

即 x_n 有界. 故由定理 2.1 知 x_n 收敛 (以后会知道 $x_n \to \dfrac{\pi^2}{6}$).

利用定理 2.1 还可以证明下面的重要极限, 它在微积分中起着关键的作用.

定理 2.2 数列 $\left(1+\dfrac{1}{n}\right)^n$ 单增有界, 从而收敛, 其极限记为 e, 即

$$\lim_{n \to +\infty} \left(1+\frac{1}{n}\right)^n = e = 2.718281828459045\cdots.$$

证明 由二项式展开得

$$\left(1+\frac{1}{n}\right)^n = C_n^0 + C_n^1 \frac{1}{n} + C_n^2 \frac{1}{n^2} + C_n^3 \frac{1}{n^3} + \cdots + C_n^n \frac{1}{n^n}$$

$$= 1 + \frac{n}{1!}\frac{1}{n} + \frac{n(n-1)}{2!}\frac{1}{n^2} + \frac{n(n-1)(n-2)}{3!}\frac{1}{n^3} + \cdots$$

$$+ \frac{n(n-1)\cdots 3 \cdot 2 \cdot 1}{n!}\frac{1}{n^n}$$

$$= 1 + 1 + \frac{1}{2!}\left(1-\frac{1}{n}\right) + \frac{1}{3!}\left(1-\frac{1}{n}\right)\left(1-\frac{2}{n}\right) + \cdots$$

$$+ \frac{1}{n!}\left(1-\frac{1}{n}\right)\left(1-\frac{2}{n}\right)\cdots\left(1-\frac{n-1}{n}\right)$$

$$< 1 + 1 + \frac{1}{2!} + \frac{1}{3!} + \cdots + \frac{1}{n!}$$

$$< 1 + 1 + \frac{1}{2} + \frac{1}{2^2} + \cdots + \frac{1}{2^{n-1}}$$

$$< 1 + \frac{1}{1-1/2} = 3.$$

这样本定理中的数列有界. 类似展开得

$$\left(1+\frac{1}{n+1}\right)^{n+1} = 1 + 1 + \frac{1}{2!}\left(1-\frac{1}{n+1}\right) + \frac{1}{3!}\left(1-\frac{1}{n+1}\right)\left(1-\frac{2}{n+1}\right) + \cdots$$

$$+ \frac{1}{n!}\left(1-\frac{1}{n+1}\right)\left(1-\frac{2}{n+1}\right)\cdots\left(1-\frac{n-1}{n+1}\right)$$

$$+ \frac{1}{(n+1)!}\left(1-\frac{1}{n+1}\right)\left(1-\frac{2}{n+1}\right)\cdots\left(1-\frac{n}{n+1}\right).$$

比较上述两个展开式易知 $\left(1+\dfrac{1}{n}\right)^n < \left(1+\dfrac{1}{n+1}\right)^{n+1}$, 即数列是单增的. 由定理 2.1 得本定理.

以后以 e 为底的对数 $\log_e x$ 简记为 $\ln x$, 即

$$\ln x = \log_e x.$$

定义 2.2(子列) 若 x_n 是一个数列，k_n 是一个严格单增的正整数列，则 x_{k_n} 称为 x_n 的**子列**.

例如，$x_{2n}: x_2, x_4, \cdots, x_{2n}, \cdots$ 是由 x_n 中的偶数项组成的数列，$x_{2n-1}: x_1, x_3, \cdots, x_{2n-1}, \cdots$ 是由 x_n 中的奇数项组成的数列，它们都是 x_n 的子列. 再如，$x_{n^2}: x_1, x_4, x_9, \cdots, x_{n^2}, \cdots$ 也是 x_n 的子列. 通俗地说，子列就是由原数列的一部分(无穷) 项按原来的顺序组成的数列. 由数列极限的定义立即可得下面的定理.

定理 2.3 若数列 x_n 以 A 为极限，则它的任一子列也以 A 为极限.

因此若一个数列有两个子列，它们有不同的极限，则原数列就不收敛，也就是说没有极限.

例 6 求证极限 $\lim\limits_{n\to\infty}(-1)^n$ 不存在.

证明 此时数列 $x_n=(-1)^n$ 的奇数项组成的子列 $x_{2n-1}=(-1)^{2n-1}=-1$ 有极限 -1，它的偶数项组成的子列 $x_{2n}=(-1)^{2n}=1$ 有极限 1，$-1\neq 1$，因此 x_n 没有极限.

2.2 函数在一点的极限与连续

先来看下面三个函数 $f(x), g(x)$，及 $h(x)$：

$$f(x)=2x+1;\quad g(x)=0,\quad x\neq 0;\quad h(x)=\frac{\sin x}{x},\quad x\neq 0.$$

现在我们问：当 $x\neq 0$ 并且 $x\to 0$ 时，这些函数有怎样的变化趋势？

直观上容易得知 $f(x)\to 1, g(x)\to 0$. 但直观上不容易判断 $h(x)$ 的变化趋势. 于是，和数列极限类似，对函数在一点附近的变化趋势也不能仅靠直观来判断. 为此需要考察"当 $x\neq x_0$ 并且 $x\to x_0$ 时 $f(x)\to A$"的确切含义.

我们知道，$x\to x_0$ 即 $|x-x_0|\to 0$; $f(x)\to A$ 即 $|f(x)-A|\to 0$. 这样上述命题就是在 $0<|x-x_0|\to 0$ 的条件下有 $|f(x)-A|\to 0$. 用语言来说就是"当 $|x-x_0|$ 越来越接近 0 时，$|f(x)-A|$ 越来越接近 0". 因此要使 x 充分接近 x_0 时 $|f(x)-A|<\dfrac{1}{10}$，就

应该有某个正数 $\delta_1>0$，使对满足 $0<|x-x_0|<\delta_1$ 的一切 x 有 $|f(x)-A|<\dfrac{1}{10}$.

同理，

应该有某个正数 $\delta_2>0$，使对满足 $0<|x-x_0|<\delta_2$ 的一切 x 有 $|f(x)-A|<\dfrac{1}{10^2}$.

应该有某个正数 $\delta_3>0$，使对满足 $0<|x-x_0|<\delta_3$ 的一切 x 有 $|f(x)-A|<\dfrac{1}{10^3}$

等. 一般地，任给 $\varepsilon>0$，

应该有某个正数 $\delta>0$，使对满足 $0<|x-x_0|<\delta$ 的一切 x 有 $|f(x)-A|<\varepsilon$.

根据定理 2.6, 很容易得知下面这些极限:

$$\lim_{x\to 2} 3^x = 3^2 = 9, \quad \lim_{x\to 2} x^2 = 2^2 = 4, \quad \lim_{x\to e} \ln x = \ln e = 1,$$

$$\lim_{x\to \frac{\pi}{4}} \sin x = \sin \frac{\pi}{4} = \frac{\sqrt{2}}{2}, \quad \lim_{x\to \frac{\pi}{3}} \cos x = \cos \frac{\pi}{3} = \frac{1}{2},$$

$$\lim_{x\to \frac{1}{2}} \arcsin x = \arcsin \frac{1}{2} = \frac{\pi}{6}, \quad \lim_{x\to \frac{\sqrt{2}}{2}} \arccos x = \arccos \frac{\sqrt{2}}{2} = \frac{\pi}{4}.$$

2.3 函数在一点的单侧极限及连续

本节讲述的是当 $x > x_0$(或 $x < x_0$) 并且越来越接近 x_0 时 $f(x)$ 的变化趋势, 在概念上这与 2.2 节讲的类似. 下面直接给出定义.

定义 2.5(函数在一点的单侧极限的 ε-δ 定义) 设 $f(x)$ 在区间 $(x_0, x_0+\Delta)$(或 $(x_0 - \Delta, x_0)$) 上有定义, A 是一个实数. 若对任何 $\varepsilon > 0$, 总有 $\delta > 0$, 使对满足 $x_0 < x < x_0 + \delta$(或 $x_0 - \delta < x < x_0$) 的一切 x 有 $|f(x) - A| < \varepsilon$, 则称函数 $f(x)$ 在点 x_0 处有右 (左) 极限 A, 记为 "当 $x \to x_0^+$ ($x \to x_0^-$) 时 $f(x) \to A$", 或

$$\lim_{x\to x_0^+} f(x) = A \quad (\lim_{x\to x_0^-} f(x) = A).$$

通常把右极限 $\lim\limits_{x\to x_0^+} f(x)$ 记成 $f(x_0^+)$, 把左极限 $\lim\limits_{x\to x_0^-} f(x)$ 记成 $f(x_0^-)$, 即

$$\lim_{x\to x_0^+} f(x) = f(x_0^+), \quad \lim_{x\to x_0^-} f(x) = f(x_0^-).$$

例 1 求证 $\lim\limits_{x\to 0^+} \operatorname{sgn} x = 1, \lim\limits_{x\to 0^-} \operatorname{sgn} x = -1$, 其中 $\operatorname{sgn} x$ 是符号函数, 即

$$\operatorname{sgn} x = \begin{cases} 1, & x > 0, \\ 0, & x = 0, \\ -1, & x < 0. \end{cases}$$

证明 任给 $\varepsilon > 0$, 取 $\delta = 1$, 则

当 $0 < x < \delta = 1$ 时, $\quad |\operatorname{sgn} x - 1| = 0 < \varepsilon$,

当 $-1 = -\delta < x < 0$ 时, $\quad |\operatorname{sgn} x - (-1)| = 0 < \varepsilon$.

由此得本例.

例 2 求证 $\lim\limits_{x\to 0^+} \sqrt{x} = 0$.

证明 任给 $\varepsilon > 0$,取 $\delta = \varepsilon^2$,则当 $0 < x < \delta$ 时,
$$\left|\sqrt{x} - 0\right| = \sqrt{x} < \sqrt{\delta} = \sqrt{\varepsilon^2} = \varepsilon.$$

由此得本例.

例 3 求证 $\lim\limits_{x \to 0^-} e^{1/x} = 0$.

证明 任给 $\varepsilon > 0$,不妨设 $0 < \varepsilon < 1$. 此时 $\ln \varepsilon < 0$. 取 $\delta = \dfrac{-1}{\ln \varepsilon} > 0$, 则当 $\dfrac{1}{\ln \varepsilon} = -\delta < x < 0$ 时, $\dfrac{1}{x} < \ln \varepsilon$, 故
$$\left|e^{1/x} - 0\right| = e^{1/x} < \varepsilon.$$

由此得本例.

下面的定理是明显成立的.

定理 2.7 为使 $f(x)$ 在 x_0 处有极限,充要条件是 $f(x)$ 在 x_0 处有左、右极限,并且这两个极限相等.

例如,由例 1 知 $\text{sgn}\, x$ 在 $x = 0$ 处的左、右极限不相等,因此它在 $x = 0$ 处没有极限.

与定理 2.5 类似,有下面的定理.

定理 2.8(函数单侧极限与数列极限的关系) 为使 $\lim\limits_{x \to x_0^+} f(x) = A\,(\lim\limits_{x \to x_0^-} f(x) = A)$, 充要条件是对任何数列 x_n, 只要 $x_n > x_0 (x_n < x_0)$ 而且 $x_n \to x_0 (n \to \infty)$, 就有 $\lim\limits_{n \to \infty} f(x_n) = A$.

利用此定理容易证明 $\sin \dfrac{1}{x}$ 在 $x = 0$ 处没有左、右极限 (见 2.2 节例 2).

定义 2.6(函数在一点单侧连续的定义) 设 $f(x)$ 在区间 $[x_0, x_0 + \Delta)$(或 $(x_0 - \Delta, x_0]$) 上有定义, 若
$$\lim_{x \to x_0^+} f(x) = f(x_0) \quad (\lim_{x \to x_0^-} f(x) = f(x_0)),$$

则称 $f(x)$ 在 x_0 **右连续 (左连续)**.

例如,由上述例 2 知 $\sqrt{x}$ 在 $x = 0$ 处右连续.

例 4 研究取整函数 $[x]$ 的连续性.

解 任给一点 x_0.

(1) 若 $x_0 = n$ 是一个整数,则
$$[x] = \begin{cases} x_0, & x_0 < x < x_0 + 1, \\ x_0 - 1, & x_0 - 1 < x < x_0, \end{cases}$$

这样就有下面的定义.

定义 2.3(函数在一点的极限的 ε-δ 定义) 设函数 $f(x)$ 在 x_0 的一个空心邻域中有定义, A 是一个实数. 若对任何 $\varepsilon > 0$, 总有 $\delta > 0$, 使对满足 $0 < |x - x_0| < \delta$ 的一切 x 有 $|f(x) - A| < \varepsilon$, 则称函数 $f(x)$**在x_0处有极限A**, 记为 "当 $x \to x_0$ 时 $f(x) \to A$" 或
$$\lim_{x \to x_0} f(x) = A.$$

例 1 求证 $\lim\limits_{x \to 0}(2x+1) = 1$.

证明 任给 $\varepsilon > 0$, 取 $\delta = \dfrac{\varepsilon}{2}$, 则当 $0 < |x - 0| < \delta$ 时,
$$|(2x+1) - 1| = 2|x| < 2\delta = 2 \cdot \frac{\varepsilon}{2} = \varepsilon.$$

由此得本例.

定理 2.4 $\lim\limits_{x \to 0} \dfrac{\sin x}{x} = 1.$

证明 由第 1 章知道, 当 $0 < x < \dfrac{\pi}{2}$ 时, $\sin x < x < \tan x$, 即 $1 < \dfrac{x}{\sin x} < \dfrac{1}{\cos x}$, 从而 $1 > \dfrac{\sin x}{x} > \cos x$. 因此当 $0 < |x| < \dfrac{\pi}{2}$ 时,
$$\left|\frac{\sin x}{x} - 1\right| < 1 - \cos x = 2\sin^2 \frac{x}{2} < 2\left(\frac{x}{2}\right)^2 = \frac{x^2}{2}.$$

这样任给 $\varepsilon > 0$, 不妨设 $0 < \varepsilon < \dfrac{1}{2}$. 取 $\delta = \sqrt{2\varepsilon}$, 则当 $0 < |x| < \delta$ 时,
$$\left|\frac{\sin x}{x} - 1\right| < \frac{x^2}{2} < \frac{\delta^2}{2} = \frac{2\varepsilon}{2} = \varepsilon.$$

定理得证.

定理 2.5(函数极限与数列极限的关系) 为使 $\lim\limits_{x \to x_0} f(x) = A$, 充要条件是对任何数列 x_n, 只要 $x_n \neq x_0$ 而且 $x_n \to x_0 (n \to \infty)$, 就有 $\lim\limits_{n \to \infty} f(x_n) = A$.

证明从略.

例 2 求证极限 $\lim\limits_{x \to 0} \sin \dfrac{1}{x}$ 不存在.

证明 令 $x_n = \dfrac{1}{n\pi}, y_n = \dfrac{2}{(4n+1)\pi}$, 则 $x_n \neq 0, y_n \neq 0, x_n \to 0, y_n \to 0$. 但当 $n \to \infty$ 时,
$$\sin \frac{1}{x_n} = \sin n\pi \to 0, \quad \sin \frac{1}{y_n} = \sin\left(2n + \frac{1}{2}\right)\pi \to 1,$$

而 $0 \neq 1$. 故由定理 2.5 得本例.

我们注意到：实际遇到的许多函数在一点的极限就是它在该点的值. 例如, 设 $f(x) = 2x + 1$, 则由例 1 得知 $\lim\limits_{x \to 0} f(x) = 1 = f(0)$. 所谓连续, 指的就是这种情形.

定义 2.4(函数在一点连续的定义)　设函数 $f(x)$ 在 x_0 的一个邻域中有定义. 若
$$\lim_{x \to x_0} f(x) = f(x_0),$$
则称 $f(x)$ 在 x_0 连续.

定理 2.6　常数函数, $a^x(a > 0), x^\lambda, \log_a x(a > 0), \sin x, \cos x, \arcsin x, \arccos x$ 这 8 个函数在它们有定义的点处都是连续的. 具体地说,

(1) $\lim\limits_{x \to x_0} C = C$, C 为常数, $-\infty < x_0 < +\infty$;

(2) $\lim\limits_{x \to x_0} a^x = a^{x_0}$, $a > 0$, $-\infty < x_0 < +\infty$;

(3) $\lim\limits_{x \to x_0} x^\lambda = x_0^\lambda$, $-\infty < \lambda < +\infty$, x_0 是使 x^λ 有定义的任何一点;

(4) $\lim\limits_{x \to x_0} \log_a x = \log_a x_0$, $a > 0$, $x_0 > 0$;

(5) $\lim\limits_{x \to x_0} \sin x = \sin x_0$, $-\infty < x_0 < +\infty$;

(6) $\lim\limits_{x \to x_0} \cos x = \cos x_0$, $-\infty < x_0 < +\infty$;

(7) $\lim\limits_{x \to x_0} \arcsin x = \arcsin x_0$, $-1 < x_0 < 1$;

(8) $\lim\limits_{x \to x_0} \arccos x = \arccos x_0$, $-1 < x_0 < 1$.

证明　只对 (2) 中 $a > 1$ 时的情形来证明. 为此, 任给 $\varepsilon > 0$, 要寻找 $\delta > 0$, 使对满足不等式 $0 < |x - x_0| < \delta$ 的一切 x, 有
$$|a^x - a^{x_0}| < \varepsilon.$$
不妨设 $0 < \varepsilon < a^{x_0}$. 此时由于 $0 < a^{x_0} - \varepsilon < a^{x_0} < a^{x_0} + \varepsilon$ 及 $a > 1$, 因此取对数, 得
$$\log_a(a^{x_0} - \varepsilon) < x_0 < \log_a(a^{x_0} + \varepsilon).$$
于是就有 $\delta > 0$ 使
$$\log_a(a^{x_0} - \varepsilon) < x_0 - \delta < x_0 < x_0 + \delta < \log_a(a^{x_0} + \varepsilon). \tag{2.1}$$
容易证明这个 $\delta > 0$ 就是我们要找的. 事实上, 对任何满足 $0 < |x - x_0| < \delta$ 的 x, 有
$$x_0 - \delta < x < x_0 + \delta.$$
从而由 (2.1) 知
$$\log_a(a^{x_0} - \varepsilon) < x < \log_a(a^{x_0} + \varepsilon),$$
即 $a^{x_0} - \varepsilon < a^x < a^{x_0} + \varepsilon$ 或 $|a^x - a^{x_0}| < \varepsilon$.

本定理中其他函数连续性的证明从略.

2.3 函数在一点的单侧极限及连续

即此时 $[x]$ 在 x_0 的右方区间 (x_0, x_0+1) 中是常数 x_0, 在 x_0 的左方区间 (x_0-1, x_0) 中是常数 $x_0 - 1$, 从而

$$\lim_{x \to x_0^-} [x] = x_0 - 1 \neq x_0 = [x_0], \quad \lim_{x \to x_0^+} [x] = x_0 = [x_0].$$

因此 $[x]$ 在整数点 x_0 处右连续, 但不左连续.

(2) 若 x_0 不是整数, 则

$$[x_0] < x_0 < [x_0] + 1.$$

此时有 $\delta > 0$(图 2.1), 使

$$[x_0] < x_0 - \delta < x_0 + \delta < [x_0] + 1.$$

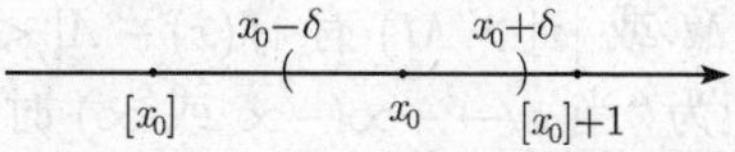

于是, 在 x_0 的邻域 $(x_0 - \delta, x_0 + \delta)$ 中, $[x]$ 是常数 $[x_0]$. 因此

图 2.1

$$\lim_{x \to x_0} [x] = [x_0],$$

从而 $[x]$ 在 x_0 连续.

结论 取整函数 $[x]$ 在非整数点处连续, 在整数点处右连续, 但不左连续.

下面结果是明显成立的.

定理 2.9 为使 $f(x)$ 在 x_0 处连续, 充要条件是 $f(x)$ 在 x_0 处左连续且右连续.

由定义可知, 函数 $f(x)$ 在 x_0 连续等价于下面三个条件同时成立:

(1) $f(x_0)$ 有定义;

(2) 极限 $\lim\limits_{x \to x_0} f(x)$ 存在;

(3) $\lim\limits_{x \to x_0} f(x) = f(x_0)$.

若上面三条中有一条不成立, 则 $f(x)$ 在 x_0 就不连续, 此时也称 x_0 是 $f(x)$ 的**间断点**. 特别地, 若 x_0 是 $f(x)$ 的间断点, 但极限 $\lim\limits_{x \to x_0} f(x)$ 存在, 则 x_0 称为是 $f(x)$ 的**可去间断点**. 此时不管 $f(x)$ 在 x_0 有没有定义, 只要重新定义 $f(x_0) = \lim\limits_{x \to x_0} f(x)$, $f(x)$ 就在 x_0 连续. 这就是为什么称这种间断点为 "可去" 的原因. 从这个意义上说, 我们经常不把可去间断点当间断点, 因为它差 "一点" 就连续了! 例如, 0 就是函数 $\dfrac{\sin x}{x}$ 的可去间断点, 因为该函数在 0 没有定义, 但极限 $\lim\limits_{x \to 0} \dfrac{\sin x}{x} = 1$ 存在. 此时若定义该函数在 0 点的值为 1, 则新定义的函数就在 0 这点连续 (见定理 2.4).

真正的间断点通常分为两类. 若 $f(x)$ 在 x_0 的左、右极限 $f(x_0^-), f(x_0^+)$ 存在有限, 但不相等, 则 x_0 称为**第一类间断点**. 此时函数在 x_0 的左右有一个跳跃

$|f(x_0^+) - f(x_0^-)|\,(>0)$. 因此第一类间断点有时也称为**跳跃间断点**. 例如, 0 就是符号函数的第一类间断点, 即跳跃间断点, 跳跃值为 2(参阅 2.3 节例 1); 若 $f(x)$ 在 x_0 的某个单侧不存在有限极限, 则 x_0 称为**第二类间断点**. 容易得知 0 是函数 $\sin\dfrac{1}{x}$ 的第二类间断点.

2.4 函数在无穷远处的极限

本节讲述的是当 $x \to +\infty, x \to -\infty$ 及 $x \to \infty$ 时函数的变化趋势.

定义 2.7 设 A 是实数. 若对任何 $\varepsilon > 0$, 总有 $M > 0$, 使对一切 $x > M(x < -M$ 或 $|x| > M)$ 有 $|f(x) - A| < \varepsilon$, 则称函数 $f(x)$**在$+\infty$($-\infty$ 或 ∞)处有极限A**, 记为 "当 $x \to +\infty(-\infty$ 或 $\infty)$ 时 $f(x) \to A$", 或

$$\lim_{x \to +\infty} f(x) = A \quad (\lim_{x \to -\infty} f(x) = A, \lim_{x \to \infty} f(x) = A).$$

例如, 有

$$\lim_{x \to +\infty} \arctan x = \frac{\pi}{2}, \quad \lim_{x \to -\infty} \arctan x = -\frac{\pi}{2};$$
$$\lim_{x \to +\infty} \operatorname{arccot} x = 0, \quad \lim_{x \to -\infty} \operatorname{arccot} x = \pi.$$

例 1 求证 $\lim\limits_{x \to \infty} \dfrac{1}{x} = 0$.

证明 任给 $\varepsilon > 0$, 取 $M > \dfrac{1}{\varepsilon}$, 则当 $|x| > M$ 时, $\left|\dfrac{1}{x} - 0\right| = \dfrac{1}{|x|} < \dfrac{1}{M} < \varepsilon$, 由此得本例.

例 2 求证 $\lim\limits_{x \to +\infty} \mathrm{e}^{-x} = 0$.

证明 任给 $\varepsilon > 0$, 取正数 $M > -\ln \varepsilon$. 则当 $x > M$ 时, $x > -\ln \varepsilon, -x < \ln \varepsilon$, 从而

$$|\mathrm{e}^{-x} - 0| = \mathrm{e}^{-x} < \mathrm{e}^{\ln \varepsilon} = \varepsilon.$$

由此得本例.

2.5 极限的性质

前面几节按照自变量的六种变化趋势, 即

$$x \to x_0, \quad x \to x_0^+, \quad x \to x_0^-, \quad x \to +\infty, \quad x \to -\infty, \quad x \to \infty$$

介绍了六种形式的极限. 本节要讲述极限的一些一般性的性质. 这些性质直观上都容易理解, 我们省略了其中的一些证明.

2.5 极限的性质

定理 2.10 若 $\lim\limits_{x \to x_0} f(x) > B(< B)$，则有 $\delta > 0$，使对满足 $0 < |x - x_0| < \delta$ 的一切 x 有 $f(x) > B(< B)$。

简言之，若极限大于 B，则在 x_0 的某空心邻域中函数值都大于 B。

证明 设 $A = \lim\limits_{x \to x_0} f(x) > B$。由定义，对 $\varepsilon = A - B > 0$，有 $\delta > 0$，使对满足 $0 < |x - x_0| < \delta$ 的一切 x 有 $|f(x) - A| < \varepsilon$，从而 $f(x) - A > -\varepsilon = -A + B$，$f(x) > B$。定理证毕。

例如，已知 $\lim\limits_{x \to 0} \dfrac{\sin x}{x} = 1 > 0.9$，因此可以肯定当 x 充分接近 0 时，$\dfrac{\sin x}{x} > 0.9$，也就是说有 $\delta > 0$，使对满足 $0 < |x| < \delta$ 的一切 x 有 $|\sin x| > 0.9|x|$。

定理 2.11 若在 x_0 的某个空心邻域中 $f(x) \geqslant B(\leqslant B)$ 并且 $\lim\limits_{x \to x_0} f(x)$ 存在，则 $\lim\limits_{x \to x_0} f(x) \geqslant B(\leqslant B)$。

简言之，若函数值都不小于 B，则极限也不小于 B。

证明 设在 x_0 的某个空心邻域中 $f(x) \geqslant B$ 并且 $\lim\limits_{x \to x_0} f(x)$ 存在。若 $\lim\limits_{x \to x_0} f(x) < B$，则由定理 2.10，在 x_0 的某个空心邻域中应有 $f(x) < B$，此与题设条件矛盾。定理证毕。

定理 2.12(极限的唯一性) 若当 $x \to x_0$ 时 $f(x)$ 有极限，则这个极限是唯一的，即若 $\lim\limits_{x \to x_0} f(x) = A$ 并且 $\lim\limits_{x \to x_0} f(x) = B$，则 $A = B$。

定理 2.13(局部有界性) 若 $\lim\limits_{x \to x_0} f(x) = A$，则 $f(x)$ 必在 x_0 的某个空心邻域中有界。特别地，若一个数列收敛，则该数列有界。

定理 2.14(函数极限的四则运算) 设 $\lim\limits_{x \to x_0} f(x) = A$ 并且 $\lim\limits_{x \to x_0} g(x) = B$，则

(1) $\lim\limits_{x \to x_0} \lambda f(x) = \lambda A$，其中 λ 是常数；

(2) $\lim\limits_{x \to x_0} [f(x) \pm g(x)] = A \pm B$；

(3) $\lim\limits_{x \to x_0} [f(x)g(x)] = AB$；

(4) 当 $B \neq 0$ 时，$\lim\limits_{x \to x_0} \dfrac{f(x)}{g(x)} = \dfrac{A}{B}$。

注 2.1 若把 $x \to x_0$ 换成其他五种变化趋势，上面定理 2.10~ 定理 2.14 仍成立。

例 1 求 $\lim\limits_{x \to 2} \dfrac{2x^2 - 3x - 1}{3x^2 + x - 9}$。

解 由连续性及极限的四则运算容易得知，当 $x \to 2$ 时，

$$\dfrac{2x^2 - 3x - 1}{3x^2 + x - 9} \to \dfrac{2 \cdot 2^2 - 3 \cdot 2 - 1}{3 \cdot 2^2 + 2 - 9} = \dfrac{1}{5}.$$

例 2 求 $\lim\limits_{x \to \infty} \dfrac{2x^2 - 3x - 1}{3x^2 + x - 9}$。

解 我们已经知道, 当 $x \to \infty$ 时 $\frac{1}{x} \to 0$, 因此由极限的四则运算容易得知当 $x \to \infty$ 时,

$$\frac{2x^2 - 3x - 1}{3x^2 + x - 9} = \frac{2 - 3 \cdot \frac{1}{x} - \frac{1}{x^2}}{3 + \frac{1}{x} - 9 \cdot \frac{1}{x^2}} \to \frac{2 - 0 - 0}{3 + 0 - 0} = \frac{2}{3}.$$

定理 2.15(两边夹定理) 若有 $G > 0$, 使当 $|x| > G$ 时 $f(x) \leqslant h(x) \leqslant g(x)$, 并且当 $x \to \infty$ 时 $f(x)$ 和 $g(x)$ 有相同的极限 A, 则 $h(x)$ 也有极限 A.

证明 任给 $\varepsilon > 0$, 有 $M > 0$, 使当 $|x| > M$ 时, $|f(x) - A| < \varepsilon$ 且 $|g(x) - A| < \varepsilon$. 从而当 $|x| > M$ 时,

$$A - \varepsilon < f(x) \leqslant h(x) \leqslant g(x) < A + \varepsilon,$$

进而

$$|h(x) - A| < \varepsilon.$$

因此 $\lim\limits_{x \to \infty} h(x) = A$. 定理证毕.

注 2.2 若把 $x \to \infty$ 换成其他五种变化趋势, 定理 2.15 仍成立.

例 3 求数列 $\sqrt[n]{2^n + 3^n}$ 的极限.

解 由于 $3 = \sqrt[n]{3^n} < \sqrt[n]{2^n + 3^n} < \sqrt[n]{3^n + 3^n} = 3 \cdot \sqrt[n]{2}$, 并且 $3 \cdot \sqrt[n]{2} \to 3 \cdot 1 = 3$, 因此本例中的数列夹在两个有相同极限 3 的数列 $x_n = 3$ 和 $y_n = 3 \cdot \sqrt[n]{2}$ 之间. 从而由两边夹定理知

$$\lim_{n \to +\infty} \sqrt[n]{2^n + 3^n} = 3.$$

定理 2.16 $\lim\limits_{x \to \infty} \left(1 + \frac{1}{x}\right)^x = e.$

证明 先证 $\lim\limits_{x \to +\infty} \left(1 + \frac{1}{x}\right)^x = e$. 事实上当 $x \geqslant 1$ 时,

$$f(x) = \left(1 + \frac{1}{1 + [x]}\right)^{1 + [x]} \Big/ \left(1 + \frac{1}{1 + [x]}\right)$$

$$= \left(1 + \frac{1}{1 + [x]}\right)^{[x]} \leqslant \left(1 + \frac{1}{x}\right)^x = h(x)$$

$$\leqslant \left(1 + \frac{1}{[x]}\right)^{1 + [x]} = \left(1 + \frac{1}{[x]}\right)^{[x]} \left(1 + \frac{1}{[x]}\right) = g(x),$$

其中 $[x]$ 表示 x 的整数部分. 现我们知道当正整数 $n \to +\infty$ 时 $\left(1 + \frac{1}{n}\right)^n \to e$. 又当 $x \geqslant 1$ 时 $[x]$ 是正整数. 因此易知

$$\lim_{x \to +\infty} \left(1 + \frac{1}{1 + [x]}\right)^{1 + [x]} = \lim_{x \to +\infty} \left(1 + \frac{1}{[x]}\right)^{[x]} = e.$$

2.5 极限的性质

这样由极限的四则运算容易得知

$$\lim_{x\to+\infty} f(x) = \frac{\mathrm{e}}{1} = \mathrm{e}, \quad \lim_{x\to+\infty} g(x) = \mathrm{e}\cdot 1 = \mathrm{e}.$$

这就是说,当 $x \to +\infty$ 时,函数 $h(x) = \left(1+\dfrac{1}{x}\right)^x$ 夹在两个有相同极限 e 的函数 $f(x)$ 和 $g(x)$ 之间. 从而由两边夹定理知 $\lim\limits_{x\to+\infty}\left(1+\dfrac{1}{x}\right)^x = \mathrm{e}$. 类似可证 $\lim\limits_{x\to-\infty}\left(1+\dfrac{1}{x}\right)^x = \mathrm{e}$. 由此得本定理.

定理 2.17(复合函数的极限)   设 $\lim\limits_{x\to x_0} g(x) = y_0$, 并且当 $x \neq x_0$ 时 $g(x) \neq y_0$. 今若 $\lim\limits_{y\to y_0} f(y)$ 和 $\lim\limits_{x\to x_0} f(g(x))$ 这两个极限中有一个存在, 则

$$\lim_{y\to y_0} f(y) = \lim_{x\to x_0} f(g(x)).$$

注 2.3   若把 $x \to x_0$ 换成其他五种变化趋势, 定理 2.17 仍成立, 只要 $g(x) \to y_0$ 并且 $g(x) \neq y_0$.

证明   设 $\lim\limits_{y\to y_0} f(y) = A$. 任给 $\varepsilon > 0$. 由定义, 有 $\Delta > 0$, 使对满足 $0 < |y-y_0| < \Delta$ 的一切 y 有 $|f(y)-A| < \varepsilon$. 又由条件 $\lim\limits_{x\to x_0} g(x) = y_0$ 及 $g(x) \neq y_0$ 得知, 对上述 $\Delta > 0$, 应该有 $\delta > 0$, 使对满足 $0 < |x-x_0| < \delta$ 的一切 x 有 $0 < |g(x)-y_0| < \Delta$, 于是 $|f(g(x))-A| < \varepsilon$. 从而 $\lim\limits_{x\to x_0} f(g(x)) = A$.

反之若设 $\lim\limits_{x\to x_0} f(g(x)) = A$, 则同样可证 $\lim\limits_{y\to y_0} f(y) = A$. 定理证毕.

例 4   求 $\lim\limits_{x\to 0} \dfrac{\sin 2x}{x}$.

解   已知 $\lim\limits_{y\to 0} \dfrac{\sin y}{y} = 1$. 令 $y = 2x$, 则 $\lim\limits_{x\to 0} y = \lim\limits_{x\to 0} 2x = 0$. 从而由复合函数的极限得

$$\lim_{x\to 0}\frac{\sin 2x}{x} = \lim_{x\to 0} 2\cdot\frac{\sin 2x}{2x} = 2\lim_{x\to 0}\frac{\sin 2x}{2x} = 2\lim_{y\to 0}\frac{\sin y}{y} = 2.$$

例 5   求 $\lim\limits_{x\to\infty} x\sin\dfrac{1}{x}$.

解   令 $y = \dfrac{1}{x}$, 则 $\lim\limits_{x\to\infty} y = \lim\limits_{x\to\infty}\dfrac{1}{x} = 0$, 故由复合函数的极限得

$$\lim_{x\to\infty} x\sin\frac{1}{x} = \lim_{x\to\infty}\frac{\sin\dfrac{1}{x}}{\dfrac{1}{x}} = \lim_{y\to 0}\frac{\sin y}{y} = 1.$$

例 6   求 $\lim\limits_{y\to 0}(1+y)^{1/y}$.

解 令 $y = \dfrac{1}{x}$, 则 $\lim\limits_{x\to\infty} \dfrac{1}{x} = 0$. 因此由复合函数的极限得

$$\lim_{y\to 0}(1+y)^{1/y} = \lim_{x\to\infty}\left(1+\frac{1}{x}\right)^x = \mathrm{e}.$$

例 7 求 $\lim\limits_{x\to 0} \dfrac{\log_a(1+x)}{x}, a > 0$.

解 由例 6, 复合函数的极限及函数 $\log_a x$ 的连续性得

$$\lim_{x\to 0}\frac{\log_a(1+x)}{x} = \lim_{x\to 0}\log_a(1+x)^{1/x} = \log_a \mathrm{e} = \frac{1}{\ln a}.$$

特别地,

$$\lim_{x\to 0}\frac{\ln(1+x)}{x} = 1.$$

例 8 求 $\lim\limits_{x\to 0} \dfrac{a^x - 1}{x}, a > 0$.

解 令 $y = a^x - 1$, 则当 $x \to 0$ 时 $y \to 0$, 并且 $x = \log_a(1+y)$. 故由例 7 及复合函数的极限得

$$\lim_{x\to 0}\frac{a^x - 1}{x} = \lim_{y\to 0}\frac{y}{\log_a(1+y)} = \frac{1}{\log_a \mathrm{e}} = \ln a.$$

2.6 无穷小量与无穷大量

对自变量 x 的六种变化趋势中的任何一种, 只要 $f(x) \to 0$, 则称 $f(x)$ 是**无穷小量**, 或称是**无穷小**.

例如, 由于当 $x \to 0$ 时 $x \to 0, \sin x \to 0, \ln(1+x) \to 0$, 因此我们说 $x, \sin x, \ln(1+x)$ 都是 $x \to 0$ 时的无穷小.

又如, 当 $x \to \infty$ 时 $\dfrac{1}{x} \to 0, \sin\dfrac{1}{x} \to 0, \ln\left(1+\dfrac{1}{x}\right) \to 0$, 因此说 $\dfrac{1}{x}, \sin\dfrac{1}{x}$, $\ln\left(1+\dfrac{1}{x}\right)$ 都是 $x \to \infty$ 时的无穷小.

由两边夹定理易得下面的定理.

定理 2.18 若 $|f(x)| \leqslant |g(x)|$, 并且对 x 的某种变化趋势 $g(x)$ 是无穷小, 则 $f(x)$ 也是无穷小.

例 1 求 $\lim\limits_{x\to 0} x\sin\dfrac{1}{x}$.

解 由于 $\left|x\sin\dfrac{1}{x}\right| \leqslant |x|$, 而当 $x \to 0$ 时 x 是无穷小, 从而 $x\sin\dfrac{1}{x}$ 也是无穷小, 即本例中的极限为 0.

2.6 无穷小量与无穷大量

相应地, 若对自变量 x 的六种变化趋势中的任何一种 (不妨记成 p), 只要 $\dfrac{1}{f(x)}$ 是无穷小, 则称 $f(x)$ **是无穷大量**, 或称是**无穷大**, 记成 $f(x) \to \infty$ 或
$$\lim_p f(x) = \infty.$$

特别地, 若 $f(x)$ 是无穷大并且 $f(x) > 0$, 则称 $f(x)$ **是正无穷大量**, 或称是**正无穷大**, 记成 $f(x) \to +\infty$ 或
$$\lim_p f(x) = +\infty;$$

若 $f(x)$ 是无穷大并且 $f(x) < 0$, 则称 $f(x)$ **是负无穷大量**, 或称是**负无穷大**, 记成 $f(x) \to -\infty$ 或
$$\lim_p f(x) = -\infty.$$

例如, 可以写
$$\lim_{x\to 0}\frac{1}{x} = \infty, \quad \lim_{x\to 0}\frac{1}{\sin x} = \infty, \quad \lim_{x\to 0}\frac{1}{\ln(1+x)} = \infty,$$
$$\lim_{x\to 0^+}\frac{1}{x} = +\infty, \quad \lim_{x\to 0^-}\frac{1}{\sin x} = -\infty, \quad \lim_{x\to \infty} x = \infty$$

等.

若对自变量 x 的同一种变化趋势, $f(x)$ 和 $g(x)$ 都为无穷小, 则由极限的四则运算知道 $\lambda f(x), f(x) \pm g(x), f(x)g(x)$ 都是无穷小, 其中 λ 是常数. 此时求 $\dfrac{f(x)}{g(x)}$ 的极限称为 $\dfrac{0}{0}$ **未定型极限**, 它的值要由 $f(x)$ 和 $g(x)$ 的具体内容来定, 不能一概而论. 例如, 当 $x \to 0$ 时, $\dfrac{\sin x}{x}$ 和 $\dfrac{\sin 2x}{x}$ 都是 $\dfrac{0}{0}$ 型, 前者的极限为 1, 后者为 2. 但是有下面的定义.

定义 2.8 设对自变量 x 的某种变化趋势, $f(x)$ 和 $g(x)$ 都是无穷小. 此时,

若 $\dfrac{f(x)}{g(x)} \to 0$, 则称 $f(x)$ 是比 $g(x)$**更高阶的无穷小**(或$g(x)$ 是比 $f(x)$ **更低阶的无穷小**), 记为 $f(x) = o(g(x))$;

若 $\dfrac{f(x)}{g(x)} \to \lambda \neq 0$, 则称 $f(x)$ 和 $g(x)$ **是同阶无穷小**;

若 $\dfrac{f(x)}{g(x)} \to 1$, 则称 $f(x)$ 和 $g(x)$ **是等价无穷小**, 记为 $f(x) \sim g(x)$.

例如, 当 $x \to 0$ 时, 由于
$$\frac{\sin x}{x} \to 1, \quad \frac{\ln(1+x)}{x} = \ln(1+x)^{\frac{1}{x}} \to \ln e = 1,$$

从而 $\sin x \sim x, \ln(1+x) \sim x$.

再如, 当 $x \to 0$ 时, $\frac{x^2}{x} = x \to 0$, 因此 x^2 是比 x 更高阶的无穷小, 即 $x^2 = o(x)$.

类似地, 若对自变量 x 的同一种变化趋势, $f(x)$ 和 $g(x)$ 都为无穷大, 此时求 $\frac{f(x)}{g(x)}$ 的极限称为 $\frac{\infty}{\infty}$ 未定型极限. 由于 $\frac{f(x)}{g(x)} = \frac{1/g(x)}{1/f(x)}$, 后者是 $\frac{0}{0}$ 型, 因此 $\frac{\infty}{\infty}$ 型可以转化成 $\frac{0}{0}$ 型.

下面是两例 $\frac{0}{0}$ 型的极限.

例 2 求 $\lim\limits_{x \to 0} \frac{\sqrt{1+x} - 1}{x}$.

解 $\lim\limits_{x \to 0} \frac{\sqrt{1+x} - 1}{x} = \lim\limits_{x \to 0} \frac{\left(\sqrt{1+x} - 1\right)\left(\sqrt{1+x} + 1\right)}{x\left(\sqrt{1+x} + 1\right)} = \lim\limits_{x \to 0} \frac{1}{\sqrt{1+x} + 1} = \frac{1}{2}$.

例 3 求 $\lim\limits_{x \to 0} \frac{1 - \cos x}{x^2}$.

解 $\lim\limits_{x \to 0} \frac{1 - \cos x}{x^2} = \lim\limits_{x \to 0} \frac{2\sin^2 \frac{x}{2}}{x^2} = \lim\limits_{x \to 0} \frac{1}{2} \left(\frac{\sin \frac{x}{2}}{\frac{x}{2}}\right)^2 = \frac{1}{2} \lim\limits_{y \to 0} \left(\frac{\sin y}{y}\right)^2 = \frac{1}{2}$.

下面是两例 $\frac{\infty}{\infty}$ 的极限.

例 4 求 $\lim\limits_{n \to \infty} \frac{n}{a^n}, a > 1$.

解 设 $a = 1 + b, b > 0$. 于是

$$a^n = (1+b)^n = 1 + C_n^1 b + C_n^2 b^2 + \cdots + C_n^n b^n > C_n^2 b^2 = \frac{n(n-1)}{2} b^2.$$

从而

$$0 < \frac{n}{a^n} = \frac{n}{(1+b)^n} < \frac{2}{(n-1)b^2}.$$

但当 $n \to \infty$ 时, $\frac{2}{(n-1)b^2}$ 是无穷小, 故 $\frac{n}{a^n}$ 也是无穷小, 即

$$\lim\limits_{n \to \infty} \frac{n}{a^n} = 0, \quad a > 1.$$

例 5 求 $\lim\limits_{n \to \infty} \frac{a^n}{n!}, a > 1$.

解 令 $k = [a] + 1$, 则 k 是正整数且 $k > a$. 于是

$$0 < \frac{a^n}{n!} = \frac{a}{n} \cdot \frac{a}{n-1} \cdots \cdots \frac{a}{k} \cdot \frac{a^{k-1}}{(k-1)!} < \left(\frac{a}{k}\right)^{n-k+1} \cdot \frac{a^{k-1}}{(k-1)!}.$$

由于 $0 < \frac{a}{k} < 1$, 因此当 $n \to \infty$ 时上式右端是无穷小, 故 $\frac{a^n}{n!}$ 也是无穷小, 即

$$\lim\limits_{n \to \infty} \frac{a^n}{n!} = 0, \quad a > 1.$$

2.7 连续函数的性质

由极限的四则运算, 若 $f(x)$ 和 $g(x)$ 都在 x_0 连续, 则 $\lambda f(x), f(x) \pm g(x), f(x)g(x)$ 也都在 x_0 连续, 其中 λ 为常数. 此外当 $g(x_0) \neq 0$ 时, $\dfrac{f(x)}{g(x)}$ 在 x_0 也连续. 这样, 可以得知 $\tan x, \cot x, \sec x, \csc x$ 这四个函数在它们有定义的点处是连续的. 具体地说,

$$\lim_{x \to x_0} \tan x = \lim_{x \to x_0} \frac{\sin x}{\cos x} = \frac{\sin x_0}{\cos x_0} = \tan x_0, \quad x_0 \neq \left(n + \frac{1}{2}\right)\pi, \quad n = 0, \pm 1, \pm 2, \cdots,$$

$$\lim_{x \to x_0} \cot x = \lim_{x \to x_0} \frac{\cos x}{\sin x} = \frac{\cos x_0}{\sin x_0} = \cot x_0, \quad x_0 \neq n\pi, \quad n = 0, \pm 1, \pm 2, \cdots,$$

$$\lim_{x \to x_0} \sec x = \lim_{x \to x_0} \frac{1}{\cos x} = \frac{1}{\cos x_0} = \sec x_0, \quad x_0 \neq \left(n + \frac{1}{2}\right)\pi, \quad n = 0, \pm 1, \pm 2, \cdots,$$

$$\lim_{x \to x_0} \csc x = \lim_{x \to x_0} \frac{1}{\sin x} = \frac{1}{\sin x_0} = \csc x_0, \quad x_0 \neq n\pi, \quad n = 0, \pm 1, \pm 2, \cdots.$$

若函数 $f(x)$ 在开区间 (a, b) 中的每一点连续, 则称 $f(x)$ 是 (a, b) 上的**连续函数**; 若 $[a, b]$ 是一个有界闭区间, $f(x)$ 在开区间 (a, b) 中的每一点连续, 同时 $f(x)$ 在点 a 右连续, 在点 b 左连续, 则称 $f(x)$ 是**闭区间 $[a, b]$ 上的连续函数**.

区间上的连续函数有三个基本性质. 其中第一个是下面的定理 (证明从略).

定理 2.19(介值定理)   若函数 $f(x)$ 在区间 I 上连续, $x_1 < x_2$ 是 I 中任何两点, 则对介于 $f(x_1), f(x_2)$ 之间的任何实数 C, 必有 $c \in [x_1, x_2]$, 使 $f(c) = C$.

注意, 介值定理中的区间 I 可以是开的、闭的、有界的、无界的. 它的几何意义是说: 对介于 $f(x_1), f(x_2)$ 之间的任何实数 C, 直线 $y = C$ 与区间 $[x_1, x_2]$ 上的曲线 $y = f(x)$ 必相交 (图 2.2).

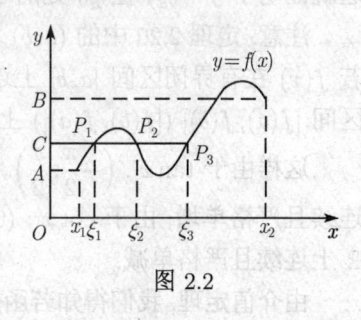

图 2.2

利用介值定理, 可以证明下面的重要结论.

定理 2.20   设 $f(x)$ 在开区间 (a, b) 上严格单增而且连续, 则

(1) $f(x)$ 的所有值组成一个开区间 (α, β), 其中 $\alpha = \lim\limits_{x \to a^+} f(x), \beta = \lim\limits_{x \to b^-} f(x)$;

(2) $f(x)$ 的反函数 $f^{-1}(x)$ 在 (α, β) 上严格单增而且连续.

证明   (1) 由于 $f(x)$ 在开区间 (a, b) 上严格单增, 因此对任何 $x \in (a, b)$,

$$\alpha = \lim_{y \to a^+} f(y) < f(x) < \lim_{y \to b^-} f(y) = \beta.$$

另一方面, 任取 $y \in (\alpha, \beta)$, 由于 $\alpha = \lim\limits_{x \to a^+} f(x) < y < \lim\limits_{x \to b^-} f(x) = \beta$, 故必有 $x_1, x_2 \in (a, b)$ 使 $f(x_1) < y < f(x_2)$. 这样由介值定理知有介于 x_1 和 x_2 之间的 x 使 $f(x) = y$. 于是得 (1).

(2) 由条件及 (1) 得知 $f : (a, b) \to (\alpha, \beta)$ 是一个双射, 因此有反函数 $f^{-1} : (\alpha, \beta) \to (a, b)$. $f^{-1}(y)$ 在 (α, β) 上严格单增是明显的. 只需证明它的连续性. 为此任取 $y_0 \in (\alpha, \beta)$. 任给 $\varepsilon > 0$. 令 $x_0 = f^{-1}(y_0)$, 即 $f(x_0) = y_0$. 由 $f(x)$ 严格单增知

$$f(x_0 - \varepsilon) < f(x_0) < f(x_0 + \varepsilon).$$

从而有 $\delta > 0$ 使

$$f(x_0 - \varepsilon) < f(x_0) - \delta < f(x_0) + \delta < f(x_0 + \varepsilon).$$

于是对任何满足 $|y - y_0| < \delta$ 的 y, 由于 $y \in (y_0 - \delta, y_0 + \delta) = (f(x_0) - \delta, f(x_0) + \delta)$, 因此

$$f(x_0 - \varepsilon) < y < f(x_0 + \varepsilon).$$

这等价于

$$f^{-1}(y_0) - \varepsilon = x_0 - \varepsilon < f^{-1}(y) < x_0 + \varepsilon = f^{-1}(y_0) + \varepsilon$$

或

$$\left| f^{-1}(y) - f^{-1}(y_0) \right| < \varepsilon.$$

这就证明了 $f^{-1}(y)$ 在 y_0 处的连续性.

注意, 定理 2.20 中的 (a, b) 和 (α, β) 可以是无界区间. 此外完全类似可以证明: 若 $f(x)$ 在有界闭区间 $[a, b]$ 上连续且严格单增 (单减), 则反函数 $f^{-1}(x)$ 在有界闭区间 $[f(a), f(b)]$ ($[f(b), f(a)]$) 上连续且严格单增 (单减).

这样由于 $\tan x : \left(-\dfrac{\pi}{2}, \dfrac{\pi}{2} \right) \to \mathbb{R}$ 连续且严格单增, 故其反函数 $\arctan x$ 在 $\mathbb{R}$ 上连续且严格单增; 由于 $\cot x : (0, \pi) \to \mathbb{R}$ 连续且严格单减, 故其反函数 $\operatorname{arccot} x$ 在 $\mathbb{R}$ 上连续且严格单减.

由介值定理, 我们得知若函数 $f(x)$ 在有界闭区间 $[a, b]$ 上连续, 并且 $f(a)f(b) < 0$, 则必有 $c \in [a, b]$, 使 $f(c) = 0$. 这在求解方程上很有用.

例 1 求证方程 $x^3 + x^2 + x - 1 = 0$ 有在 $[0, 1]$ 中的解.

证明 令 $P(x) = x^3 + x^2 + x - 1$. 显然 $P(x)$ 在 $[0, 1]$ 上连续, $P(0) = -1 < 0 < 2 = P(1)$. 由介值定理, 有 $c \in [0, 1]$ 使 $P(c) = 0$. 这个 c 就是本例中的方程所要求的一个解. 如果反复利用介值定理, 可以以任意精度求出本例中方程在 $[0, 1]$ 中的解. 事实上, 由计算,

$$P\left(\frac{1}{2} \right) = P\left(\frac{0+1}{2} \right) = -\frac{1}{8} < 0 < 2 = P(1),$$

$$P\left(\frac{1}{2}\right) = -\frac{1}{8} < 0 < 0.73 < P\left(\frac{3}{4}\right) = P\left(\frac{1+1/2}{2}\right),$$

$$P\left(\frac{1}{2}\right) = -\frac{1}{8} < 0 < 0.25 < P\left(\frac{5}{8}\right) = P\left(\frac{1/2+3/4}{2}\right),$$

$$P\left(\frac{1}{2}\right) = -\frac{1}{8} < 0 < 0.05 < P\left(\frac{9}{16}\right) = P\left(\frac{1/2+5/8}{2}\right),$$

$$P\left(\frac{17}{32}\right) = P\left(\frac{1/2+9/16}{2}\right) < -0.03 < 0 < 0.05 < P\left(\frac{9}{16}\right),$$

$$P\left(\frac{17}{32}\right) < -0.03 < 0 < 0.009 < P\left(\frac{17/32+9/16}{2}\right) = P\left(\frac{35}{64}\right).$$

至此, 由介值定理, 可以肯定 $\frac{17}{32}\left(=\frac{34}{64}\right)$ 与 $\frac{35}{64}$ 之间有方程的解. 若取

$$c = \frac{1}{2}\left(\frac{17}{32} + \frac{35}{64}\right) \approx 0.53607$$

作为方程在 $[0,1]$ 中的近似解, 其误差小于 10^{-2}. 方程在 $[0,1]$ 中的实际解 (精确到 10^{-10}) 为 0.5436890127.

一般来说, 一个区间上的连续函数不一定有界. 例如, $\frac{1}{x}$ 在 $(0,1)$ 上连续但不有界, 因为我们有 $\lim_{x\to 0^+} \frac{1}{x} = +\infty$. 但有界闭区间上的连续函数就不一样了. 我们要讲述的连续函数的下面两个基本性质只适用于有界闭区间, 它们在理论上极为重要.

定理 2.21(有界性定理) 若函数 $f(x)$ 在有界闭区间 $[a,b]$ 上连续, 则它必有界, 即有 $M > 0$, 使对一切 $x \in [a,b]$ 有 $|f(x)| \leqslant M$.

定理 2.22(最大值最小值定理) 若函数 $f(x)$ 在有界闭区间 $[a,b]$ 上连续, 则它必能达到最大和最小, 即存在 $[a,b]$ 中的两点 x_1 和 x_2, 使对一切 $x \in [a,b]$ 有 $f(x_1) \leqslant f(x) \leqslant f(x_2)$.

习 题 2

1. 利用定义判断下列数列的敛散性:
   (1) $a_n = \frac{1}{2^n}$;　　　(2) $a_n = (-1)^n \frac{1}{n}$;
   (3) $a_n = \frac{n-1}{n+1}$;　　(4) $a_n = (-1)^n n$.

2. 叙述当 $n \to \infty$ 时, 数列 $\{a_n\}$ 不以 a 为极限的 ε-N 表达法.

3. 若 $\lim_{n\to\infty} a_n = a$, 求证 $\lim_{n\to\infty} |a_n| = |a|$. 并举例说明反之未必成立.

4. 求证: $\lim_{n\to\infty} a_n = 0$ 的充分必要条件是 $\lim_{n\to\infty} |a_n| = 0$.

5. 若数列有极限, 求证该数列一定有界. 并举例说明反之未必成立.

6. 若数列 $\{a_n\}$ 有界, $\lim_{n\to\infty} b_n = 0$, 求证 $\lim_{n\to\infty} a_n b_n = 0$.

7. 若 $a_n = 1 - \dfrac{2}{3} + \dfrac{2^2}{3^2} - \cdots + (-1)^{n-1}\dfrac{2^{n-1}}{3^{n-1}}$, 求 $\lim\limits_{n\to\infty} a_n$.

8. 若 $a_n = \dfrac{1}{\sqrt{n^2+1}} + \dfrac{1}{\sqrt{n^2+2}} + \cdots + \dfrac{1}{\sqrt{n^2+n}}$, 求 $\lim\limits_{n\to\infty} a_n$.

9. 若 $a_n = \dfrac{1}{2} \cdot \dfrac{3}{4} \cdot \dfrac{5}{6} \cdot \cdots \cdot \dfrac{2n-1}{2n}$,

(1) 求证 $a_n < \dfrac{1}{\sqrt{2n+1}}$;   (2) 求 $\lim\limits_{n\to\infty} a_n$.

10. 若 $a_1 = \sqrt{2}, a_{n+1} = \sqrt{2 + a_n}, n = 1, 2, 3, \cdots$, 求证数列 $\{a_n\}$ 收敛, 并求其极限.

11. 若 $a_1 > 0, a_{n+1} = 1 + \dfrac{a_n}{1+a_n}, n = 1, 2, 3, \cdots$, 求证数列 $\{a_n\}$ 收敛, 并求其极限.

12. 设 $y = x^2$, 问 δ 取何值时, 使当 $|x-2| < \delta$ 时有 $|y-4| < 0.001$?

13. 设 $y = \dfrac{x^2-1}{x^2+1}$, 问 M 取何值时, 使当 $|x| > M$ 时有 $|y-1| < 0.01$?

14. 求 $f(x) = \dfrac{|x|}{x}$ 在 $x = 0$ 点的左、右极限.

15. 设 $y = \begin{cases} x, & x < 1, \\ 2x - 1, & x \geqslant 1, \end{cases}$ 作出其图形, 并求其在 $x = 1$ 点的左、右极限.

16. 若 $f(x)$ 为奇函数, 且 $\lim\limits_{x\to 1} f(x) = 3$, 求 $\lim\limits_{x\to -1} f(x)$.

17. 若 $y = \dfrac{x}{x^2-1}$, 问 x 如何变化能使 y 是无穷大量? 能使 y 是无穷小量?

18. 判断函数 $y = x\cos x$ 在 $(-\infty, +\infty)$ 内是否有界? 当 $x \to +\infty$ 时, 是否为无穷大量?

19. 求 $\lim\limits_{x\to 0} x\left[\dfrac{1}{x}\right]$.

20. 若 $f(x) = \dfrac{2+\mathrm{e}^{1/x}}{1+\mathrm{e}^{2/x}} + \dfrac{\sin x}{|x|}$, 求 $f(x)$ 在 $x = 0$ 的左、右极限.

21. 求下列极限:

(1) $\lim\limits_{x\to 2} \dfrac{x^2-4}{x-2}$;   (2) $\lim\limits_{x\to 2} \dfrac{x^2+4}{x-2}$;

(3) $\lim\limits_{x\to\infty} \dfrac{2x^2+3x+1}{3x^2+x+1}$;   (4) $\lim\limits_{x\to\infty} \dfrac{x-\sin x}{x+\sin x}$;

(5) $\lim\limits_{x\to +\infty} (\sqrt{x^2+x+1} - \sqrt{x^2-x+1})$;

(6) $\lim\limits_{x\to -\infty} (\sqrt{x^2+x+1} - \sqrt{x^2-x+1})$;

(7) $\lim\limits_{x\to 1} \left(\dfrac{1}{1-x} - \dfrac{3}{1-x^3}\right)$;   (8) $\lim\limits_{x\to 1} \dfrac{x^2+x+1}{x^2-x+1}$;

(9) $\lim\limits_{n\to\infty} \dfrac{1+2+3+\cdots+n}{n^2}$;   (10) $\lim\limits_{n\to\infty} \left(\dfrac{1}{1\cdot 2} + \dfrac{1}{2\cdot 3} + \cdots + \dfrac{1}{n(n+1)}\right)$;

(11) $\lim\limits_{x\to 0} \dfrac{\tan mx}{\sin nx} \ (n \neq 0)$;   (12) $\lim\limits_{x\to 0^+} \dfrac{\sqrt{1-\cos x}}{x}$;

(13) $\lim\limits_{n\to\infty} n\sin\dfrac{x}{n}$;   (14) $\lim\limits_{x\to\infty} \left[(2x-1)\mathrm{e}^{1/x} - 2x\right]$;

(15) $\lim\limits_{x\to\infty} \dfrac{\sin x}{\pi - x}$;   (16) $\lim\limits_{x\to\pi} \dfrac{\sin x}{\pi - x}$;

(17) $\lim\limits_{x\to 0} (1-2x)^{1/x}$;   (18) $\lim\limits_{x\to\infty} \left(\dfrac{x^2-1}{x^2+1}\right)^{x^2}$;

习 题 2

(19) $\lim\limits_{x\to 0}(1+\tan 2x)^{\cot x}$；　　　　(20) $\lim\limits_{x\to a}\left(\dfrac{\sin x}{\sin a}\right)^{\frac{1}{x-a}}$ $(\sin a\neq 0)$；

(21) $\lim\limits_{x\to 0}\left(\dfrac{3^x+4^x}{2}\right)^{1/x}$；　　　(22) $\lim\limits_{x\to\frac{\pi}{2}}(\sin x)^{\tan x}$；

(23) $\lim\limits_{x\to+\infty}[\ln(1+x)-\ln x]$.

22. 求下列极限：

(1) $\lim\limits_{x\to 0}\dfrac{\tan x-\sin x}{x^3}$；　　　　(2) $\lim\limits_{x\to 0}\dfrac{\ln(1+\arcsin 2x)}{\arctan 3x}$；

(3) $\lim\limits_{x\to 0}\dfrac{\mathrm{e}^{-x^2}-1}{1-\cos x}$；　　　　(4) $\lim\limits_{x\to 0}\dfrac{\sqrt[5]{1+2x}-1}{\sin x}$.

23. 当 $x\to 0$ 时，下列变量哪些是 x 的高阶无穷小？哪些是 x 的同阶无穷小？哪些是 x 的低阶无穷小？

(1) $2x+\sin x^2$；　　　　　　(2) $x+\sqrt[3]{x}$；

(3) $\dfrac{x}{x^2+1}$；　　　　　　　(4) $\mathrm{e}^{x^2}-1-\ln(1+x^2)$.

24. 设 $f(x)=\begin{cases}\dfrac{\sin 2x}{x},&x\neq 0\\ k,&x=0\end{cases}$ 在 $x=0$ 处连续，求 k.

25. 设 $f(x)=\begin{cases}\mathrm{e}^x,&x<0\\ a+x,&x\geqslant 0\end{cases}$ 问 a 为何值时，$f(x)$ 在 $x=0$ 处连续？

26. 若函数 $f(x),g(x)$ 都在点 x_0 连续，求证：

$$\varphi(x)=\max\{f(x),g(x)\},\quad \psi(x)=\min\{f(x),g(x)\}$$

也都在点 x_0 连续.

27. 指出下列函数的间断点. 它们是否是可去间断点？

(1) $f(x)=\dfrac{\sin x}{x}$；　　　　　(2) $f(x)=\dfrac{x^2-3x+2}{x-1}$；

(3) $f(x)=\arctan\dfrac{1}{x-1}$；　　　(4) $f(x)=\sin\dfrac{1}{x}$；

(5) $f(x)=\dfrac{\sqrt{1+x}-\sqrt{1-x}}{x}$；　(6) $f(x)=\begin{cases}\mathrm{e}^{1/x},&x<0,\\ \ln(1+x),&x>0.\end{cases}$

28. 求证：方程 $x^3+px+q=0\,(p>0)$ 有且仅有一个实根.

29. 求证：方程 $x=a\sin x+b\,(a>0,b>0)$ 至少有一个不超过 $a+b$ 的正根.

30. 设 $f(x)$ 在 $[a,b]$ 上连续，$\{x_k\}_{1\leqslant k\leqslant n}$ 是 $[a,b]$ 中任意 n 个点，求证：有点 $\xi\in[a,b]$ 使

$$f(\xi)=\dfrac{1}{n}[f(x_1)+f(x_2)+\cdots+f(x_n)].$$

31. 若 $f(x)$ 在 $[0,2]$ 上连续，$f(0)=f(2)$，求证：存在 $x,y\in[0,2]$，使 $y-x=1$ 并且 $f(x)=f(y)$.

第3章 导数与微分

本章讲述微分学中最主要的两个概念：导数与微分.

3.1 导数的定义

定义 3.1 设函数 $y = f(x)$ 在点 x_0 的某邻域内有定义. 当自变量在点 x_0 取得增量 $\Delta x \neq 0$ 时, 相应地函数取得增量

$$\Delta y = f(x_0 + \Delta x) - f(x_0).$$

若极限

$$\lim_{\Delta x \to 0} \frac{\Delta y}{\Delta x} = \lim_{\Delta x \to 0} \frac{f(x_0 + \Delta x) - f(x_0)}{\Delta x} \tag{3.1}$$

存在有限, 则称函数 $y = f(x)$ 在点 x_0 处**可导**, 并称上述极限值为函数 $y = f(x)$ 在点 x_0 处的**导数**(或**微商**), 记为 $f'(x_0)$ 或 $y'|_{x=x_0}$, $\left.\dfrac{\mathrm{d}y}{\mathrm{d}x}\right|_{x=x_0}$, $\left.\dfrac{\mathrm{d}f}{\mathrm{d}x}\right|_{x=x_0}$ 等, 即

$$f'(x_0) = \lim_{\Delta x \to 0} \frac{\Delta y}{\Delta x} = \lim_{\Delta x \to 0} \frac{f(x_0 + \Delta x) - f(x_0)}{\Delta x}. \tag{3.2}$$

若 (3.1) 中的极限为 $+\infty$ 或 $-\infty$, 则称函数 $y = f(x)$ 在点 x_0 处有**无穷导数**, 记为 $f'(x_0) = +\infty$ 或 $f'(x_0) = -\infty$.

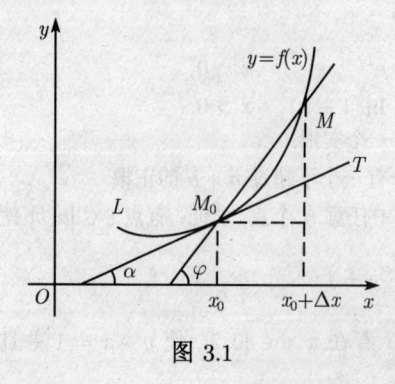

若令 $\Delta x = x - x_0$, 则式 (3.2) 也可写成

$$f'(x_0) = \lim_{x \to x_0} \frac{f(x) - f(x_0)}{x - x_0}.$$

例 1(切线——导数的几何意义) 设曲线 L 的方程为 $y = f(x)$. 在 L 上取定一点 $M_0(x_0, f(x_0))$. 在 L 上再取一点 $M(x_0 + \Delta x, f(x_0 + \Delta x))$, 其中 $\Delta x \neq 0$. 此时连接 M_0 和 M 的直线 $\overline{M_0 M}$ 就是通过 M_0 的割线 (图 3.1), 它的斜率是

图 3.1

$$\frac{\Delta y}{\Delta x} = \frac{f(x_0 + \Delta x) - f(x_0)}{\Delta x}. \tag{3.3}$$

3.1 导数的定义

现在让点 M 沿着曲线 L 越来越接近 M_0, 也就是让 $\Delta x \to 0$, 则割线 $\overline{M_0M}$ 就越来越接近一条直线, 这条直线就称为曲线 L 在点 M_0 的**切线**, 它的斜率自然就是割线 $\overline{M_0M}$ 的斜率 (3.3) 当 $\Delta x \to 0$ 时的极限, 即 $y = f(x)$ 在点 x_0 处的导数 $f'(x_0)$.

这样, 一条曲线 $y = f(x)$ 在其上一点 $M_0(x_0, f(x_0))$ 有切线, 与 $y = f(x)$ 在点 x_0 有导数 $f'(x_0)$ 是等价的. 此时切线的方程为

$$y = f'(x_0)(x - x_0) + f(x_0).$$

例 2 求 $y = x^2$ 在点 $(1,1)$ 处的切线方程.

解 先求 $y = x^2$ 在点 $x = 1$ 处的导数:

$$\left. (x^2)' \right|_{x=1} = \lim_{\Delta x \to 0} \frac{(1+\Delta x)^2 - 1}{\Delta x} = \lim_{x \to 0} \frac{2\Delta x + \Delta x^2}{\Delta x} = 2.$$

从而所求切线方程为 $y = 2(x-1) + 1 = 2x - 1$(图 3.2).

注 3.1 若 $f'(x_0) = +\infty$ 或 $= -\infty$, 则 $y = f(x)$ 在点 $M_0(x_0, f(x_0))$ 处有垂直切线 $x = x_0$. 例如,

$$\left. \left(x^{1/3}\right)' \right|_{x=0} = \lim_{\Delta x \to 0} \frac{\Delta x^{1/3}}{\Delta x} = \lim_{\Delta x \to 0} \frac{1}{\Delta x^{2/3}} = +\infty.$$

因此 $y = x^{1/3}$ 在点 $(0,0)$ 处有垂直切线 $x = 0$(图 3.3).

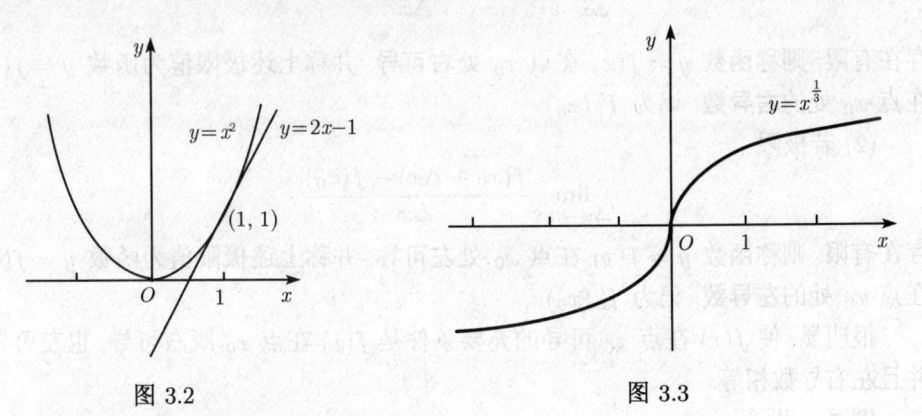

图 3.2

图 3.3

例 3(瞬时速度 —— 导数的物理意义) 设一个物体沿直线运动, 它的运动方程为 $s = s(t)$, 其中 $s(t)$ 表示经过时间 t 后物体所运动的距离 (图 3.4). 现在固定一个时刻 t_0, 并且给它一个增量 $\Delta t \neq 0$. 于是运动距离的增量为

图 3.4

$$\Delta s = s(t_0 + \Delta t) - s(t_0).$$

此时物体从 t_0 到 $t_0 + \Delta t$ 这段时间的平均速度为

$$\frac{\Delta s}{\Delta t} = \frac{s(t_0 + \Delta t) - s(t_0)}{\Delta t}.$$

若 $\Delta t \to 0$ 时上述平均速度有极限, 即 $s = s(t)$ 在 t_0 有导数 $s'(t_0)$, 则很自然把 $s'(t_0)$ 定义为物体在时刻 t_0 的**瞬时速度**. 因此所谓瞬时速度, 就是距离对时间的导数.

例 4 求自由落体在任一时刻的瞬时速度.

解 我们知道自由落体的运动方程为 $s = \frac{1}{2}gt^2$, 其中 $g = 9.8\text{m/s}^2$ 是重力加速度. 固定任一时刻 t, $s = \frac{1}{2}gt^2$ 在 t 处的导数为

$$\left(\frac{1}{2}gt^2\right)' = \lim_{\Delta t \to 0} \frac{g}{2} \cdot \frac{(t+\Delta t)^2 - t^2}{\Delta t} = \frac{g}{2} \lim_{\Delta t \to 0} \frac{2t \cdot \Delta t + (\Delta t)^2}{\Delta t} = gt.$$

从而自由落体在时刻 t 的瞬时速度为 gt. 例如, 在下落 1 秒时的瞬时速度为 9.8m/s, 在下落 2 秒时的瞬时速度为 19.6m/s 等.

对应于左、右极限, 也有左、右导数的概念.

定义 3.2 (1) 若极限

$$\lim_{\Delta x \to 0^+} \frac{f(x_0 + \Delta x) - f(x_0)}{\Delta x}$$

存在有限, 则称函数 $y = f(x)$ 在点 x_0 处**右可导**, 并称上述极限值为函数 $y = f(x)$ 在点 x_0 处的**右导数**, 记为 $f'_+(x_0)$;

(2) 若极限

$$\lim_{\Delta x \to 0^-} \frac{f(x_0 + \Delta x) - f(x_0)}{\Delta x}$$

存在有限, 则称函数 $y = f(x)$ 在点 x_0 处**左可导**, 并称上述极限值为函数 $y = f(x)$ 在点 x_0 处的**左导数**, 记为 $f'_-(x_0)$.

很明显, 使 $f(x)$ 在点 x_0 可导的充要条件是 $f(x)$ 在点 x_0 既右可导, 也左可导, 并且左右导数相等.

例 5 设

$$f(x) = \begin{cases} x, & x \geq 0, \\ x^2, & x < 0. \end{cases}$$

问 $f(x)$ 在 $x = 0$ 处是否可导?

解 由于

$$f'_-(0) = \lim_{x \to 0^-} \frac{x^2 - 0}{x - 0} = \lim_{x \to 0^-} x = 0, \quad f'_+(0) = \lim_{x \to 0^+} \frac{x - 0}{x - 0} = \lim_{x \to 0^+} 1 = 1,$$

所以本例中的函数在 $x=0$ 处的左、右导数不相等,故在 $x=0$ 处不可导.

若函数 $y=f(x)$ 在开区间 (a,b) 内的每一点都可导,则称 $f(x)$ 在区间 (a,b) 内可导. 若 $f(x)$ 在开区间 (a,b) 内可导,且 $f'_+(a), f'_-(b)$ 都存在有限,则称 $f(x)$ 在闭区间 $[a,b]$ 上可导.

若函数 $y=f(x)$ 在区间 I 上可导,则对于每一个 $x \in I$,都有 $f(x)$ 的一个确定的导数值 $f'(x)$ 与之对应,这样就得到一个定义在区间 I 上的函数,这个函数称为 $y=f(x)$ 的**导函数**,记作 $y', f'(x), \dfrac{dy}{dx}$ 或 $\dfrac{df(x)}{dx}$. 此时将式 (3.2) 中的 x_0 换成 x,便得到求导函数的公式

$$f'(x) = \lim_{\Delta x \to 0} \frac{\Delta y}{\Delta x} = \lim_{\Delta x \to 0} \frac{f(x+\Delta x) - f(x)}{\Delta x}.$$

导函数经常也简称为导数.

3.2 一些基本初等函数的导数

例 1 若函数为常数 C,则 $(C)' = 0$,即常数的导数为 0.

证明 此时 $\Delta y = C - C = 0$,从而 $\lim\limits_{\Delta x \to 0} \dfrac{\Delta y}{\Delta x} = 0$,即常数的导数是零.

例 2 求证 $(x^k)' = kx^{k-1}$,其中 k 为正整数,$-\infty < x < +\infty$.

证明 此时

$$\Delta y = (x+\Delta x)^k - x^k$$
$$= \Delta x \left[(x+\Delta x)^{k-1} + (x+\Delta x)^{k-2} x + \cdots + (x+\Delta x) x^{k-2} + x^{k-1} \right].$$

因此,当 $\Delta x \to 0$ 时,

$$\frac{\Delta y}{\Delta x} = \left[(x+\Delta x)^{k-1} + (x+\Delta x)^{k-2} x + \cdots + (x+\Delta x) x^{k-2} + x^{k-1} \right] \to kx^{k-1}.$$

例 3 设 α 为非 0 实数,求证在 x^α 有定义而且不为 0 的点 x 处有 $(x^\alpha)' = \alpha x^{\alpha-1}$.

证明 由于当 $\Delta x \to 0$ 时 $z = \dfrac{\Delta x}{x} \to 0, w = \left(1 + \dfrac{\Delta x}{x}\right)^\alpha - 1 \to 0$. 因此由 2.5 节例 7 及复合函数的极限知

$$(x^\alpha)' = \lim_{\Delta x \to 0} \frac{(x+\Delta x)^\alpha - x^\alpha}{\Delta x} = x^{\alpha-1} \lim_{\Delta x \to 0} \frac{\left(1 + \dfrac{\Delta x}{x}\right)^\alpha - 1}{\dfrac{\Delta x}{x}}$$

$$= \alpha x^{\alpha-1} \lim_{\Delta x \to 0} \frac{\left(1 + \frac{\Delta x}{x}\right)^{\alpha} - 1}{\ln\left[1 + \left(1 + \frac{\Delta x}{x}\right)^{\alpha} - 1\right]} \cdot \frac{\ln\left(1 + \frac{\Delta x}{x}\right)}{\frac{\Delta x}{x}}$$

$$= \alpha x^{\alpha-1} \lim_{w \to 0} \frac{w}{\ln(1+w)} \lim_{z \to 0} \frac{\ln(1+z)}{z} = \alpha x^{\alpha-1}.$$

例 4 求证 $(\sin x)' = \cos x, (\cos x)' = -\sin x, -\infty < x < +\infty$.

证明 此时 $\Delta y = \sin(x + \Delta x) - \sin x = 2\cos\left(x + \frac{\Delta x}{2}\right)\sin\frac{\Delta x}{2}$. 从而

$$\lim_{\Delta x \to 0} \frac{\Delta y}{\Delta x} = \lim_{\Delta x \to 0} \cos\left(x + \frac{\Delta x}{2}\right) \frac{\sin\frac{\Delta x}{2}}{\frac{\Delta x}{2}} = \cos x.$$

类似地, 可以得到 $(\cos x)' = -\sin x$.

例 5 求证当 $a > 0, a \neq 1$ 时 $(a^x)' = a^x \ln a$, $-\infty < x < +\infty$. 特别地,

$$(e^x)' = e^x, \quad (e^{-x})' = \left[\left(\frac{1}{e}\right)^x\right]' = \left(\frac{1}{e}\right)^x \ln \frac{1}{e} = -e^{-x}.$$

证明 此时 $\Delta y = a^{x+\Delta x} - a^x$. 于是由 2.5 节例 8 得知

$$\lim_{\Delta x \to 0} \frac{\Delta y}{\Delta x} = a^x \cdot \lim_{\Delta x \to 0} \frac{a^{\Delta x} - 1}{\Delta x} = a^x \ln a.$$

例 6 求证当 $a > 0, a \neq 1$ 时 $(\log_a x)' = \frac{1}{x \ln a}, x > 0$. 特别地, $(\ln x)' = \frac{1}{x}$, $x > 0$.

证明 此时 $\Delta y = \log_a(x + \Delta x) - \log_a x$, 从而由 2.5 节例 7 得知

$$\lim_{\Delta x \to 0} \frac{\Delta y}{\Delta x} = \lim_{\Delta x \to 0} \frac{\log_a(x + \Delta x) - \log_a x}{\Delta x} = \frac{1}{x} \lim_{\Delta x \to 0} \frac{x}{\Delta x} \log_a\left(1 + \frac{\Delta x}{x}\right) = \frac{1}{x \ln a}.$$

3.3 导数的运算法则

先证明 "可导必连续" 这样一个基本结论.

定理 3.1 若 $f(x)$ 在 x_0 可导, 则 $f(x)$ 在 x_0 连续.

证明 此时由于当 $x \to x_0$ 时 $x - x_0 \to 0$, $\frac{f(x) - f(x_0)}{x - x_0} \to f'(x_0)$, 从而

$$f(x) - f(x_0) = (x - x_0) \cdot \frac{f(x) - f(x_0)}{x - x_0} \to 0 \cdot f'(x_0) = 0,$$

3.3 导数的运算法则

即 $f(x) \to f(x_0)$. 因此 $f(x)$ 在 x_0 连续. 定理证毕.

下面的定理提供了两个函数四则运算后的导数公式.

定理 3.2(导数的四则运算) 设 $u(x), v(x)$ 是两个函数, 那么下面四个公式在其等式右方有意义的点处成立:

(1) $[cu(x)]' = cu'(x)$, 其中 c 为常数;

(2) $[u(x) \pm v(x)]' = u'(x) \pm v'(x)$;

(3) $[u(x)v(x)]' = u'(x)v(x) + u(x)v'(x)$;

(4) $\left[\dfrac{u(x)}{v(x)}\right]' = \dfrac{u'(x)v(x) - u(x)v'(x)}{v^2(x)}$.

证明 (1) 在使 $u'(x)$ 有意义的点 x 处,

$$\frac{cu(x+\Delta x) - cu(x)}{\Delta x} = c\frac{u(x+\Delta x) - u(x)}{\Delta x} \xrightarrow{\Delta x \to 0} cu'(x);$$

(2) 在使 $u'(x)$ 和 $v'(x)$ 都有意义的点 x 处,

$$\frac{[u(x+\Delta x) \pm v(x+\Delta x)] - [u(x) \pm v(x)]}{\Delta x} = \frac{u(x+\Delta x) - u(x)}{\Delta x} \pm \frac{v(x+\Delta x) - v(x)}{\Delta x}$$

$$\xrightarrow{\Delta x \to 0} u'(x) \pm v'(x);$$

(3) 在使 $u'(x)$ 和 $v'(x)$ 都有意义的点 x 处,

$$\frac{u(x+\Delta x)v(x+\Delta x) - u(x)v(x)}{\Delta x}$$

$$= \frac{u(x+\Delta x) - u(x)}{\Delta x} v(x+\Delta x) + u(x)\frac{v(x+\Delta x) - v(x)}{\Delta x}$$

$$\xrightarrow{\Delta x \to 0} u'(x)v(x) + u(x)v'(x);$$

(4) 在使 $u'(x)$ 和 $v'(x)$ 都有意义而且 $v(x) \neq 0$ 的点 x 处,

$$\frac{1}{\Delta x}\left[\frac{u(x+\Delta x)}{v(x+\Delta x)} - \frac{u(x)}{v(x)}\right]$$

$$= \frac{1}{v(x+\Delta x)v(x)}\left[\frac{u(x+\Delta x)v(x) - u(x)v(x+\Delta x)}{\Delta x}\right]$$

$$= \frac{1}{v(x+\Delta x)v(x)}\left[\frac{u(x+\Delta x) - u(x)}{\Delta x} v(x) - u(x)\frac{v(x+\Delta x) - v(x)}{\Delta x}\right]$$

$$\xrightarrow{\Delta x \to 0} \frac{u'(x)v(x) - u(x)v'(x)}{v^2(x)}.$$

在上述 (3) 和 (4) 的证明中用到了定理 3.1 的结论, 即 "可导必连续".

例 1 求证 $(\text{sh}x)' = \text{ch}x$, $(\text{ch}x)' = \text{sh}x$.

证明 由 3.2 节例 5 知

$$(\mathrm{sh}x)' = \left(\frac{\mathrm{e}^x - \mathrm{e}^{-x}}{2}\right)' = \frac{1}{2}\left[(\mathrm{e}^x)' - (\mathrm{e}^{-x})'\right] = \frac{1}{2}(\mathrm{e}^x + \mathrm{e}^{-x}) = \mathrm{ch}x.$$

类似可证 $(\mathrm{ch}x)' = \mathrm{sh}x$.

例 2 求证

$$(\tan x)' = \frac{1}{\cos^2 x} = \sec^2 x, \quad x \neq n\pi + \frac{\pi}{2},\ n = 0, \pm 1, \pm 2, \cdots.$$

证明

$$(\tan x)' = \left(\frac{\sin x}{\cos x}\right)' = \frac{(\sin x)'\cos x - \sin x(\cos x)'}{\cos^2 x} = \frac{\cos^2 x + \sin^2 x}{\cos^2 x} = \frac{1}{\cos^2 x}.$$

类似可证

$$(\cot x)' = \frac{-1}{\sin^2 x} = -\csc^2 x, \quad x \neq n\pi,\ n = 0, \pm 1, \pm 2, \cdots.$$

定理 3.3(复合函数的求导法则) 若函数 $y = f(x)$ 在点 x 可导，而函数 $z = g(y)$ 在点 $y = f(x)$ 可导，则复合函数 $z = g \circ f(x) = g(f(x))$ 在点 x 可导，并且

$$(g \circ f)'(x) = g'(f(x))f'(x)$$

或写成

$$\frac{\mathrm{d}z}{\mathrm{d}x} = \frac{\mathrm{d}z}{\mathrm{d}y} \cdot \frac{\mathrm{d}y}{\mathrm{d}x} \quad (\text{链式法则}).$$

证明 固定点 x，于是就得到点 $y = f(x)$. 定义

$$\alpha(\Delta y) = \begin{cases} \dfrac{g(y+\Delta y) - g(y)}{\Delta y} - g'(y), & \Delta y \neq 0, \\ 0, & \Delta y = 0. \end{cases}$$

从而对任何 Δy,

$$g(y+\Delta y) - g(y) = g'(y)\Delta y + \alpha(\Delta y)\Delta y.$$

现给 x 以增量 $\Delta x \neq 0$，则 y 得到增量 Δy，其中 $y + \Delta y = f(x + \Delta x)$，即

$$\Delta y = f(x + \Delta x) - f(x).$$

由于可导必连续，故当 $\Delta x \to 0$ 时必 $\Delta y \to 0$. 于是当 $\Delta x \to 0$ 时，$\alpha(\Delta y) \to 0$，并且

$$\frac{g(f(x+\Delta x)) - g(f(x))}{\Delta x} = \frac{g(y+\Delta y) - g(y)}{\Delta x} = g'(y)\frac{\Delta y}{\Delta x} + \alpha(\Delta y)\frac{\Delta y}{\Delta x}$$

3.3 导数的运算法则

$$\to g'(y)f'(x).$$

定理得证.

注意, 定理 3.3 是关于两个函数复合的导数公式. 对任何有限个函数的复合, 有类似的公式. 例如, $w = w(z), z = z(y), y = y(x)$ 是三个可导函数, 则它们的复合

$$w \circ z \circ y(x) = w(z(y(x)))$$

关于 x 的导数公式为

$$\frac{dw}{dx} = \frac{dw}{dz} \cdot \frac{dz}{dy} \cdot \frac{dy}{dx}.$$

根据上述复合函数的求导公式, 容易得知下面的一些公式:

$$\left[\sqrt{u(x)}\right]' = \frac{u'(x)}{2\sqrt{u(x)}}, \quad [\ln u(x)]' = \frac{u'(x)}{u(x)}, \quad \left[e^{u(x)}\right]' = u'(x)e^{u(x)}.$$

例 3 求 $\sqrt{1+x^2}$ 的导数.

解 $\left(\sqrt{1+x^2}\right)' = \dfrac{(1+x^2)'}{2\sqrt{1+x^2}} = \dfrac{x}{\sqrt{1+x^2}}.$

例 4 求 $\ln\left(x + \sqrt{1+x^2}\right)$ 的导数.

解 $\begin{aligned}\left[\ln\left(x + \sqrt{1+x^2}\right)\right]' &= \frac{1}{x + \sqrt{1+x^2}} \cdot \left(x + \sqrt{1+x^2}\right)' \\ &= \frac{1}{x + \sqrt{1+x^2}}\left(1 + \frac{x}{\sqrt{1+x^2}}\right) = \frac{1}{\sqrt{1+x^2}}.\end{aligned}$

例 5 求 $\sin(\sin(\sin x))$ 的导数.

解 $\begin{aligned}(\sin(\sin(\sin x)))' &= \cos(\sin(\sin x)) \cdot (\sin(\sin x))' \\ &= \cos(\sin(\sin x))\cos(\sin x) \cdot (\sin x)' \\ &= \cos(\sin(\sin x))\cos(\sin x)\cos x.\end{aligned}$

例 6(对数求导法) 若 $u(x), v(x)$ 都可导, 求 $u(x)^{v(x)}$ 的导数.

解 令 $z = e^y, y = v(x)\ln u(x)$, 则 $z = e^y = e^{v(x)\ln u(x)} = u(x)^{v(x)}$, 从而

$$\begin{aligned}\left[u(x)^{v(x)}\right]' &= \frac{dz}{dx} = \frac{dz}{dy} \cdot \frac{dy}{dx} = (e^y)' \cdot [v(x)\ln u(x)]' \\ &= e^y\left[v'(x)\ln u(x) + v(x)\frac{u'(x)}{u(x)}\right],\end{aligned}$$

因此

$$\left[u(x)^{v(x)}\right]' = u(x)^{v(x)-1}\left[v'(x)u(x)\ln u(x) + v(x)u'(x)\right].$$

例如，有
$$(x^x)' = x^{x-1}(x\ln x + x) = x^x(\ln x + 1),$$
$$\left[\left(1+\frac{1}{x}\right)^x\right]' = \left(1+\frac{1}{x}\right)^{x-1}\left[\left(1+\frac{1}{x}\right)\ln\left(1+\frac{1}{x}\right) + x\cdot\frac{-1}{x^2}\right]$$
$$= \left(1+\frac{1}{x}\right)^x\left[\ln\left(1+\frac{1}{x}\right) - \frac{1}{1+x}\right].$$

定理 3.4(反函数的求导法则) 设 $y = f(x)$ 在 (a,b) 上连续且严格单调，$x = f^{-1}(y)$ 是其反函数，则在使 $f'(x) \neq 0$ 的点 x 处，反函数 $x = f^{-1}(y)$ 在点 $y = f(x)$ 的导数为
$$(f^{-1})'(y) = \frac{1}{f'(x)},$$
或写成
$$\frac{\mathrm{d}x}{\mathrm{d}y} = \frac{1}{\frac{\mathrm{d}y}{\mathrm{d}x}}.$$

证明 固定使 $f'(x) \neq 0$ 的点 $x \in (a,b)$，于是就得到点 $y = f(x)$，即 $x = f^{-1}(y)$. 给 y 以增量 $\Delta y \neq 0$，则 x 变化为 $x + \Delta x = f^{-1}(y + \Delta y)$. 由于 f 严格单调，故 f^{-1} 也严格单调. 于是 $\Delta x \neq 0$. 现在
$$\Delta x = f^{-1}(y + \Delta y) - f^{-1}(y).$$
此外从 $f(x + \Delta x) = y + \Delta y$ 得到
$$\Delta y = f(x + \Delta x) - f(x).$$
又反函数 f^{-1} 是连续的 (见定理 2.20)，故当 $\Delta y \to 0$ 时也有 $\Delta x \to 0$. 这样当 $\Delta y \to 0$ 时，
$$\frac{f^{-1}(y+\Delta y) - f^{-1}(y)}{\Delta y} = \frac{\Delta x}{f(x+\Delta x) - f(x)} = \frac{1}{\frac{f(x+\Delta x) - f(x)}{\Delta x}} \to \frac{1}{f'(x)}.$$
定理证毕.

例 7 求证:
$$(\arcsin x)' = \frac{1}{\sqrt{1-x^2}}, \quad -1 < x < 1.$$

证明 $y = \arcsin x$ 是 $x = \sin y$ 在 $y \in \left(-\frac{\pi}{2}, \frac{\pi}{2}\right)$ 上的反函数，因此当 $-1 < x < 1$ 时，
$$(\arcsin x)' = \frac{\mathrm{d}y}{\mathrm{d}x} = \frac{1}{\frac{\mathrm{d}x}{\mathrm{d}y}} = \frac{1}{(\sin y)'} = \frac{1}{\cos y} = \frac{1}{\sqrt{1-\sin^2 y}} = \frac{1}{\sqrt{1-x^2}}.$$

3.3 导数的运算法则

类似可证
$$(\arccos x)' = \frac{-1}{\sqrt{1-x^2}}, \quad -1 < x < 1.$$

例 8 求证
$$(\arctan x)' = \frac{1}{1+x^2}, \quad -\infty < x < +\infty.$$

证明 $y = \arctan x$ 是 $x = \tan y$ 在 $y \in \left(-\frac{\pi}{2}, \frac{\pi}{2}\right)$ 上的反函数. 因此

$$(\arctan x)' = \frac{\mathrm{d}y}{\mathrm{d}x} = \frac{1}{\frac{\mathrm{d}x}{\mathrm{d}y}} = \frac{1}{(\tan y)'} = \cos^2 y = \frac{1}{1+\tan^2 y} = \frac{1}{1+x^2}.$$

类似可证
$$(\operatorname{arccot} x)' = \frac{-1}{1+x^2}, \quad -\infty < x < +\infty.$$

例 9(隐函数求导法) 求由方程 $y - 0.5\sin y = x$ 所确定的 y 作为 x 的函数的导数 y'.

解 记这个函数为 $y = y(x)$，把它代入上述方程，得到 $y(x) - 0.5\sin y(x) = x$，这是一个关于 x 的恒等式. 于是可以对此恒等式两边关于 x 求导，得到

$$\frac{\mathrm{d}[y(x) - 0.5\sin y(x)]}{\mathrm{d}x} = 1.$$

但由复合函数求导法,

$$\frac{\mathrm{d}[y(x) - 0.5\sin y(x)]}{\mathrm{d}x} = \frac{\mathrm{d}(y - 0.5\sin y)}{\mathrm{d}y} \cdot \frac{\mathrm{d}y}{\mathrm{d}x} = (1 - 0.5\cos y)y'.$$

因此本例的答案为
$$y' = \frac{1}{1 - 0.5\cos y}.$$

例如, 要求上述函数在 $x = \pi$ 处的导数 $y'(\pi)$. 由于从方程 $y - 0.5\sin y = \pi$ 解得 $y = \pi$, 因此

$$y'(\pi) = \frac{1}{1 - 0.5\cos \pi} = \frac{2}{3}.$$

例 10 设 $x^2 + x^3 = y + y^4$，求 y'.

解 由
$$2x + 3x^2 = \frac{\mathrm{d}}{\mathrm{d}x}(x^2 + x^3) = \frac{\mathrm{d}}{\mathrm{d}x}(y + y^4) = \frac{\mathrm{d}}{\mathrm{d}y}(y + y^4) \cdot \frac{\mathrm{d}y}{\mathrm{d}x} = (1 + 4y^3)y',$$

得
$$y' = \frac{2x + 3x^2}{1 + 4y^3}.$$

例如, $x = -1, y = 0$ 满足原方程, 因此

$$y'|_{x=-1} = \frac{2(-1) + 3(-1)^2}{1 + 4 \cdot 0} = 1.$$

例 11 函数 $y = y(x)$ 由方程 $x^y = y^x$ 确定, 试求 y'.

解 在下面的运算中, 始终把 y 看作 x 的函数.

在 $x^y = y^x$ 两边取对数得 $y \ln x = x \ln y$. 在此等式两边关于 x 求导得

$$y' \ln x + \frac{y}{x} = \ln y + \frac{x}{y} \cdot y'.$$

从而

$$y' = \frac{\ln y - \dfrac{y}{x}}{\ln x - \dfrac{x}{y}} = \frac{xy \ln y - y^2}{xy \ln x - x^2}.$$

下面是基本初等函数的导数公式:

$(C)' = 0$, 其中 C 是常数; $\qquad (x^\alpha)' = \alpha x^{\alpha-1}$, 其中 $\alpha \neq 0$;

$(a^x)' = a^x \ln a$, 其中 $a > 0$; $\qquad (e^x)' = e^x$;

$(\log_a |x|)' = \dfrac{1}{x \ln a}$, 其中 $a > 0$; $\qquad (\ln |x|)' = \dfrac{1}{x}$;

$(\sin x)' = \cos x$; $\qquad (\cos x)' = -\sin x$;

$(\tan x)' = \dfrac{1}{\cos^2 x} = \sec^2 x$; $\qquad (\cot x)' = \dfrac{-1}{\sin^2 x} = -\csc^2 x$;

$(\arcsin x)' = \dfrac{1}{\sqrt{1 - x^2}}$; $\qquad (\arccos x)' = \dfrac{-1}{\sqrt{1 - x^2}}$;

$(\arctan x)' = \dfrac{1}{1 + x^2}$; $\qquad (\text{arccot } x)' = \dfrac{-1}{1 + x^2}$;

$(\text{sh} x)' = \text{ch} x$; $\qquad (\text{ch} x)' = \text{sh} x$.

3.4 高阶导数

若函数 $y = f(x)$ 的导函数 $f'(x)$ 在某点 x 处有导数, 则称 $f(x)$ 在点 x 处二阶可导, 并把这个导数称为 $f(x)$ 在点 x 处的**二阶导数**, 记为 $f''(x)$. 于是,

$$f''(x) = \lim_{\Delta x \to 0} \frac{f'(x + \Delta x) - f'(x)}{\Delta x}.$$

例如, 自由落体的运动方程为 $s = \dfrac{1}{2} g t^2$, 此时距离 s 关于时间 t 的一阶导数 $s'(t) = \dfrac{ds}{dt} = gt$ 表示瞬时速度, 二阶导数 $s''(t) = \dfrac{ds'(t)}{dt} = g$ 表示**瞬时加速度**, 其中 $g = 9.8 \text{m/s}^2$ 是重力加速度.

3.4 高阶导数

如果函数 $y=f(x)$ 在某区间 I 上的每一点都二阶可导,那么我们在 I 上得到一个函数 $f''(x)$,它称为 $f(x)$ 在 I 上的**二阶导函数**. 函数 $y=f(x)$ 的二阶导函数经常也表示为

$$y'', \quad [f(x)]'', \quad \frac{\mathrm{d}^2 y}{\mathrm{d} x^2}, \quad \frac{\mathrm{d}^2 f}{\mathrm{d} x^2}, \quad \frac{\mathrm{d}^2 f(x)}{\mathrm{d} x^2}.$$

完全类似,可以定义函数 $y=f(x)$ 在一点的三阶导数、三阶导函数、四阶导数、四阶导函数等. 三阶导数写为 $f'''(x)$,也经常表示为

$$y''', \quad [f(x)]''', \quad \frac{\mathrm{d}^3 y}{\mathrm{d} x^3}, \quad \frac{\mathrm{d}^3 f}{\mathrm{d} x^3}, \quad \frac{\mathrm{d}^3 f(x)}{\mathrm{d} x^3}.$$

一般地,当 $n \geqslant 4$ 时,函数 $y=f(x)$ 的 n 阶导数,除 $f^{(n)}(x)$ 外,也经常表示为

$$y^{(n)}, \quad [f(x)]^{(n)}, \quad \frac{\mathrm{d}^n y}{\mathrm{d} x^n}, \quad \frac{\mathrm{d}^n f}{\mathrm{d} x^n}, \quad \frac{\mathrm{d}^n f(x)}{\mathrm{d} x^n}.$$

例 1 设 $y = x^5$,则

$$y' = 5x^4, \quad y'' = 20x^3, \quad y''' = 60x^2, \quad y^{(4)} = 120x, \quad y^{(5)} = 120, \quad y^{(6)} = 0.$$

例 2 设 $y = \ln(1+x)$,则

$$y' = \frac{1}{1+x} = (1+x)^{-1}, \quad y'' = (-1)(1+x)^{-2}, \quad y''' = (-1)(-2)(1+x)^{-3}.$$

一般地,用归纳法容易证明,当 $n \geqslant 1$ 时,

$$[\ln(1+x)]^{(n)} = (-1)^{n-1}(n-1)!(1+x)^{-n} = (-1)^{n-1}\frac{(n-1)!}{(1+x)^n}.$$

例 3 设 $y = \sin x$,则

$$y' = \cos x = \sin\left(x + \frac{\pi}{2}\right), \quad y'' = -\sin x = \sin\left(x + \frac{2\pi}{2}\right),$$

用归纳法容易证明

$$(\sin x)^{(n)} = \sin\left(x + \frac{n\pi}{2}\right).$$

而 $(\sin x)^{(n)}$ 在 $x=0$ 的值为

$$(\sin x)^{(n)}|_{x=0} = \sin\left(\frac{n\pi}{2}\right) = \begin{cases} 0, & n = 2k \text{ (偶数)}, \\ (-1)^k, & n = 2k+1 \text{ (奇数)}. \end{cases}$$

定理 3.5(高阶导数的运算法则) 设 $u(x), v(x)$ 是两个函数,那么下面三个公式在其等式右方有意义的点处成立:

(1) $[cu(x)]^{(n)} = cu^{(n)}(x)$,其中 c 为常数;

(2) $[u(x) \pm v(x)]^{(n)} = u^{(n)}(x) \pm v^{(n)}(x)$;

(3) **莱布尼茨公式**

$$[u(x)v(x)]^{(n)} = \sum_{k=0}^{n} C_n^k u^{(n-k)}(x) v^{(k)}(x)$$
$$= C_n^0 u^{(n)}(x)v(x) + C_n^1 u^{(n-1)}(x)v'(x) + C_n^2 u^{(n-2)}(x)v''(x) + \cdots + C_n^n u(x)v^{(n)}(x),$$

其中,

$$C_n^k = \frac{n!}{k!(n-k)!}.$$

证明 只证 (3). 用数学归纳法. $n = 1$ 时莱布尼茨公式明显成立. 设莱布尼茨公式对 n 成立,则

$$[u(x)v(x)]^{(n+1)} = \left(\sum_{k=0}^{n} C_n^k u^{(n-k)}(x) v^{(k)}(x) \right)'$$
$$= \sum_{k=0}^{n} C_n^k \left[u^{(n-k+1)}(x)v^{(k)}(x) + u^{(n-k)}(x)v^{(k+1)}(x) \right]$$
$$= \sum_{k=0}^{n} C_n^k u^{(n-k+1)}(x)v^{(k)}(x) + \sum_{k=0}^{n} C_n^k u^{(n-k)}(x)v^{(k+1)}(x)$$
$$= \sum_{k=0}^{n} C_n^k u^{(n-k+1)}(x)v^{(k)}(x) + \sum_{k=1}^{n+1} C_n^{k-1} u^{(n-k+1)}(x)v^{(k)}(x)$$
$$= u^{(n+1)}(x)v(x) + \sum_{k=1}^{n} \left(C_n^k + C_n^{k-1} \right) u^{(n+1-k)}(x)v^{(k)}(x) + u(x)v^{(n+1)}(x)$$
$$= \sum_{k=0}^{n+1} C_{n+1}^k u^{(n+1-k)}(x)v^{(k)}(x),$$

从而得知莱布尼茨公式成立.

例 4 求 $(x^2 e^{2x})^{(10)}$.

解 由于当 $n \geqslant 3$ 时 $(x^2)^{(n)} = 0$,故由莱布尼茨公式得

$$(x^2 e^{2x})^{(10)} = \sum_{k=0}^{2} C_{10}^k \left(e^{2x} \right)^{(10-k)} \left(x^2 \right)^{(k)}$$
$$= C_{10}^0 \left(e^{2x} \right)^{(10)} x^2 + C_{10}^1 \left(e^{2x} \right)^{(9)} \left(x^2 \right)' + C_{10}^8 \left(e^{2x} \right)^{(8)} \left(x^2 \right)''$$
$$= 2^{10} e^{2x} \cdot x^2 + 10 \cdot 2^9 e^{2x} \cdot 2x + \frac{10 \cdot 9}{2} \cdot 2^8 e^{2x} \cdot 2$$
$$= 512(2x^2 + 20x + 45)e^{2x}.$$

例 5 求由方程 $y - 0.5\sin y = x$ 所确定的 y 作为 x 的函数的二阶导数 y''.

解 在方程两边对 x 求导，得

$$y' - 0.5\cos y \cdot y' = 1. \tag{3.4}$$

再在等式 (3.4) 两边对 x 求导，得

$$y'' - 0.5(-\sin y \cdot y' \cdot y' + \cos y \cdot y'') = 0,$$

从而

$$y'' = \frac{-0.5\sin y \cdot (y')^2}{1 - 0.5\cos y}.$$

但由 (3.4) 知 $y' = \dfrac{1}{1 - 0.5\cos y}$，故

$$y'' = \frac{-0.5\sin y}{(1 - 0.5\cos y)^3}.$$

3.5 微 分

先考虑下列问题：近似计算 $\sqrt{16.3}$. 为此令 $y = f(x) = \sqrt{x}$，则

$$\Delta y = f(x + \Delta x) - f(x) = \sqrt{x + \Delta x} - \sqrt{x}.$$

由于当 $\Delta x \to 0$ 时 $\dfrac{\Delta y}{\Delta x} \to f'(x) = \dfrac{1}{2\sqrt{x}}$，因此当 Δx 较小时，$\dfrac{\Delta y}{\Delta x} \approx f'(x) = \dfrac{1}{2\sqrt{x}}$，即

$$\sqrt{x + \Delta x} - \sqrt{x} = \Delta y \approx f'(x)\Delta x = \frac{1}{2\sqrt{x}}\Delta x.$$

令 $x = 16, \Delta x = 0.3$，得 $\sqrt{16.3} - \sqrt{16} \approx \dfrac{1}{2\sqrt{16}} \cdot 0.3$，从而

$$\sqrt{16.3} \approx 4.0375 \quad (\text{误差小于} 10^{-3}).$$

一般若 $y = f(x)$ 在点 x 可导，通常也称它在点 x 可微. 此时在该点处函数的改变量 Δy 近似于 $f'(x)\Delta x$. 它们的差 $\Delta y - f'(x)\Delta x$ 是一个关于 Δx 的高阶无穷小. 以后把 $f'(x)\Delta x$ 称为 $y = f(x)$ **在点 x 处的微分**，记成 $\mathrm{d}y$ 或 $\mathrm{d}f(x)$，即

$$\mathrm{d}y = \mathrm{d}f(x) = f'(x)\Delta x.$$

对固定的 x，微分 $\mathrm{d}y$ 或 $\mathrm{d}f(x)$ 是 Δx 的函数. 特别地，若 $y = f(x) = x$，则 $f'(x) = 1$，于是

$$\mathrm{d}x = x'\Delta x = \Delta x.$$

这样当 y 是 x 的函数 $y = f(x)$ 并且在点 x 可导时,
$$\mathrm{d}y = \mathrm{d}f(x) = f'(x)\mathrm{d}x.$$
此时上式中的 $\mathrm{d}x$ 和 $\mathrm{d}y$ 都有了独立的意义,并且与已有的导数符号 $\dfrac{\mathrm{d}y}{\mathrm{d}x} = f'(x)$ 相一致.

这样,$\mathrm{d}x^3 = \dfrac{\mathrm{d}x^3}{\mathrm{d}x} \cdot \mathrm{d}x = 3x^2\mathrm{d}x$,$\mathrm{d}\sqrt{x+1} = \dfrac{\mathrm{d}\sqrt{x+1}}{\mathrm{d}x} \cdot \mathrm{d}x = \dfrac{1}{2\sqrt{x+1}}\mathrm{d}x$ 等.

现若 $y = f(x), x = g(t)$,则 y 关于 t 的微分应该是
$$\mathrm{d}y = \dfrac{\mathrm{d}y}{\mathrm{d}t} \cdot \mathrm{d}t = \dfrac{\mathrm{d}y}{\mathrm{d}x}\dfrac{\mathrm{d}x}{\mathrm{d}t} \cdot \mathrm{d}t.$$
又上式中的 $\dfrac{\mathrm{d}x}{\mathrm{d}t} \cdot \mathrm{d}t$ 恰是 x 关于 t 的微分 $\mathrm{d}x$,于是又得到 $\mathrm{d}y = f'(x)\mathrm{d}x$. 这就是说在微分的表达式 $\mathrm{d}y = f'(x)\mathrm{d}x$ 中,x 既可以是自变量,也可以是另外一个变量的函数. 这称为**微分形式的不变性**.

微分也有相应于导数那样的运算法则及公式表,如

$$\mathrm{d}(cu) = c\mathrm{d}u, \quad \mathrm{d}(u \pm v) = \mathrm{d}u \pm \mathrm{d}v, \quad \mathrm{d}(uv) = u\mathrm{d}v + v\mathrm{d}u,$$
$$\mathrm{d}\dfrac{u}{v} = \dfrac{v\mathrm{d}u - u\mathrm{d}v}{v^2}, \quad \mathrm{d}c = 0, \quad \mathrm{d}x^\alpha = \alpha x^{\alpha-1}\mathrm{d}x,$$
$$\mathrm{d}a^x = a^x \ln a \,\mathrm{d}x, \quad \mathrm{d}\sin x = \cos x\,\mathrm{d}x, \quad \mathrm{d}\ln x = \dfrac{1}{x}\mathrm{d}x$$

等.

习 题 3

1. 用定义求下列函数在指定点处的导数:
  (1) $y = x^2, x = 1$;
  (2) $y = \mathrm{e}^x, x = \mathrm{e}$;
  (3) $y = \ln x, x = \mathrm{e}$;
  (4) $y = \sqrt[3]{x^2}, x = x_0$;
  (5) $y = x^2 + 3x + 2, x = x_0$;
  (6) $y = \sin(3x + 1), x = x_0$.

2. 求曲线 $y = \ln x$ 的一条经过原点的切线.

3. 设曲线 $y = ax^2$ 在 $x = 1$ 处有切线 $y = 3x + b$,求 a 和 b 的值.

4. 判断下列函数在点 $x = 0$ 处的连续性与可导性:
  (1) $f(x) = |\sin x|$;
  (2) $f(x) = |\cos x|$;
  (3) $f(x) = x|x|$;
  (4) $f(x) = \begin{cases} x^2, & x < 0, \\ x, & x \geqslant 0; \end{cases}$
  (5) $f(x) = \begin{cases} \ln(1+x), & -1 < x \leqslant 0, \\ \sqrt{1+x} - \sqrt{1-x}, & 0 < x < 1; \end{cases}$
  (6) $f(x) = \begin{cases} x\sin\dfrac{1}{x}, & x \neq 0, \\ 0, & x = 0. \end{cases}$

5. (1) 若 $f(x)$ 在 $x = 0$ 连续,求证:$|f(x)|$ 在 $x = 0$ 也连续;

(2) 若 $f(x)$ 在 $x=0$ 可导, 问在什么条件下, $|f(x)|$ 在 $x=0$ 也可导?

6. 若 $f'(x_0)$ 存在, 且不为 0, 求下列极限:

(1) $\lim\limits_{\Delta x \to 0} \dfrac{f(x_0 + \Delta x) - f(x_0 - \Delta x)}{\Delta x}$;

(2) $\lim\limits_{h \to 0} \dfrac{h}{f(x_0 + 2h) - f(x_0 - h)}$.

7. 举例说明若 $\lim\limits_{h \to 0} \dfrac{f(x_0 + h) - f(x_0 - h)}{h}$ 存在, 则 $f(x)$ 在 x_0 未必可导.

8. 若 $f(x)$ 为偶函数, 且 $f'(0)$ 存在, 求证 $f'(0) = 0$.

9. 若函数 $f(x)$ 在闭区间 $[a,b]$ 上连续, 且 $f(a) = f(b) = 0, f'_+(a) f'_-(b) > 0$, 求证: 存在 $\xi \in (a,b)$, 使得 $f(\xi) = 0$.

10. 若曲线 $y = ax^2$ 与 $y = \ln x$ 相切, 求 a 的值.

11. 求下列函数的导数:

(1) $y = 3\cos x + \ln x - \sqrt{x}$; (2) $y = x\cos x + x^2 + e^2$;

(3) $y = (x^2 + x + 1)e^x$; (4) $y = (x+1)(x+2)(x+3)$;

(5) $y = \dfrac{1-x^3}{\sqrt{x}}$; (6) $y = (\sqrt{x}+1)\left(\dfrac{1}{\sqrt{x}} - 1\right)$;

(7) $y = \dfrac{1}{x \ln x}$; (8) $y = \dfrac{x\sin x + \cos x}{x\sin x - \cos x}$;

(9) $y = x \sin x \ln x$.

12. 求下列函数的导数:

(1) $y = (x^2 + 1)^{10}$; (2) $y = \ln(\sin x)$;

(3) $y = \ln(x + \sqrt{x^2 + a^2})$; (4) $y = \ln(\ln(\ln x))$;

(5) $y = \ln\sqrt{x} + \sqrt{\ln x}$; (6) $y = e^{\sqrt{1+x^2}}$;

(7) $y = \sqrt{1 + e^x}$; (8) $y = 2^{x/\ln x}$;

(9) $y = e^{\sin^2(1/x)}$; (10) $y = \sin^n x \cos nx$;

(11) $y = x\sqrt{a^2 - x^2} + a^2 \arcsin \dfrac{x}{a}$; (12) $y = \ln|\csc x - \cot x|$;

(13) $y = \ln|\sec x + \tan x|$; (14) $y = x\sqrt{x^2 - a^2} - a^2 \ln(x + \sqrt{x^2 - a^2})$;

(15) $y = \sqrt[a]{x} + \sqrt[x]{a} + \sqrt[x]{x}$; (16) $y = x^2 \arctan \dfrac{2x}{1 - x^2}$;

(17) $y = x\sqrt{a^2 - x^2} + \dfrac{x}{\sqrt{a^2 - x^2}}$; (18) $y = \dfrac{\sqrt{1+x} - \sqrt{1-x}}{\sqrt{1+x} + \sqrt{1-x}}$;

(19) $y = \arcsin \sqrt{\dfrac{1-x}{1+x}}$; (20) $y = \dfrac{1}{2a} \ln\left|\dfrac{x+a}{x-a}\right|$.

13. 求下列函数的导数, 其中 $f(x)$ 可导:

(1) $f(x^2)$; (2) $f\left(\dfrac{1}{\ln x}\right)$;

(3) $f(f(x))$; (4) $\sqrt{f(x)}$;

(5) $\arctan f(x)$; (6) $f(\arctan x)$;

(7) $\sqrt{f(x) + f^2(x)}$; (8) $\sin(f(\sin x))$.

14. 求证：双曲线 $xy = a^2$ 上任一点处的切线与两个坐标轴所围成的三角形面积为常数.

15. 若 $\varphi(x), \psi(x)$ 为正值可导函数，且 $\varphi(x) \neq 1, y = \log_{\varphi(x)} \sqrt{\psi(x)}$，求 y'.

16. 求证：

(1) 可导的偶函数的导数是奇函数；

(2) 可导的奇函数的导数是偶函数；

(3) 可导的周期函数的导数是具有相同周期的周期函数.

17. 求证：圆 $x^2 + y^2 = R^2$ 上任一点的法线过原点.

18. 设 $b > a > 0$，$\lim\limits_{b \to a} \dfrac{f(b) - f(a)}{\ln b - \ln a} = a^2$，求 $f'(a)$.

19. 设函数 $f(x), g(x)$ 在 x_0 处都可导. 求证：当 $x \to x_0$ 时，$f(x) - g(x)$ 是 $x - x_0$ 的高阶无穷小的充分必要条件是两曲线 $f(x), g(x)$ 在 x_0 处相交且相切.

20. 利用对数求导法求下列函数的导数：

(1) $y = x^{x^a}$； (2) $y = x^{\sin x} + x^x$；

(3) $y = x \dfrac{\sqrt{1-x^2}}{1+x^2}$； (4) $y = (x \sin x)^x$；

(5) $y = (x - a_1)^{a_1}(x - a_2)^{a_2} \cdots (x - a_n)^{a_n}$ ($a_1, a_2, \cdots, a_n$ 为常数).

21. 求曲线 $xy + \ln y = 1$ 在点 $(1, 1)$ 处的切线和法线方程.

22. 研究函数 $y = x|x|$ 的各阶导数.

23. (1) $y = x^3 + 2x^2 + 6x + 7$，求 y'''； (2) $y = x \ln x$，求 y''；

(3) $y = (1 + x^2) \arctan x$，求 y''； (4) $y = (x + 1) \cos 2x$，求 $y^{(20)}$；

(5) $y = \dfrac{\arcsin x}{\sqrt{1-x^2}}$，求 y''； (6) $y = \ln(x + \sqrt{x^2 + 1})$，求 y''；

(7) $y = x^2 \mathrm{e}^{-x}$，求 y''； (8) $y = \ln|\sec x + \tan x|$，求 y''.

24. 求下列各函数的二阶导数，其中 $f(x)$ 为二阶可导：

(1) $f(x^2)$； (2) $f(\ln x)$； (3) $\ln f(x)$； (4) $f(\mathrm{e}^{-x})$.

25. 求下列隐函数的二阶导数 y''：

(1) $xy + \ln x + \ln y = 1$； (2) $x^{2/3} + y^{2/3} = 1$；

(3) $y = 1 + x\mathrm{e}^y$； (4) $\arctan \dfrac{y}{x} = \ln \sqrt{x^2 + y^2}$.

26. 求下列函数的 n 阶导数：

(1) $y = a^x$； (2) $y = (1 + x)^{\alpha}$；

(3) $y = x\mathrm{e}^x$； (4) $y = \ln(2 + x - x^2)$；

(5) $y = \dfrac{1}{x^2 - 5x + 6}$； (6) $y = \sin^4 x + \cos^4 x$.

27. 若 $y = \arctan x$，求 $y^{(n)}(0)$.

28. 利用反函数求导公式 $\dfrac{\mathrm{d}x}{\mathrm{d}y} = \dfrac{1}{y'}$ 求证：

(1) $\dfrac{\mathrm{d}^2 x}{\mathrm{d}y^2} = -\dfrac{y''}{(y')^3}$； (2) $\dfrac{\mathrm{d}^3 x}{\mathrm{d}y^3} = \dfrac{3(y'')^2 - y'y'''}{(y')^5}$.

29. 求下列函数的微分 $\mathrm{d}y$：

(1) $y = \sqrt{1 - x^2}$； (2) $y = \dfrac{x}{\sqrt{x^2 + 1}}$；

(3) $y = (e^x + e^{-x})^2$;

(4) $y = \arctan \dfrac{1-x^2}{1+x^2}$;

(5) $y = x\sin(\ln x)$;

(6) $y = x^x$;

(7) $y = 1 + xe^y$;

(8) $\tan y = x + y$;

(9) $\arctan \dfrac{y}{x} = \ln \sqrt{x^2 + y^2}$;

(10) $x^y = y^x$.

30. 将适当的函数填入下列括号内,使等式成立:

(1) $d(\quad) = \ln 2 dx$;

(2) $d(\quad) = \cos 2x dx$;

(3) $d(\quad) = 3x dx$;

(4) $d(\quad) = e^{-2x} dx$;

(5) $d(\quad) = \dfrac{1}{1+2x} dx$;

(6) $d(\quad) = \sec^2 3x dx$;

(7) $d(\quad) = \sec 2x \tan 2x dx$;

(8) $d(\quad) = \dfrac{1}{\sqrt{1-4x^2}} dx$;

(9) $d(\quad) = \dfrac{1}{\sqrt{1+4x^2}} dx$;

(10) $d(\quad) = \dfrac{1}{1-x^2} dx$.

31. 求下列各式的近似值:

(1) $\ln 1.01$;

(2) $e^{-0.02}$;

(3) $\sin 30°30'$;

(4) $\arcsin 0.4995$.

第4章 微分中值定理与导数应用

本章讲述的微分中值定理是微分学中最重要的结论, 是研究函数特性的一个有力工具. 而所谓导数应用, 就是利用微分中值定理来研究函数的单调性、极值、凸性及拐点、渐近线等函数基本属性, 从而可以对函数有更全面的了解, 并解决实际中的某些应用问题.

4.1 微分中值定理

先介绍极值的概念.

定义 4.1 设 $f(x)$ 在 x_0 附近有定义.

(1) 若存在 x_0 的邻域 $N(x_0, \delta)$, 使得对任何 $x \in N(x_0, \delta)$ 有 $f(x) \geqslant f(x_0)$, 则称 x_0 是 $f(x)$ 的一个**极小点**, 并称 $f(x_0)$ 为**极小值**;

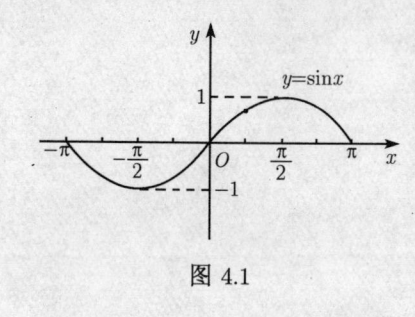

(2) 若存在 x_0 的邻域 $N(x_0, \delta)$, 使得对任何 $x \in N(x_0, \delta)$ 有 $f(x) \leqslant f(x_0)$, 则称 x_0 是 $f(x)$ 的一个**极大点**, 并称 $f(x_0)$ 为**极大值**.

极大点和极小点统称为**极点**, 极大值和极小值统称为**极值**. 例如, $\dfrac{\pi}{2}$ 和 $-\dfrac{\pi}{2}$ 分别是 $\sin x$ 的极大点和极小点, 对应的极大值和极小值为 1 和 -1 (图 4.1).

图 4.1

下面的定理描述了极点处的导数性质.

定理 4.1(费马定理) 若 x_0 是 $f(x)$ 的极点且 $f(x)$ 在 x_0 处可导, 则 $f'(x_0) = 0$.

证明 由于 $f(x)$ 在 x_0 处可导, 故 $f'_-(x_0) = f'_+(x_0)$. 现不妨设 x_0 是 $f(x)$ 的极小点. 由定义, 在 x_0 的某一邻域上 $f(x) \geqslant f(x_0)$. 于是

当 $\Delta x < 0$ 时 $\dfrac{f(x_0 + \Delta x) - f(x_0)}{\Delta x} \leqslant 0$; 当 $\Delta x > 0$ 时 $\dfrac{f(x_0 + \Delta x) - f(x_0)}{\Delta x} \geqslant 0$,

于是由极限性质 (见定理 2.11), $f'_-(x_0) \leqslant 0$, $f'_+(x_0) \geqslant 0$. 由此得到 $f'(x_0) = 0$. 定理证毕.

上述定理的几何意义很明显: 若 $f(x)$ 在 x_0 处取得极值, 且在该点处可导, 则在该点处的切线平行于 x 轴 (图 4.2).

以后把使 $f'(x_0) = 0$ 的点 x_0 称为函数 $f(x)$ 的**驻点**. 由费马定理, 若 $f(x)$ 在一个开区间中可导, 则它的极点应从它的驻点中去寻找.

4.1 微分中值定理

这里有两点需要注意：(1) 若 x_0 是 $f(x)$ 的驻点，即 $f'(x_0) = 0$，则 x_0 不一定是 $f(x)$ 的极值点. 例如，函数 $y = x^3$ 在 $x = 0$ 处 (图 4.3)；

(2) 若 $f'(x_0)$ 不存在，则 x_0 也可能是极值点. 例如，函数 $y = |x|$ 在 $x = 0$ 处 (图 4.4).

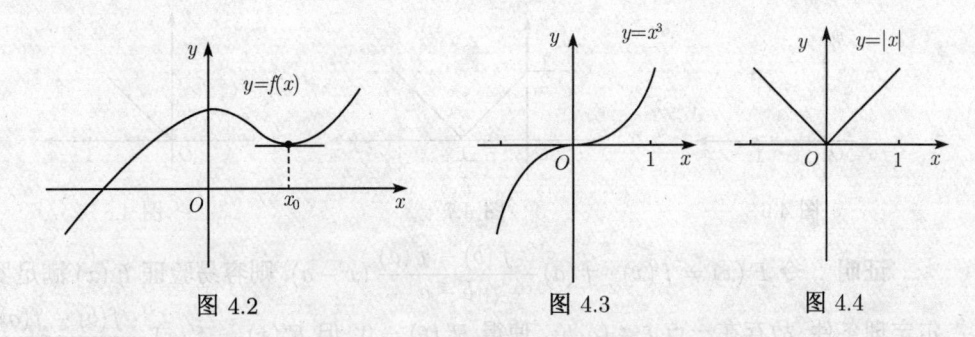

图 4.2　　　　　图 4.3　　　　　图 4.4

所谓微分中值定理，是由罗尔定理、拉格朗日定理及柯西定理三个定理组成的. 其中罗尔定理是最基本的，而应用最广的是拉格朗日定理. 下面分别叙述.

定理 4.2(罗尔定理)　设函数 $f(x)$ 满足下列三个条件：

(1) 在 $[a, b]$ 上连续；

(2) 在 (a, b) 内可导；

(3) $f(a) = f(b)$，

则至少存在一点 $\xi \in (a, b)$，使得 $f'(\xi) = 0$.

证明　由于 $f(x)$ 在 $[a, b]$ 上连续，因此 $f(x)$ 在区间 $[a, b]$ 上有最大值 M 和最小值 m.

如果 $M = m$，则 $f(x) \equiv C$，于是在 (a, b) 内任何一点 x 处皆有 $f'(x) = 0$.

如果 $M > m$，则由于 $f(a) = f(b)$，故 M 和 m 中至少有一个被 $f(x)$ 在 (a, b) 内的某点 ξ 处达到. 于是由费马定理得本定理. 定理证毕.

定理 4.2 的几何意义十分明显：满足定理条件的函数一定在某点处有与端点的连线平行的切线，即水平切线 (图 4.5).

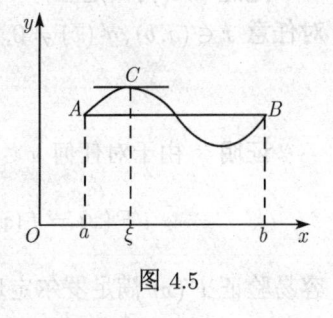

图 4.5

注意，上述定理有三个条件，当其中任何一个不满足时，都可能导致结论不成立，如 (图 4.6～图 4.8) 中的三个函数.

定理 4.3(拉格朗日定理)　若 $f(x)$ 在 $[a, b]$ 上连续，在 (a, b) 内可导，则至少

存在一点 $\xi \in (a,b)$，使得
$$f'(\xi) = \frac{f(b) - f(a)}{b - a}.$$

(条件 (1) 不满足)   (条件 (2) 不满足)   (条件 (3) 不满足)

$(x) = \begin{cases} x, & x \in [0,1), \\ 0, & x = 1 \end{cases}$ $g(x) = \left|x - \frac{1}{2}\right|, \quad x \in [0,1]$ $h(x) = x, \quad x \in [0,1]$

图 4.6   图 4.7   图 4.8

证明 令 $F(x) = f(x) - f(a) - \dfrac{f(b) - f(a)}{b - a}(x - a)$，则容易验证 $F(x)$ 满足罗尔定理条件，故存在一点 $\xi \in (a,b)$，使得 $F'(\xi) = 0$. 但 $F'(x) = f'(x) - \dfrac{f(b) - f(a)}{b - a}$，由此得本定理. 定理证毕.

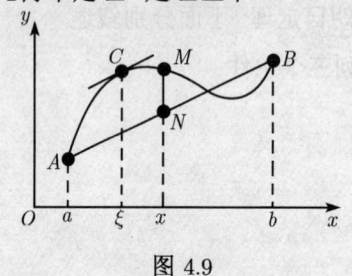

图 4.9

上述定理的几何意义也十分明显：满足定理条件的函数一定在某点处有与端点的连线平行的切线 (图 4.9).

在实际应用中，拉格朗日定理的结论也经常写成

$$f(b) - f(a) = f'(\xi)(b - a).$$

定理 4.4(柯西定理) 设 $f(x)$ 和 $g(x)$ 都在 $[a,b]$ 上连续，在 (a,b) 内可导，且对任意 $x \in (a,b), g'(x) \neq 0$，则至少存在一点 $\xi \in (a,b)$，使得
$$\frac{f(b) - f(a)}{g(b) - g(a)} = \frac{f'(\xi)}{g'(\xi)}.$$

证明 由于对任何 $x \in (a,b)$ 有 $g'(x) \neq 0$，故由罗尔定理知 $g(b) \neq g(a)$. 令
$$F(x) = f(x) - f(a) - \frac{f(b) - f(a)}{g(b) - g(a)}[g(x) - g(a)].$$

容易验证 $F(x)$ 满足罗尔定理条件，故存在 $\xi \in (a,b)$，使得 $F'(\xi) = 0$. 但
$$F'(x) = f'(x) - \frac{f(b) - f(a)}{g(b) - g(a)}g'(x).$$

由此得本定理. 定理证毕.

下面我们讲述上面三个微分中值定理的各种应用.

4.2 函数的单调性

定理 4.5(单调性的判定)   设 $f(x)$ 在 $[a,b]$ 上连续, 在 (a,b) 内可导, 则

(1) 为使 $f(x)$ 在 $[a,b]$ 上单增, 充要条件是对任何 $x\in(a,b)$ 有 $f'(x)\geqslant 0$;

(2) 为使 $f(x)$ 在 $[a,b]$ 上单减, 充要条件是对任何 $x\in(a,b)$ 有 $f'(x)\leqslant 0$.

证明   (1) 设对任何 $x\in(a,b)$ 有 $f'(x)\geqslant 0$. 对任意的 $a\leqslant x_1<x_2\leqslant b$, 由拉格朗日定理, 有 $\xi\in(x_1,x_2)$ 使 $f(x_2)-f(x_1)=f'(\xi)(x_2-x_1)\geqslant 0$, 因此 $f(x_1)\leqslant f(x_2)$, 从而 $f(x)$ 在 $[a,b]$ 上单增.

反之设 $f(x)$ 在 $[a,b]$ 上单增. 任取 $x\in(a,b)$. 则当 $\Delta x>0$ 时 $\dfrac{f(x+\Delta x)-f(x)}{\Delta x}\geqslant 0$. 故由极限性质 (见定理 2.11) 得

$$f'_+(x) = \lim_{\Delta x\to 0^+}\frac{f(x+\Delta x)-f(x)}{\Delta x}\geqslant 0,$$

因此 $f'(x)\geqslant 0$.

(2) 可类似来证. 定理证毕.

若 $f'(x)\equiv 0$, 则由定理 4.5, $f(x)$ 在 $[a,b]$ 上既单增, 也单减, 故为常数. 这就是下面的定理.

定理 4.6   若 $f(x)$ 在 $[a,b]$ 上连续, 在 (a,b) 内可导且 $f'(x)\equiv 0$, 则 $f(x)$ 是常数.

推论 4.1   若 $f(x)$ 和 $g(x)$ 均在 $[a,b]$ 上连续, 在 (a,b) 内可导, 且 $f'(x)=g'(x)$, 则 $f(x)$ 和 $g(x)$ 在 $[a,b]$ 上相差一个常数, 即 $g(x)=f(x)+C$.

证明   此时 $[g(x)-f(x)]'=g'(x)-f'(x)\equiv 0$, 故有 $g(x)-f(x)=C, g(x)=f(x)+C$.

定理 4.7   设 $f(x)$ 在 $[a,b]$ 上连续, 在 (a,b) 内可导, 则

(1) 若对任何 $x\in(a,b)$ 有 $f'(x)>0$, 则 $f(x)$ 在 $[a,b]$ 上严格单增;

(2) 若对任何 $x\in(a,b)$ 有 $f'(x)<0$, 则 $f(x)$ 在 $[a,b]$ 上严格单减.

证明   与定理 4.5 的证法完全类似.

定理 4.8(极值的一阶导数判别)   设 $f(x)$ 在 x_0 连续, 在 x_0 的某空心邻域上可导.

(1) 若当 $x_0-\delta<x<x_0$ 时 $f'(x)\geqslant 0$, 当 $x_0<x<x_0+\delta$ 时 $f'(x)\leqslant 0$, 则 x_0 是 $f(x)$ 的极大点;

(2) 若当 $x_0-\delta<x<x_0$ 时 $f'(x)\leqslant 0$, 当 $x_0<x<x_0+\delta$ 时 $f'(x)\geqslant 0$, 则 x_0 是 $f(x)$ 的极小点.

证明   (1) 此时 $f(x)$ 在 $(x_0-\delta,x_0]$ 上单增, 在 $[x_0,x_0+\delta)$ 上单减, 故 x_0 是 $f(x)$ 的极大点.

(2) 可类似来证. 定理证毕.

定理 4.9(极值的二阶导数判别) 设 $f'(x_0) = 0$, $f(x)$ 在 x_0 二次可导.

(1) 若 $f''(x_0) < 0$, 则 x_0 是 $f(x)$ 的极大点;

(2) 若 $f''(x_0) > 0$, 则 x_0 是 $f(x)$ 的极小点.

证明 (1) 此时 $\lim\limits_{x \to x_0} \dfrac{f'(x) - f'(x_0)}{x - x_0} = f''(x_0) < 0$. 故由极限性质 (见定理 2.10) 有 $\delta > 0$, 使

当 $x_0 - \delta < x < x_0$ 时 $\dfrac{f'(x) - f'(x_0)}{x - x_0} < 0$, 从而 $f'(x) > f'(x_0) = 0$,

当 $x_0 < x < x_0 + \delta$ 时 $\dfrac{f'(x) - f'(x_0)}{x - x_0} < 0$, 从而 $f'(x) < f'(x_0) = 0$,

故由定理 4.8 知 x_0 是 $f(x)$ 的极大点.

(2) 可类似来证. 定理证毕.

例 1 研究 $f(x) = x^4 - 2x^2$ 的极点与单调性.

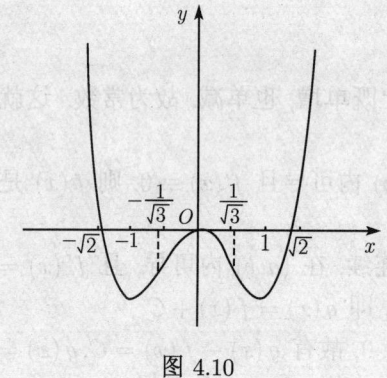

解 由于

$$f'(x) = 4x(x-1)(x+1) \begin{cases} < 0, & -\infty < x < -1, \\ > 0, & -1 < x < 0, \\ < 0, & 0 < x < 1, \\ > 0, & 1 < x < +\infty. \end{cases}$$

因而 $f(x)$ 在 $(-\infty, -1]$ 和 $[0, 1]$ 上严格单减, 在 $[-1, 0]$ 和 $[1, \infty)$ 上严格单增. -1 和 1 都是极小点, 极小值为 $f(-1) = f(1) = -1$; 0 是极大点, 极大值为 $f(0) = 0$(图 4.10).

图 4.10

例 2 求证当 $x > 0$ 时 $e^x > 1 + x$(等价地, $x > \ln(1+x)$).

证明 令 $f(x) = e^x - (1+x)$, 则当 $x > 0$ 时 $f'(x) = e^x - 1 > 0$. 因此 $f(x)$ 在 $[0, \infty)$ 上严格单增. 故当 $x > 0$ 时 $f(x) > f(0) = 0$, 即 $e^x > 1 + x$.

4.3 函数的凸性

坐标一旦确定, 那么一条曲线的图形就有一个下凸或上凸的问题. 所谓曲线 $y = f(x)$ 在 $[a, b]$ 上下凸, 从几何上看, 就是对 $[a, b]$ 上任何两点 $x_1 < x_2$, 位于 $[x_1, x_2]$ 上的那段曲线总是在连接该段曲线两个端点的直线段 $y = \dfrac{f(x_2) - f(x_1)}{x_2 - x_1}(x - x_1) + f(x_1)$ 的下面 (图 4.11). 若介于 x_1, x_2 之间的点用 $x_\lambda = \lambda x_1 + (1 - \lambda)x_2$ 表示, 其中 $\lambda \in (0, 1)$, 则上述事实可写成

4.3 函数的凸性

$$f(x_\lambda) \leqslant \frac{f(x_2) - f(x_1)}{x_2 - x_1}(x_\lambda - x_1) + f(x_1).$$

由于 $x_\lambda - x_1 = (1-\lambda)(x_2 - x_1)$, 整理上式得

$$f(x_\lambda) \leqslant \lambda f(x_1) + (1-\lambda)f(x_2).$$

对上凸, 有类似的结论. 于是有下面的定义.

定义 4.2 设 $f(x)$ 在 $[a,b]$ 上有定义, 且对任意的 $a \leqslant x_1 < x_2 \leqslant b$ 和任意的 $\lambda \in (0,1)$, 都有

$$f(\lambda x_1 + (1-\lambda)x_2) \leqslant \lambda f(x_1) + (1-\lambda)f(x_2),$$

则称 $f(x)$ 是 $[a,b]$ 上的**下凸函数**. 若把上述不等式中的 "$\leqslant$" 换成 "$\geqslant$", 则称 $f(x)$ 是 $[a,b]$ 上的**上凸函数**; 若把上述 "$\leqslant$" 换成 "$<$", 则称 $f(x)$ 是 $[a,b]$ 上的**严格下凸函数**; 若把上述 "$\leqslant$" 换成 "$>$", 则称 $f(x)$ 是 $[a,b]$ 上的**严格上凸函数**.

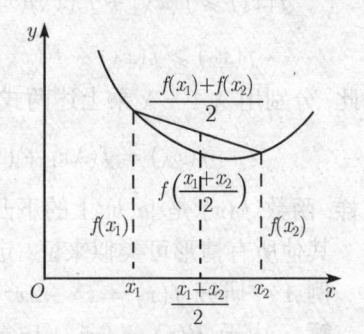

图 4.11

注 4.1 介于 x_1 和 x_2 之间的点的另一种表达法是 $\lambda_1 x_1 + \lambda_2 x_2$, 其中 $\lambda_1, \lambda_2 > 0, \lambda_1 + \lambda_2 = 1$. 所以定义 4.2 中的不等式也可写成

$$f(\lambda_1 x_1 + \lambda_2 x_2) \leqslant \lambda_1 f(x_1) + \lambda_2 f(x_2), \quad \lambda_1, \lambda_2 > 0, \lambda_1 + \lambda_2 = 1.$$

注 4.2 若 $f(x)$ 是 $[a,b]$ 上的下凸函数, 则用归纳法容易证明对 $[a,b]$ 中任何 n 个点 $\{x_k\}_{1 \leqslant k \leqslant n}$ 及任何 n 个满足 $\sum_{k=1}^{n} \lambda_k = 1$ 的正数 $\{\lambda_k\}_{1 \leqslant k \leqslant n}$, 皆有

$$f\left(\sum_{k=1}^{n} \lambda_k x_k\right) \leqslant \sum_{k=1}^{n} \lambda_k f(x_k).$$

对上凸函数也有类似的结论 (即把 "$\leqslant$" 换成 "$\geqslant$").

定理 4.10(凸性判定) 设函数 $f(x)$ 在 $[a,b]$ 上连续, 在 (a,b) 内二阶可导, 则

(1) 若对任何 $x \in (a,b)$ 有 $f''(x) \geqslant 0(>0)$, 则 $f(x)$ 在 $[a,b]$ 上是下凸的 (严格下凸的);

(2) 若对任何 $x \in (a,b)$ 有 $f''(x) \leqslant 0(<0)$, 则 $f(x)$ 在 $[a,b]$ 上是上凸的 (严格上凸的).

证明 对于 (1), 任意取定 $a \leqslant x_1 < x_2 \leqslant b$. 则对于 x_1, x_2 间的任意点 $x_\lambda = \lambda x_1 + (1-\lambda)x_2, \lambda \in (0,1)$, 有

$$x_1 - x_\lambda = (1-\lambda)(x_1 - x_2), \quad x_2 - x_\lambda = -\lambda(x_1 - x_2).$$

在 $[x_1, x_\lambda]$ 和 $[x_\lambda, x_2]$ 上分别用拉格朗日定理, 则存在 $\eta_1 \in (x_1, x_\lambda), \eta_2 \in (x_\lambda, x_2)$ 使

$$f(x_1) = f(x_\lambda) + f'(\eta_1)(x_1 - x_\lambda), \quad f(x_2) = f(x_\lambda) + f'(\eta_2)(x_2 - x_\lambda).$$

因为 $f''(x) \geqslant 0$, 故 $f'(x)$ 在 (a,b) 上单增, 得

$$f(x_1) \geqslant f(x_\lambda) + f'(x_\lambda)(x_1 - x_\lambda) = f(x_\lambda) + (1-\lambda)f'(x_\lambda)(x_1 - x_2),$$

$$f(x_2) \geqslant f(x_\lambda) + f'(x_\lambda)(x_2 - x_\lambda) = f(x_\lambda) - \lambda f'(x_\lambda)(x_1 - x_2).$$

由此, 分别用 $\lambda, 1-\lambda$ 乘上述两式并相加得

$$f(x_\lambda) = f(\lambda x_1 + (1-\lambda)x_2) \leqslant \lambda f(x_1) + (1-\lambda)f(x_2).$$

这样, 函数 $f(x)$ 是 $[a,b]$ 上的下凸函数.

其他所有情形可类似来证. 定理证毕.

例 1 研究 $f(x) = x^4 - 2x^2$ 的凸性.

解 由于 $f'(x) = 4x^3 - 4x$,

$$f''(x) = 4(3x^2 - 1) \begin{cases} > 0, & -\infty < x < -1/\sqrt{3}, \\ < 0, & -1/\sqrt{3} < x < 1/\sqrt{3}, \\ > 0, & 1/\sqrt{3} < x < +\infty. \end{cases}$$

因此 $f(x)$ 在 $\left(-\infty, \dfrac{-1}{\sqrt{3}}\right]$ 和 $\left[\dfrac{1}{\sqrt{3}}, \infty\right)$ 上严格下凸, 在 $\left[\dfrac{-1}{\sqrt{3}}, \dfrac{1}{\sqrt{3}}\right]$ 上严格上凸 (图 4.10).

定义 4.3 若 $f(x)$ 在 x_0 连续, 并且在 x_0 两边有不同的凸性, 则 x_0 称为 $f(x)$ 的一个**拐点**.

例如, 0 是 x^3 的拐点. 又在例 1 中, $-\dfrac{1}{\sqrt{3}}$ 和 $\dfrac{1}{\sqrt{3}}$ 都是拐点.

定理 4.11(拐点判定) 若 x_0 是 $f(x)$ 的拐点, 并且 $f(x)$ 在 x_0 二阶可导, 则 $f''(x_0) = 0$.

证明 由于 $f(x)$ 在 x_0 二阶可导, 因此 $f(x)$ 在 x_0 附近一阶可导. 又 x_0 是 $f(x)$ 的拐点, 故 $f(x)$ 在 x_0 的两边有不同的凸性. 不妨设有 $\delta > 0$, 使 $f(x)$ 在 $(x_0 - \delta, x_0]$ 上下凸, 在 $[x_0, x_0 + \delta)$ 上上凸. 任意取定 $x_0 - \delta < x < y < x_0$. 由下凸的定义,

$$f(x_\lambda) \leqslant \lambda f(x) + (1-\lambda)f(y),$$

其中

$$x_\lambda = \lambda x + (1-\lambda)y, \quad \lambda \in (0,1).$$

由于 $x_\lambda - x = (1-\lambda)(y-x)$, $x_\lambda - y = -\lambda(y-x)$, 故

$$\frac{f(x_\lambda) - f(x)}{x_\lambda - x} \leqslant \frac{\lambda f(x) + (1-\lambda)f(y) - f(x)}{x_\lambda - x} = \frac{f(y) - f(x)}{y - x},$$

$$\frac{f(x_\lambda) - f(y)}{x_\lambda - y} \geqslant \frac{\lambda f(x) + (1-\lambda)f(y) - f(y)}{x_\lambda - y} = \frac{f(y) - f(x)}{y - x}.$$

在上述第一个不等式中令 $\lambda \to 1^-$, 得 $f'(x) = f'_+(x) \leqslant \dfrac{f(y) - f(x)}{y - x}$; 在上述第二个不等式中令 $\lambda \to 0^+$, 得 $f'(y) = f'_-(y) \geqslant \dfrac{f(y) - f(x)}{y - x}$. 于是 $f'(x) \leqslant f'(y)$. 这说明 $f'(x)$ 在区间 $(x_0 - \delta, x_0]$ 上单增, 故 $f''(x_0) \geqslant 0$. 完全类似可证 $f'(x)$ 在区间 $[x_0, x_0 + \delta)$ 上单减, 故 $f''(x_0) \leqslant 0$. 从而 $f''(x_0) = 0$. 定理证毕.

这样当 $f(x)$ 二阶可导时, 为求其拐点, 应从二阶导数为 0 的点中去找. 例如, 对例 1 中的函数 $f(x) = x^4 - 2x^2$, 由于 $f''(x) = 12x^2 - 4 = 0$ 的解是 $x = \pm \dfrac{1}{\sqrt{3}}$, 因此只有这两个点才可能是拐点. 至于它们是否确实是拐点, 还需进一步研究它们附近的凸性. 而由例 1 知它们都是拐点.

另一方面, 要注意, 若 $f''(x_0) = 0$, 则 x_0 不一定是拐点. 例如, $f(x) = x^4$ 在 $x = 0$ 处.

最后, 若当 $x \to \infty$ 时, 一条曲线与一条直线越来越接近, 则可以把握该曲线在一个无界区间上的走向. 于是就有下面的定义.

定义 4.4 若

$$\lim_{x \to +\infty} [f(x) - (ax + b)] = 0 \text{ 或 } \lim_{x \to -\infty} [f(x) - (ax + b)] = 0,$$

则直线 $y = ax + b$ 称为曲线 $y = f(x)$ 的**渐近线**. 又若有实数 a 使

$$\lim_{x \to a^+} f(x) = +\infty (\text{或} - \infty) \text{ 或 } \lim_{x \to a^-} f(x) = +\infty(-\infty),$$

则直线 $x = a$ 称为曲线 $y = f(x)$ 的**渐近线**, 此时也说曲线 $y = f(x)$ 有**垂直渐近线**.

例如, $\lim\limits_{x \to -\infty} \mathrm{e}^x = 0$, 故 $y = 0$ (即 x 轴) 是 e^x 的渐近线 (图 4.12). 又 $\lim\limits_{x \to 0^+} \mathrm{e}^{1/x} = +\infty$, 故 $x = 0$ (即 y 轴) 是 $\mathrm{e}^{1/x}$ 的渐近线 (即 $\mathrm{e}^{1/x}$ 有垂直渐近线, 见图 4.13).

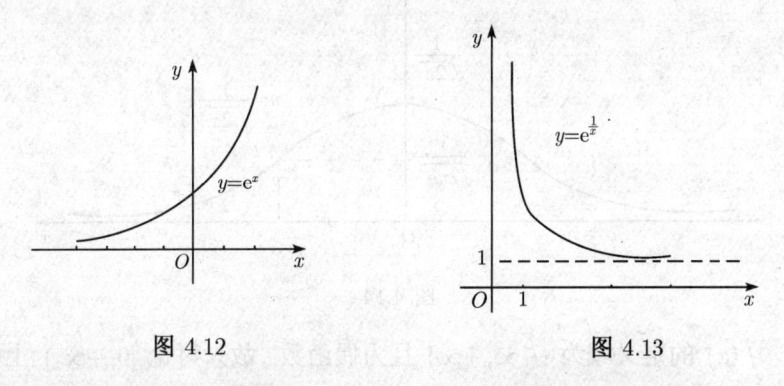

图 4.12   图 4.13

注意, 由于对任何 a, b, $\lim\limits_{x \to \pm\infty} [x^2 - (ax + b)] = \infty$, 因此曲线 $y = x^2$ 没有渐近线. 所以不是每一条曲线都有渐近线.

由定义，若 $\lim\limits_{x\to\infty}[f(x)-(ax+b)]=0$，则

$$\lim_{x\to\infty} x\left[\frac{f(x)}{x}-a-\frac{b}{x}\right]=0.$$

从而 $\lim\limits_{x\to\infty}\left[\frac{f(x)}{x}-a-\frac{b}{x}\right]=0$. 因此

$$a=\lim_{x\to\infty}\frac{f(x)}{x},\quad b=\lim_{x\to\infty}[f(x)-ax].$$

这就是说，如果直线 $y=ax+b$ 是曲线 $y=f(x)$ 的**渐近线**，则 a,b 可以从上述两个等式求得.

有了一个函数的极值、单调性、凸性及拐点、渐近线等各种信息，我们就可以描绘一个函数的大概图形.

一般来说，函数作图有以下几个步骤：

(1) 确定函数 $f(x)$ 的定义域并判定它的连续性、奇偶性和周期性；

(2) 计算 $f'(x)$，从而判断函数 $f(x)$ 的单调性与极点；

(3) 计算 $f''(x)$，找出所有使 $f''(x)=0$ 的点，从而判断函数 $f(x)$ 的凸性与拐点；

(4) 方便的话，尽可能求出曲线 $y=f(x)$ 上一些特殊的点，如它与坐标轴的交点、极值、拐点处的值. 此外若能求出拐点处的导数值，将能对拐点处的曲线有更好的了解；

(5) 计算 $f(x)$ 的所有渐近线；

(6) 列出表格，作出函数图形.

例 2 作函数 $f(x)=\dfrac{1}{\sqrt{2\pi}}\mathrm{e}^{-\frac{x^2}{2}}$ 的草图 (图 4.14).

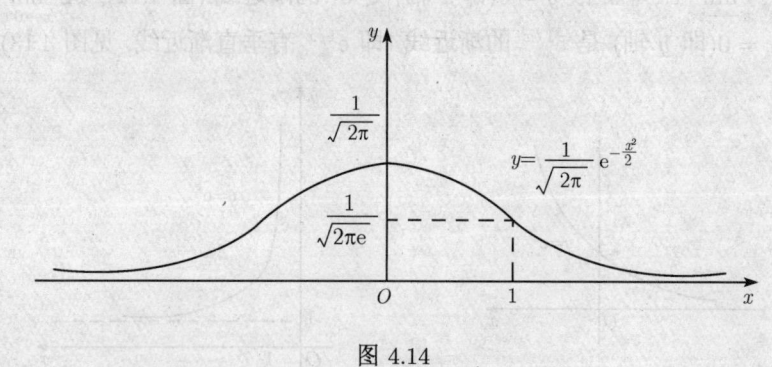

图 4.14

解 $f(x)$ 的定义域为 $(-\infty,+\infty)$ 且为偶函数. 故只讨论 $[0,+\infty)$ 上的图像即可. 此时

$$f'(x)=\frac{1}{\sqrt{2\pi}}\mathrm{e}^{-\frac{x^2}{2}}\left(\frac{-x^2}{2}\right)'=-\frac{1}{\sqrt{2\pi}}x\mathrm{e}^{-\frac{x^2}{2}},$$

$$f''(x) = \frac{1}{\sqrt{2\pi}} e^{-\frac{x^2}{2}} \left(x^2 - 1\right).$$

由 $f'(x) = 0$ 得驻点 $x = 0$. 由对称性, $x = 0$ 是极大点. 由 $f''(x) = 0$ 得 $x = 1$. 容易判断 1 是拐点. 又 $\lim\limits_{x \to \infty} f(x) = 0$, 所以 $y = 0$ 是水平渐近线. 此外 $f(0) = \frac{1}{\sqrt{2\pi}}, f(1) = \frac{1}{\sqrt{2\pi e}}$, 如表 4.1 所示.

表 4.1

x	0	$(0,1)$	1	$(1, +\infty)$
$f'(x)$	0	$-$		$-$
$f''(x)$		$-$		$+$
$f(x)$	极大	$\searrow, \cap$	拐点	$\searrow, \cup$

例 3 作函数 $f(x) = 1 + \dfrac{1}{x} + \dfrac{1}{x^2}$ 的草图 (图 4.15).

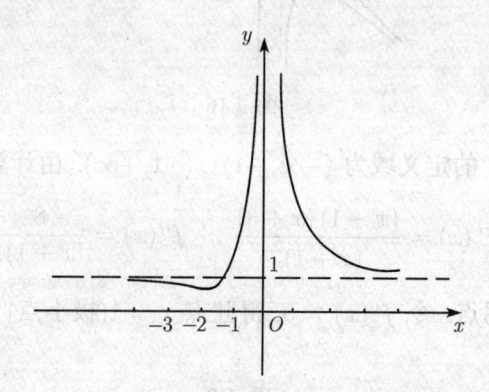

图 4.15

解 函数 $f(x)$ 的定义域为 $(-\infty, +0) \cup (0, +\infty)$. 由计算,

$$f'(x) = -\frac{x+2}{x^3}, \quad f''(x) = \frac{2x+6}{x^4}.$$

令 $f'(x) = 0$ 得驻点 $x = -2$(极小点), 极小值为 $\dfrac{3}{4}$. 令 $f''(x) = 0$ 得拐点 $x = -3$, 如表 4.2 所示.

表 4.2

x	$(-\infty, -3)$	-3	$(-3, -2)$	-2	$(-2, 0)$	0	$(0, +\infty)$
y'	$-$		$-$		$+$		$-$
y''	$-$		$+$		$+$		$+$
y	$\searrow, \cap$	拐点	$\searrow, \cup$	极小	$\nearrow, \cup$		$\searrow, \cup$

又 $\lim\limits_{x \to 0} f(x) = +\infty$, 故 $x = 0$ 为垂直渐近线;

$\lim\limits_{x\to\infty} f(x) = 1$,故 $y = 1$ 为水平渐近线.

例 4 作函数 $f(x) = \dfrac{(x-1)^2}{x+1}$ 的草图 (图 4.16).

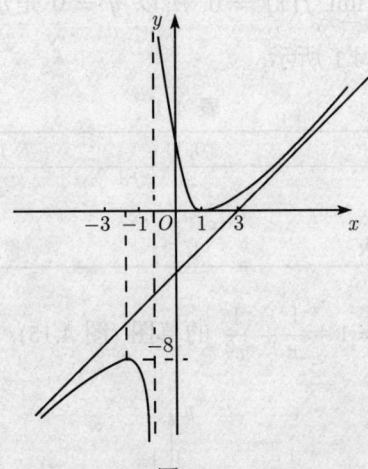

图 4.16

解 函数 $f(x)$ 的定义域为 $(-\infty, -1) \cup (-1, +\infty)$. 由计算,

$$f'(x) = \frac{(x-1)(x+3)}{(x+1)^2}, \quad f''(x) = \frac{8}{(x+1)^3},$$

故函数 $f(x)$ 没有拐点. 令 $f'(x) = 0$, 得驻点 $x = 1$(极小点) 和 $x = -3$(极大点), 如表 4.3 所示.

表 4.3

x	$(-\infty, -3)$	-3	$(-3, -1)$	-1	$(-1, 1)$	1	$(1, +\infty)$
$f'(x)$	$+$	0	$-$	无定义	$-$	0	$+$
$f(x)$	↗	极大值	↘		↘	极小值	↗

极小值为 0, 极大值为 -8. 又因为

$$\lim_{x\to -1^+} \frac{(x-1)^2}{x+1} = +\infty, \quad \lim_{x\to -1^-} \frac{(x-1)^2}{x+1} = -\infty,$$

所以 $x = -1$ 是函数的垂直渐近线. 此外

$$\lim_{x\to\infty} \frac{f(x)}{x} = \lim_{x\to\infty} \frac{(x-1)^2}{x(x+1)} = 1,$$

$$\lim_{x\to\infty} \left[\frac{(x-1)^2}{x+1} - x\right] = \lim_{x\to\infty} \frac{-3x+1}{x+1} = -3,$$

所以 $y = x - 3$ 为函数的渐近线.

4.4 洛必达法则

第 2 章已经遇到 $\dfrac{0}{0}$ 或 $\dfrac{\infty}{\infty}$ 型的极限. 利用柯西定理, 可以提供一种求这种未定型极限的强有力的方法, 这就是下面的定理.

定理 4.12(洛必达法则)　设函数 $f(x)$ 和 $g(x)$ 都在 x_0 的某个空心邻域上可导, 且 $g'(x) \neq 0$. 若 $\lim\limits_{x \to x_0} \dfrac{f'(x)}{g'(x)} = A$, 其中 A 可以是 $\pm\infty$, 则当以下两条件之一满足时有

$$\lim_{x \to x_0} \frac{f(x)}{g(x)} = \lim_{x \to x_0} \frac{f'(x)}{g'(x)} = A.$$

(1) $\lim\limits_{x \to x_0} f(x) = \lim\limits_{x \to x_0} g(x) = 0$;
(2) $\lim\limits_{x \to x_0} g(x) = \infty$.

证明　只证 (1). 先补充定义 $f(x_0) = g(x_0) = 0$, 则 $f(x)$ 和 $g(x)$ 在 x_0 的一个邻域上连续. 此时对该邻域中任何 $x \neq x_0$, 由柯西定理, 存在介于 x 和 x_0 之间的 ξ, 使得

$$\frac{f(x)}{g(x)} = \frac{f(x) - f(x_0)}{g(x) - g(x_0)} = \frac{f'(\xi)}{g'(\xi)}.$$

在上式两边令 $x \to x_0$, 由于此时显然 $\xi \to x_0$, 故有

$$\lim_{x \to x_0} \frac{f(x)}{g(x)} = \lim_{x \to x_0} \frac{f'(\xi)}{g'(\xi)} = \lim_{\xi \to x_0} \frac{f'(\xi)}{g'(\xi)} = \lim_{x \to x_0} \frac{f'(x)}{g'(x)} = A.$$

注意, 当极限过程变为 $x \to \infty$ 时, 定理 4.12 的结论也成立.

例 1　求 $\lim\limits_{x \to 1} \dfrac{x^3 - 3x + 2}{x^3 + x^2 - x - 1}$ $\left(\dfrac{0}{0}\text{型}\right)$.

解　原极限 $= \lim\limits_{x \to 1} \dfrac{(x^3 - 3x + 2)'}{(x^3 + x^2 - x - 1)'} = \lim\limits_{x \to 1} \dfrac{3x^2 - 3}{3x^2 + 2x - 1} = 0.$

例 2　求 $\lim\limits_{x \to 0} \dfrac{x - \sin x}{x^3}$ $\left(\dfrac{0}{0}\text{型}\right)$.

解　原极限 $= \lim\limits_{x \to 0} \dfrac{(x - \sin x)'}{(x^3)'} = \lim\limits_{x \to 0} \dfrac{1 - \cos x}{3x^2}$
$= \lim\limits_{x \to 0} \dfrac{(1 - \cos x)'}{(3x^2)'} = \lim\limits_{x \to 0} \dfrac{\sin x}{6x} = \dfrac{1}{6}.$

例 3　求 $\lim\limits_{x \to +\infty} \dfrac{\mathrm{e}^x}{x}$ $\left(\dfrac{\infty}{\infty}\text{型}\right)$.

解　原极限 $= \lim\limits_{x \to +\infty} \dfrac{(\mathrm{e}^x)'}{(x)'} = \lim\limits_{x \to +\infty} \mathrm{e}^x = +\infty.$

下面是一些可化为 $\dfrac{0}{0}$ 或 $\dfrac{\infty}{\infty}$ 型的极限.

例 4　求 $\lim\limits_{x \to 0^+} x \ln x$ ($0 \cdot \infty$ 型).

解 原极限 $= \lim\limits_{x \to 0^+} \dfrac{\ln x}{1/x} = \lim\limits_{x \to 0^+} \dfrac{(\ln x)'}{(1/x)'} = \lim\limits_{x \to 0^+} (-x) = 0.$

例 5 求 $\lim\limits_{x \to 0} \left(\dfrac{1}{x} - \dfrac{1}{e^x - 1} \right)$ ($\infty - \infty$ 型).

解 原极限 $= \lim\limits_{x \to 0} \dfrac{e^x - 1 - x}{x(e^x - 1)} = \lim\limits_{x \to 0} \dfrac{(e^x - 1 - x)'}{[x(e^x - 1)]'} = \lim\limits_{x \to 0} \dfrac{e^x - 1}{e^x - 1 + xe^x}$
$= \lim\limits_{x \to 0} \dfrac{(e^x - 1)'}{(e^x - 1 + xe^x)'} = \lim\limits_{x \to 0} \dfrac{e^x}{e^x + e^x + xe^x} = \dfrac{1}{2}.$

下面是一些幂指型 $0^0, \infty^0, 1^\infty$ 的极限, 即形如 $f(x)^{g(x)}$ 的极限. 但 $f(x)^{g(x)} = e^{g(x) \ln f(x)}$, 故只需求 $g(x) \ln f(x)$ 的极限.

例 6 求 $\lim\limits_{x \to 0^+} x^x$ (0^0 型).

解 由于 $\lim\limits_{x \to 0^+} x \ln x = 0$(见例 4), 故原极限 $= e^0 = 1.$

例 7 求 $\lim\limits_{x \to \frac{\pi}{2}^-} (\tan x)^{\cos x}$ (∞^0 型).

解 由于

$$\lim_{x \to \frac{\pi}{2}^-} \cos x \ln \tan x = \lim_{x \to \frac{\pi}{2}^-} (\cos x \ln \sin x - \cos x \ln \cos x) = 0,$$

故原极限 $= e^0 = 1.$

例 8 求 $\lim\limits_{x \to 0} (x + e^x)^{1/x}$ (1^∞ 型).

解 由于 $\lim\limits_{x \to 0} \dfrac{\ln(x + e^x)}{x} = \lim\limits_{x \to 0} \dfrac{[\ln(x + e^x)]'}{(x)'} = \lim\limits_{x \to 0} \dfrac{1 + e^x}{x + e^x} = 2$, 故原极限 $= e^2.$

注意, 洛必达法则不是万能的, 有时对很简单的极限, 用洛必达法则反而判定不出来, 如下面两个极限:

$$\lim_{x \to +\infty} \dfrac{\sqrt{x^2 + 1}}{x} = 1, \quad \lim_{x \to +\infty} \dfrac{e^x - e^{-x}}{e^x + e^{-x}} = 1.$$

例 9 设 $k > 0$, 讨论函数 $f(x) = \ln x - \dfrac{x}{e} + k$ 在 $(0, +\infty)$ 上零点的个数.

解 所谓零点, 即方程 $f(x) = 0$ 的解. 由 $f'(x) = \dfrac{1}{x} - \dfrac{1}{e} = 0$ 得 $x = e$. 当 $0 < x < e$ 时有 $f'(x) > 0$, 函数严格单增; 当 $x > e$ 时 $f'(x) < 0$, 函数严格单减. 故 $x = e$ 为极大值点, 极大值为 $f(e) = k > 0$. 又 $\lim\limits_{x \to 0^+} f(x) = -\infty$. 此外由于 $\lim\limits_{x \to +\infty} \dfrac{\ln x}{x} = \lim\limits_{x \to +\infty} \dfrac{1}{x} = 0$, 故

$$\lim_{x \to +\infty} f(x) = \lim_{x \to +\infty} x \left(\dfrac{\ln x}{x} - \dfrac{1}{e} + \dfrac{k}{x} \right) = -\infty.$$

从而由连续函数介值定理知道 $f(x)$ 的零点个数为 2(图 4.17).

图 4.17

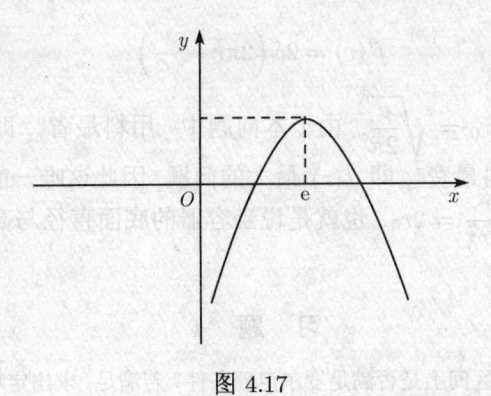

4.5 最值问题

根据连续函数的性质, 若函数在闭区间 $[a,b]$ 上连续, 则一定存在最大值和最小值. 最大值和最小值统称为**最值**. 最值与极值不同, 它是一个整体概念, 它可能在端点处取到, 也可能在开区间 (a,b) 内取到. 而开区间内的最值必为极值. 由此可以给出连续函数 $f(x)$ 在闭区间 $[a,b]$ 上最值的如下求法:

(1) 找出函数 $f(x)$ 的所有驻点以及使 $f'(x)$ 不存在的点;
(2) 计算 (1) 中的点及端点处的函数值, 从中找出最大值和最小值.

例 1 求函数 $f(x)=(x+2)\sqrt[3]{x^2}$ 在区间 $[-1,1]$ 上的最值.

解
$$f'(x) = \sqrt[3]{x^2} + (x+2)\cdot\frac{2}{3\sqrt[3]{x}} = \frac{5x+4}{3\sqrt[3]{x}}.$$

令 $f'(x)=0$ 得驻点 $x=-\dfrac{4}{5}$. 又使得 $f'(x)$ 不存在的点为 $x=0$. 现在

$$f\left(-\frac{4}{5}\right) = \frac{6}{5}\sqrt[3]{\frac{16}{25}}, \quad f(0)=0, \quad f(1)=3, \quad f(-1)=1,$$

由此得最大值为 3, 最小值为 0.

例 2 求函数 $f(x)=\dfrac{x-1}{x+1}$ 在区间 $[0,1]$ 上的最值.

解 由于 $f'(x)=\dfrac{2}{(x+1)^2}>0$, 所以 $f(x)$ 严格单增, 故得最大值为 $f(1)=0$, 最小值为 $f(0)=-1$.

例 3 若圆柱形的有盖容器的容积 v 固定, 整个容器是用厚度为 δ 的材料制成, 问如何确定容器的底面半径和高才能使得用料最省.

解 设容器底面半径为 r, 高为 h, 于是容器用料

$$f(r) = \delta(2\pi r^2 + 2\pi rh) = 2\delta\left(\pi r^2 + \pi r\frac{v}{\pi r^2}\right) = 2\delta\left(\pi r^2 + \frac{v}{r}\right),$$

$$f'(r) = 2\delta\left(2\pi r - \frac{v}{r^2}\right).$$

令 $f'(r) = 0$ 得驻点 $r_0 = \sqrt[3]{\dfrac{v}{2\pi}}$. 由于本问题中 "用料最省", 即 "$f(r)$ 最小" 有意义, 并且不存在 "用料最费", 即 $f(r)$ 最大的问题, 因此这唯一的驻点 r_0 即为最小值点. 此时高 $h_0 = \dfrac{v}{\pi r_0^2} = 2r_0$. 也就是说当容器的底面直径与高相等的时候, 用料最省.

习 题 4

1. 下列函数在给定区间上是否满足罗尔定理条件? 若满足, 求出定理结论中的 ξ:
(1) $y = 2x^2 - x - 3$, $\left[-1, \dfrac{3}{2}\right]$;
(2) $y = x\sqrt{3-x}$, $[0, 3]$;
(3) $y = e^{x^2} - 1$, $[-1, 1]$.

2. 下列函数在给定区间上是否满足拉格朗日定理条件? 若满足, 求出定理结论中的 ξ:
(1) $y = x^3$, $[0, 2]$;
(2) $y = \ln x$, $[1, 2]$;
(3) $y = x^3 - 5x^2 + x - 2$, $[-1, 0]$.

3. 求证: $f(x) = ax^2 + bx + c$ 在任何区间上由拉格朗日定理求得的 ξ 总位于该区间的中点.

4. 求证: 若非线性函数 $f(x)$ 在 $[a, b]$ 上连续, 在 (a, b) 内可导, 则在 (a, b) 内至少存在一点 ξ, 满足 $|f'(\xi)| > \left|\dfrac{f(b) - f(a)}{b - a}\right|$.

5. 不求出 $f(x) = (x-1)(x-2)(x-3)(x-4)$ 的导数, 指出方程 $f'(x) = 0$ 的实根的个数, 并指出它们所在区间.

6. 设 $f(x)$ 在 (a, b) 内有二阶导数, $a < x_1 < x_2 < x_3 < b$, 且 $f(x_1) = f(x_2) = f(x_3)$, 求证: 在 (x_1, x_3) 内有一点 ξ, 使得 $f''(\xi) = 0$.

7. 设 $a_0 + \dfrac{a_1}{2} + \cdots + \dfrac{a_n}{n+1} = 0$, 求证: 方程 $a_0 + a_1 x + \cdots + a_n x^n = 0$ 在 $(0, 1)$ 内至少有一个实根.

8. 若方程 $a_0 x^n + a_1 x^{n-1} + \cdots + a_{n-1} x = 0$ 有一个正根 x_0, 求证: 方程
$$a_0 n x^{n-1} + a_1 (n-1) x^{n-2} + \cdots + a_{n-1} = 0$$
必有一个小于 x_0 的正根.

9. 设 $f(x)$ 在 $[a, b]$ 上连续, 在 (a, b) 内可导, $ab > 0$, $af(b) - bf(a) = 0$. 求证: 有一点 $\xi \in (a, b)$, 使 $f(\xi) = \xi f'(\xi)$.

10. 对 $f(x) = \sin x$, $g(x) = x + \cos x$ 在 $\left[0, \dfrac{\pi}{2}\right]$ 上验证柯西定理.

11. 求证下列不等式:
(1) $e^x > ex$, $x > 1$; (2) $\arctan x > x - \dfrac{x^3}{3}$, $x > 0$;
(3) $\dfrac{b-a}{b} < \ln \dfrac{b}{a} < \dfrac{b-a}{a}$, $0 < a < b$; (4) $\tan x + 2\sin x > 3x$, $0 < x < \dfrac{\pi}{2}$;

习题 4

(5) $\dfrac{1}{2^{p-1}} \leqslant x^p + (1-x)^p \leqslant 1, 0 \leqslant x \leqslant 1, p > 1$;

(6) $\dfrac{\tan x}{x} > \dfrac{x}{\sin x}, 0 < x < \dfrac{\pi}{2}$.

12. 若对 $[a,b]$ 上的任何 x_1 和 x_2 有 $|f(x_1)-f(x_2)| \leqslant (x_1-x_2)^2$，求证：$f(x)$ 恒为常数.

13. 证明恒等式：

(1) $\arcsin x + \arccos x = \dfrac{\pi}{2}, x \in [0,1]$;

(2) $2\arctan x + \arcsin \dfrac{2x}{1+x^2} = \pi, x \in [1, +\infty)$.

14. 求下列函数的极值点，并确定它们的单调区间：

(1) $y = 2x^3 - 3x^2 - 12x + 1$; (2) $y = x + \sin x$;

(3) $y = \sqrt{x}\ln x$; (4) $y = xe^{-x}$;

(5) $y = \dfrac{1-x}{1+x^2}$; (6) $y = x - \ln(1+x)$.

15. 证明下列不等式：

(1) 当 $x > 0$ 时，$\ln(1+x) > x - \dfrac{1}{2}x^2$；

(2) 当 $0 < x_1 < x_2 < \dfrac{\pi}{2}$ 时，$\dfrac{\tan x_2}{\tan x_1} > \dfrac{x_2}{x_1}$；

(3) 当 $x > 0$ 时，$\arctan x + \dfrac{1}{x} > \dfrac{\pi}{2}$；

(4) 当 $0 < x < \dfrac{\pi}{2}$ 时，$\sin x > \dfrac{2}{\pi}x$.

16. 求下列函数的凸向与拐点：

(1) $y = -x^3 + 3x^2$; (2) $y = x + \sin x$;

(3) $y = \sqrt{1+x^2}$; (4) $y = xe^{-x}$;

(5) $y = \arctan x - x$; (6) $y = x - \ln(1+x)$.

17. 求下列函数的渐近线：

(1) $y = \dfrac{x^2}{1+x}$; (2) $y = \dfrac{2x}{1+x^2}$;

(3) $y = \sqrt{6x^2 - 8x + 3}$; (4) $y = (2+x)e^{1/x}$;

(5) $y = e^x$; (6) $y = \ln x$.

18. 作下列函数的草图：

(1) $y = 3x - x^3$; (2) $y = \ln(1+x^2)$;

(3) $y = \dfrac{x^2}{1+x}$; (4) $y = \dfrac{1}{\sqrt{2\pi}}e^{-x^2/2}$.

19. 求下列极限：

(1) $\lim\limits_{x \to 0} \dfrac{e^x - e^{-x}}{\sin x}$; (2) $\lim\limits_{x \to 0} \dfrac{\tan x - x}{x - \sin x}$;

(3) $\lim\limits_{x \to a} \dfrac{x^m - a^m}{x^n - a^n}$; (4) $\lim\limits_{x \to \frac{\pi}{2}} \dfrac{\tan 3x}{\tan x}$;

(5) $\lim\limits_{x \to \frac{\pi}{2}} \dfrac{\ln(\sin x)}{(\pi - 2x)^2}$; (6) $\lim\limits_{x \to 0} \dfrac{\ln(x^2+1)}{\sec x - \cos x}$;

(7) $\lim\limits_{x \to +\infty} \dfrac{\ln(1+1/x)}{\text{arc cot } x}$; (8) $\lim\limits_{x \to 0} x \cot 2x$;

(9) $\lim\limits_{x \to 0} \left(\dfrac{1}{x} - \dfrac{1}{e^x - 1} \right)$; (10) $\lim\limits_{x \to 0} \left(\dfrac{1}{\sin x} - \dfrac{1}{x} \right)$;

(11) $\lim\limits_{x \to 1} \left(\dfrac{1}{\ln x} - \dfrac{1}{x-1} \right)$;

(12) $\lim\limits_{x \to 0} \dfrac{\tan^2 x - \sin^2 x}{x^4}$;

(13) $\lim\limits_{x \to 0} x^2 \mathrm{e}^{1/x^2}$;

(14) $\lim\limits_{x \to \pi} (\pi - x) \tan \dfrac{x}{2}$;

(15) $\lim\limits_{x \to +\infty} \left(\dfrac{2}{\pi} \arctan x \right)^x$;

(16) $\lim\limits_{x \to 0^+} \left(\ln \dfrac{1}{x} \right)^{\sin x}$;

(17) $\lim\limits_{x \to 0^+} x^{\sin x}$;

(18) $\lim\limits_{x \to 0} \dfrac{\cos(\sin x) - \cos x}{x^4}$.

20. 试用洛必达法则求下列极限, 看会发生什么情形:

(1) $\lim\limits_{x \to 0} \dfrac{x^2 \sin(1/x)}{\sin x}$;

(2) $\lim\limits_{x \to \infty} \dfrac{x + \sin x}{x - \sin x}$.

21. 讨论函数 $f(x) = \begin{cases} \left[\dfrac{(1+x)^{1/x}}{\mathrm{e}} \right]^{1/x}, & x > 0, \\ \mathrm{e}^{-1/2}, & x \leqslant 0 \end{cases}$ 在 $x = 0$ 处的连续性.

22. 设 $f(0) = 0$, 且 $f'(0)$ 存在, 求证 $\lim\limits_{x \to 0^+} x^{f(x)} = 1$.

23. 由拉格朗日定理知 $\ln(1+x) = \dfrac{x}{1 + \theta(x) x}, 0 < \theta(x) < 1$, 求证 $\lim\limits_{x \to 0} \theta(x) = \dfrac{1}{2}$.

24. (1) 在底为 a, 高为 h 的三角形中作内接矩形, 矩形的一条边与三角形的底边重合, 求此矩形的最大面积;

(2) 要做一个容积为 V 的有盖的圆柱形容器, 上下两个底面的材料的价格为每单位面积 a 元, 侧面的材料的价格为每单位面积 b 元, 问直径 D 与高 H 的比例为多少时造价最省?

第 5 章 不定积分

本章要讲述的不定积分和前面已经介绍的微分是互逆关系.

5.1 原函数的概念

定义 5.1 设函数 $f(x)$ 定义在区间 I 上. 如果存在 I 上的函数 $F(x)$, 使得对区间 I 上的每个点 x, $F(x)$ 的导数都是 $f(x)$, 即

$$F'(x) = \frac{\mathrm{d}F(x)}{\mathrm{d}x} = f(x), \quad x \in I,$$

则称 $F(x)$ 是 $f(x)$ 在区间 I 上的一个**原函数**.

由定义可知, 函数 x^2 是 $2x$ 在 $I = (-\infty, \infty)$ 上的一个原函数, $\ln|x|$ 是 $\dfrac{1}{x}$ 在 $I = \mathbb{R} \setminus \{0\}$ 上的一个原函数, $\arcsin x$ 是 $\dfrac{1}{\sqrt{1-x^2}}$ 在 $I = (-1, 1)$ 上的一个原函数等.

例 1 设 $f(x) = 2x + 2$, 问 $F(x) = x^2 + 2x$ 和 $G(x) = (x+1)^2$ 哪个是 $f(x)$ 的原函数, 为什么?

解 由于 $F'(x) = (x^2 + 2x)' = 2x + 2$, $G'(x) = [(x+1)^2]' = 2(x+1) = 2x + 2$, 从而 $F(x)$ 和 $G(x)$ 都是 $f(x)$ 的原函数.

由此可见, 一个函数的原函数不是唯一的. 事实上, 若 $F(x)$ 是 $f(x)$ 在区间 I 上的一个原函数, 则对任何常数 C, $F(x) + C$ 也是 $f(x)$ 的原函数. 反之, 有下面的定理.

定理 5.1 若 $F(x)$ 是 $f(x)$ 在区间 I 上的一个原函数, 则 $f(x)$ 在区间 I 上的任何原函数都可以表示成 $F(x) + C$ 的形式, 其中 C 为常数.

证明 任取 $f(x)$ 在区间 I 上的一个原函数 $G(x)$, 则对任何 $x \in I$,

$$(G(x) - F(x))' = G'(x) - F'(x) = f(x) - f(x) = 0.$$

从而由微分中值定理得知 $G(x) - F(x) = C$, 其中 C 为常数. 于是 $G(x) = F(x) + C$. 定理证毕.

定理 5.1 说明, 求出一个原函数, 就等于求出了所有原函数.

例 2 设 $F'(x) = 2x$, 并且 $y = F(x)$ 经过点 $(1, 0)$, 求 $F(x)$.

解 由于 $(x^2)' = 2x$, 因此由定理 5.1 知 $F(x) = x^2 + C$. 又 $y = F(x)$ 过点 $(1, 0)$, 故有 $F(1) = 1^2 + C = 0$, 得 $C = -1$, 从而 $F(x) = x^2 - 1$.

5.2 不定积分的概念

定义 5.2 设函数 $f(x)$ 在区间 I 上有原函数,则称 $f(x)$ 在区间 I 上的原函数全体为 $f(x)$ 在区间 I 上的**不定积分**,记作 $\int f(x)\mathrm{d}x$,其中 x 称为**积分变量**,$f(x)$ 称为**被积函数**,$f(x)\mathrm{d}x$ 称为**被积表达式**.

根据定理 5.1,若已经知道 $f(x)$ 的一个原函数为 $F(x)$,则 $\int f(x)\mathrm{d}x = F(x) + C$,其中 C 可以是任何一个常数.

例 1 求 $\int x^{\alpha}\mathrm{d}x(\alpha \neq -1)$.

解 由于 $\dfrac{1}{\alpha+1}x^{\alpha+1}$ 是 x^{α} 的一个原函数,从而 $\int x^{\alpha}\mathrm{d}x = \dfrac{1}{\alpha+1}x^{\alpha+1} + C$.

例 2 求 $\int \sin x \mathrm{d}x$.

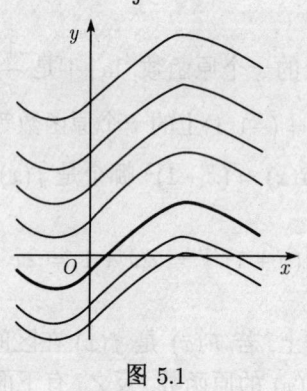

解 由于 $-\cos x$ 是 $\sin x$ 的一个原函数,从而 $\int \sin x \mathrm{d}x = -\cos x + C$.

从几何上看,假若函数 $f(x)$ 的一个原函数的图像称为一条**积分曲线**,那么它的不定积分的图像就是一族曲线,如图 5.1,这些曲线都是那一条积分曲线通过上下平移得到的.

由导数性质容易推得不定积分的各种性质,其中最基本的是下面的线性性质.

图 5.1

定理 5.2(线性性质) 设 $F(x), G(x)$ 分别是 $f(x), g(x)$ 的一个原函数,则

(1) $\int kf(x)\mathrm{d}x = k\int f(x)\mathrm{d}x = kF(x) + C$,其中 k 为常数;

(2) $\int [f(x) + g(x)]\mathrm{d}x = \int f(x)\mathrm{d}x + \int g(x)\mathrm{d}x = F(x) + G(x) + C$.

例 3 求 $\int (x+1)\mathrm{d}x$.

解 由于 $\int x\mathrm{d}x = \dfrac{x^2}{2} + C, \int 1 \cdot \mathrm{d}x = \int \mathrm{d}x = x + C$,因此

$$\int (x+1)\mathrm{d}x = \dfrac{x^2}{2} + x + C.$$

下面是一些基本初等函数的不定积分,牢记它们,对求不定积分十分有用.

$$\int 0 \cdot \mathrm{d}x = C; \quad \int x^{\alpha}\mathrm{d}x = \dfrac{1}{\alpha+1}x^{\alpha+1} + C, \alpha \neq -1; \quad \int \dfrac{1}{x}\mathrm{d}x = \ln|x| + C;$$

$$\int a^x \mathrm{d}x = \frac{1}{\ln a} a^x + C, \quad a > 0, a \neq 1; \quad \int \mathrm{e}^x \mathrm{d}x = \mathrm{e}^x + C;$$

$$\int \sin x \mathrm{d}x = -\cos x + C; \qquad \int \cos x \mathrm{d}x = \sin x + C;$$

$$\int \sec^2 x \mathrm{d}x = \int \frac{1}{\cos^2 x} \mathrm{d}x = \tan x + C; \quad \int \csc^2 x \mathrm{d}x = \int \frac{1}{\sin^2 x} \mathrm{d}x = -\cot x + C;$$

$$\int \frac{1}{\sqrt{a^2 - x^2}} \mathrm{d}x = \arcsin \frac{x}{a} + C = -\arccos \frac{x}{a} + C, \quad a > 0;$$

$$\int \frac{1}{a^2 + x^2} \mathrm{d}x = \frac{1}{a} \arctan \frac{x}{a} + C = -\frac{1}{a} \operatorname{arc cot} \frac{x}{a} + C, \quad a > 0;$$

$$\int \mathrm{sh} x \mathrm{d}x = \mathrm{ch} x + C; \qquad \int \mathrm{ch} x \mathrm{d}x = \mathrm{sh} x + C.$$

关于不定积分, 再作几点说明.

(1) 要验证一个积分公式, 只需求右端函数的导数, 看是否等于左端被积函数即可. 这也是今后验证一个不定积分的主要方法;

(2) $\int f(x) \mathrm{d}x$ 中的任一函数都是 $f(x)$ 的原函数, 这个事实可以写成

$$\frac{\mathrm{d}}{\mathrm{d}x} \int f(x) \mathrm{d}x = f(x) \quad \text{或} \quad \mathrm{d} \int f(x) \mathrm{d}x = f(x) \mathrm{d}x.$$

因此可以形象地说, 微分 "d" 与积分 "$\int$" 互相抵消!

(3) 由于 $f(x)$ 是 $f'(x)$ 的一个原函数, 因此

$$\int f'(x) \mathrm{d}x = f(x) + C.$$

但 $f'(x) \mathrm{d}x = \mathrm{d}f(x)$, 故上式又可写成

$$\int \mathrm{d}f(x) = f(x) + C.$$

例 4 求 $\int (x\sqrt{x} - 2^x) \mathrm{d}x$.

解 $\int (x\sqrt{x} - 2^x) \mathrm{d}x = \int (x^{3/2} - 2^x) \mathrm{d}x = \int x^{3/2} \mathrm{d}x - \int 2^x \mathrm{d}x$

$$= \frac{1}{3/2 + 1} x^{3/2+1} - \frac{1}{\ln 2} 2^x + C = \frac{2}{5} x^{5/2} - \frac{1}{\ln 2} 2^x + C.$$

例 5 求 $\int \tan^2 x \mathrm{d}x$.

解 $\int \tan^2 x \mathrm{d}x = \int (\sec^2 x - 1) \mathrm{d}x = \int \sec^2 x \mathrm{d}x - \int \mathrm{d}x = \tan x - x + C.$

5.3 几个基本的不定积分计算法

由复合函数的导数公式可知, 若 $G'(t) = g(t)$, 则

$$[G(h(x))]' = G'(h(x))h'(x) = g(h(x))h'(x),$$

从而有下列定理.

定理 5.3(凑微分法)　若在区间 I 上 $f(x)$ 能表示成
$$f(x) = g(h(x))h'(x),$$
并且已知
$$\int g(t)\mathrm{d}t = G(t) + C,$$
则
$$\int f(x)\mathrm{d}x = G(h(x)) + C.$$

注意, 在实际求解过程中, 上述定理的结论经常写成
$$\int f(x)\mathrm{d}x = \int g(h(x))h'(x)\mathrm{d}x = \int g(h(x))\mathrm{d}h(x)$$
$$= \int g(t)\mathrm{d}t = G(t) + C = G(h(x)) + C.$$

而当熟练以后, 更可写成
$$\int f(x)\mathrm{d}x = \int g(h(x))\mathrm{d}h(x) = G(h(x)) + C.$$

例 1　求 $\int \sin 3x \mathrm{d}x$.

解　仔细的解法:
$$\int \sin 3x \mathrm{d}x = \frac{1}{3}\int \sin 3x \cdot (3x)' \mathrm{d}x = \frac{1}{3}\int \sin 3x \mathrm{d}(3x)$$
$$= \frac{1}{3}\int \sin t \mathrm{d}t = -\frac{1}{3}\cos t + C = -\frac{1}{3}\cos 3x + C.$$

熟练的解法:
$$\int \sin 3x \mathrm{d}x = \frac{1}{3}\int \sin 3x \mathrm{d}(3x) = -\frac{1}{3}\cos 3x + C.$$

例 2　求 $\int x\mathrm{e}^{x^2}\mathrm{d}x$.

解　仔细的解法:
$$\int x\mathrm{e}^{x^2}\mathrm{d}x = \frac{1}{2}\int \mathrm{e}^{x^2}(x^2)'\mathrm{d}x = \frac{1}{2}\int \mathrm{e}^{x^2}\mathrm{d}x^2 = \frac{1}{2}\int \mathrm{e}^t \mathrm{d}t = \frac{1}{2}\mathrm{e}^t + C = \frac{1}{2}\mathrm{e}^{x^2} + C.$$

熟练的解法:
$$\int x\mathrm{e}^{x^2}\mathrm{d}x = \frac{1}{2}\int \mathrm{e}^{x^2}\mathrm{d}x^2 = \frac{1}{2}\mathrm{e}^{x^2} + C.$$

例 3　求 $\int \dfrac{\mathrm{d}x}{x^2 - a^2}(a \neq 0)$.

5.3 几个基本的不定积分计算法

解 $\int \dfrac{\mathrm{d}x}{x^2 - a^2} = \dfrac{1}{2a}\int\left(\dfrac{1}{x-a} - \dfrac{1}{x+a}\right)\mathrm{d}x = \dfrac{1}{2a}\int\dfrac{\mathrm{d}x}{x-a} - \dfrac{1}{2a}\int\dfrac{\mathrm{d}x}{x+a}$

$\qquad = \dfrac{1}{2a}\int\dfrac{\mathrm{d}(x-a)}{x-a} - \dfrac{1}{2a}\int\dfrac{\mathrm{d}(x+a)}{x+a} = \dfrac{1}{2a}\ln|x-a| - \dfrac{1}{2a}\ln|x+a| + C$

$\qquad = \dfrac{1}{2a}\ln\left|\dfrac{x-a}{x+a}\right| + C.$

例 4 求 $\int \tan x \mathrm{d}x$.

解 $\int \tan x \mathrm{d}x = \int \dfrac{\sin x}{\cos x}\mathrm{d}x = -\int \dfrac{\mathrm{d}\cos x}{\cos x} = -\ln|\cos x| + C = \ln|\sec x| + C.$

例 5 求 $\int \dfrac{\mathrm{d}x}{1+\mathrm{e}^x}$.

解 $\int \dfrac{\mathrm{d}x}{1+\mathrm{e}^x} = \int \dfrac{(1+\mathrm{e}^x) - \mathrm{e}^x}{1+\mathrm{e}^x}\mathrm{d}x = \int \mathrm{d}x - \int \dfrac{\mathrm{e}^x \mathrm{d}x}{1+\mathrm{e}^x}$

$\qquad = x - \int \dfrac{\mathrm{d}(\mathrm{e}^x + 1)}{1+\mathrm{e}^x} = x - \ln(\mathrm{e}^x + 1) + C.$

例 6 求 $\int \dfrac{x\mathrm{d}x}{x^2 + 2x + 2}$.

解 $\int \dfrac{x\mathrm{d}x}{x^2+2x+2} = \int \dfrac{(x+1)-1}{(x+1)^2+1}\mathrm{d}x = \int \dfrac{(x+1)\mathrm{d}x}{(x+1)^2+1} - \int \dfrac{\mathrm{d}x}{(x+1)^2+1}$

$\qquad = \dfrac{1}{2}\int \dfrac{\mathrm{d}(x+1)^2}{(x+1)^2+1} - \arctan(x+1)$

$\qquad = \dfrac{1}{2}\ln\left((x+1)^2+1\right) - \arctan(x+1) + C.$

另一方面, 若设 $x = u(t)$ 有反函数 $t = u^{-1}(x)$, 并且 $F'(t) = f(u(t))u'(t)$, 于是

$$\int f(u(t))u'(t)\mathrm{d}t = \int f(u(t))\mathrm{d}u(t) = F(t) + C.$$

此时由复合函数的导数公式知

$$[F(u^{-1}(x))]' = \dfrac{\mathrm{d}F(u^{-1}(x))}{\mathrm{d}x} = \dfrac{\mathrm{d}F(t)}{\mathrm{d}t}\cdot\dfrac{\mathrm{d}t}{\mathrm{d}x} = f(u(t))\cdot\dfrac{\mathrm{d}x}{\mathrm{d}t}\cdot\dfrac{\mathrm{d}t}{\mathrm{d}x} = f(x).$$

从而有下列定理.

定理 5.4(换元积分法)　设 $x = u(t)$ 在区间 J 上可微而且 $u'(t) \neq 0$, 此外 $u(t)$ 的值域包含在 $f(x)$ 的定义域 I 中. 若

$$\int f(u(t))u'(t)\mathrm{d}t = \int f(u(t))\mathrm{d}u(t) = F(t) + C,$$

则

$$\int f(x)\mathrm{d}x = F(u^{-1}(x)) + C,$$

其中 $t = u^{-1}(x)$ 是 $x = u(t)$ 的反函数.

在实际求解过程中，上述定理的结论经常写成

$$\int f(x)\mathrm{d}x = \int f(u(t))\mathrm{d}u(t) = \int f(u(t))u'(t)\mathrm{d}t = F(t) + C = F(u^{-1}(x)) + C.$$

熟练后更可写成

$$\int f(x)\mathrm{d}x = \int f(u(t))\mathrm{d}u(t) = F(t) + C = F(u^{-1}(x)) + C.$$

例 7 求 $\int \dfrac{\sqrt{x}}{1+x}\mathrm{d}x$.

解 仔细的解法：令 $x = t^2$，则 $\mathrm{d}x = 2t\mathrm{d}t, t = \sqrt{x}$，于是

$$\int \frac{\sqrt{x}\mathrm{d}x}{1+x} = \int \frac{t \cdot 2t\mathrm{d}t}{1+t^2} = 2\int \left(1 - \frac{1}{1+t^2}\right)\mathrm{d}t = 2(t - \arctan t) + C$$
$$= 2(\sqrt{x} - \arctan \sqrt{x}) + C.$$

熟练的解法：

$$\int \frac{\sqrt{x}}{1+x}\mathrm{d}x = \int \frac{t \cdot 2t}{1+t^2}\mathrm{d}t = 2\int \left(1 - \frac{1}{1+t^2}\right)\mathrm{d}t = 2(\sqrt{x} - \arctan \sqrt{x}) + C.$$

例 8 求 $\int \dfrac{\mathrm{d}x}{\sqrt{x} + \sqrt[3]{x}}$.

解 令 $x = t^6$，则 $\mathrm{d}x = 6t^5\mathrm{d}t, t = \sqrt[6]{x}$，

$$\int \frac{\mathrm{d}x}{\sqrt{x} + \sqrt[3]{x}} = \int \frac{\mathrm{d}t^6}{\sqrt{t^6} + \sqrt[3]{t^6}} = \int \frac{6t^5}{t^3 + t^2}\mathrm{d}t = 6\int \left(t^2 - t + 1 - \frac{1}{t+1}\right)\mathrm{d}t$$
$$= 6\left(\frac{t^3}{3} - \frac{t^2}{2} + t - \ln|t+1|\right) + C$$
$$= 6\left(\frac{\sqrt{x}}{3} - \frac{\sqrt[3]{x}}{2} + \sqrt[6]{x} - \ln|\sqrt[6]{x}+1|\right) + C.$$

例 9 求 $\int \sqrt{a^2 - x^2}\mathrm{d}x \,(a > 0)$.

解 令 $x = a\sin t$，则 $\mathrm{d}x = a\cos t\mathrm{d}t, t = \arcsin \dfrac{x}{a}$，

$$\int \sqrt{a^2 - x^2}\mathrm{d}x = \int \sqrt{a^2 - (a\sin t)^2}\mathrm{d}(a\sin t) = a^2\int \cos^2 t\mathrm{d}t = \frac{a^2}{2}\int (1 + \cos 2t)\mathrm{d}t$$
$$= \frac{a^2}{2}\left(t + \frac{1}{2}\sin 2t\right) + C = \frac{a^2}{2}(t + \sin t\cos t) + C$$
$$= \frac{a^2}{2}\left(\arcsin \frac{x}{a} + \frac{x}{a^2}\sqrt{a^2 - x^2}\right) + C.$$

5.3 几个基本的不定积分计算法

例 10 求 $\int \dfrac{\mathrm{d}x}{x\sqrt{x^2-1}}$.

解法一 令 $x=\sec t$, 则 $t=\arccos\dfrac{1}{x}, \mathrm{d}x=\tan t\sec t\mathrm{d}t, \sqrt{x^2-1}=\tan t$, 从而

$$\int \dfrac{\mathrm{d}x}{x\sqrt{x^2-1}} = \int \dfrac{\tan t\sec t\mathrm{d}t}{\sec t\tan t} = \int \mathrm{d}t = t + C = \arccos\dfrac{1}{x} + C.$$

解法二 令 $x=\dfrac{1}{t}$, 则 $t=\dfrac{1}{x}, \mathrm{d}x=-\dfrac{1}{t^2}\mathrm{d}t$, 从而

$$\int \dfrac{\mathrm{d}x}{x\sqrt{x^2-1}} = \int \dfrac{t^2}{\sqrt{1-t^2}}\left(-\dfrac{1}{t^2}\right)\mathrm{d}t = -\int \dfrac{1}{\sqrt{1-t^2}}\mathrm{d}t$$
$$= -\arcsin t + C = -\arcsin\dfrac{1}{x} + C = \arccos\dfrac{1}{x} + C.$$

最后, 由乘积的导数公式 $(uv)' = u'v + uv'$, 有下列定理.

定理 5.5(分部积分法) 设在区间 I 上 $u(x), v(x)$ 都可微, 则

$$\int u(x)v'(x)\mathrm{d}x = u(x)v(x) - \int v(x)u'(x)\mathrm{d}x.$$

上式经常也写成

$$\int u\mathrm{d}v = uv - \int v\mathrm{d}u.$$

注意, 分部积分的意义在于: 求出积分 $\int v(x)u'(x)\mathrm{d}x$, 也就等于求出积分 $\int u(x)v'(x)\mathrm{d}x$. 分部积分法经常应用于求 $x^\alpha\sin x, x^\alpha\arcsin x, x^\alpha\ln x, x^\alpha\mathrm{e}^x, \mathrm{e}^x\sin x$ 等的不定积分中.

例 11 求 $\int x\sin x\mathrm{d}x$.

解 $\int x\sin x\mathrm{d}x = -\int x\mathrm{d}\cos x = -\left(x\cos x - \int \cos x\mathrm{d}x\right) = -x\cos x + \sin x + C.$

例 12 求 $\int x\mathrm{e}^x\mathrm{d}x$.

解 $\int x\mathrm{e}^x\mathrm{d}x = \int x\mathrm{d}\mathrm{e}^x = x\mathrm{e}^x - \int \mathrm{e}^x\mathrm{d}x = x\mathrm{e}^x - \mathrm{e}^x + C.$

例 13 求 $\int x\ln x\mathrm{d}x$.

解 $\int x\ln x\mathrm{d}x = \dfrac{1}{2}\int \ln x\mathrm{d}x^2 = \dfrac{1}{2}\left(x^2\ln x - \int x^2\mathrm{d}\ln x\right)$
$= \dfrac{1}{2}\left(x^2\ln x - \int x\mathrm{d}x\right) = \dfrac{1}{2}\left(x^2\ln x - \dfrac{1}{2}x^2\right) + C.$

例 14　求 $\int e^x \cos x dx$.

解　$\int e^x \cos x dx = \int \cos x de^x = e^x \cos x - \int e^x d\cos x = e^x \cos x + \int e^x \sin x dx$

$= e^x \cos x + \int \sin x de^x = e^x \cos x + e^x \sin x - \int e^x d\sin x$

$= e^x \cos x + e^x \sin x - \int e^x \cos x dx,$

移项,得

$$\int e^x \cos x dx = \frac{1}{2}(e^x \sin x + e^x \cos x) + C.$$

同理可得

$$\int e^x \sin x dx = \frac{1}{2}(e^x \sin x - e^x \cos x) + C.$$

例 15　求 $\int \arcsin x dx$.

解　$\int \arcsin x dx = x \arcsin x - \int x d(\arcsin x) = x \arcsin x - \int \frac{x dx}{\sqrt{1-x^2}}$

$= x \arcsin x + \frac{1}{2} \int \frac{d(1-x^2)}{\sqrt{1-x^2}} = x \arcsin x + \sqrt{1-x^2} + C.$

例 16　求 $\int \frac{\arcsin \sqrt{x}}{\sqrt{1-x}} dx$.

解　令 $x = \sin^2 t, dx = 2\sin t \cos t dt, \sqrt{1-x} = \cos t, t = \arcsin \sqrt{x}$, 从而

$\int \frac{\arcsin \sqrt{x}}{\sqrt{1-x}} dx = \int \frac{t \cdot 2\sin t \cos t}{\cos t} dt = 2 \int t \sin t dt = -2 \int t d\cos t$

$= -2 \left(t \cos t - \int \cos t dt \right) = -2(t \cos t - \sin t) + C$

$= -2 \left(\sqrt{1-x} \arcsin \sqrt{x} - \sqrt{x} \right) + C.$

例 17　求 $\int \frac{dx}{\sin^3 x \cos x}$.

解　$\int \frac{dx}{\sin^3 x \cos x} = \int \frac{\sin^2 x + \cos^2 x}{\sin^3 x \cos x} dx = \int \frac{dx}{\sin x \cos x} + \int \frac{\cos x dx}{\sin^3 x}$

$= \int \frac{d\tan x}{\tan x} + \int \frac{d\sin x}{\sin^3 x} = \ln|\tan x| - \frac{1}{2\sin^2 x} + C.$

例 18　求 $\int \frac{dx}{2+\cos x}$.

解 令 $\tan \dfrac{x}{2} = t$,则

$$\cos x = \cos^2 \dfrac{x}{2} - \sin^2 \dfrac{x}{2} = \dfrac{1-\tan^2 \dfrac{x}{2}}{1+\tan^2 \dfrac{x}{2}} = \dfrac{1-t^2}{1+t^2},$$

$$\mathrm{d}x = \mathrm{d}(2\arctan t) = \dfrac{2}{1+t^2}\mathrm{d}t,$$

于是

$$\int \dfrac{\mathrm{d}x}{2+\cos x} = \int \dfrac{2}{1+t^2} \cdot \dfrac{1}{2+\dfrac{1-t^2}{1+t^2}}\mathrm{d}t = 2\int \dfrac{\mathrm{d}t}{3+t^2}$$

$$= \dfrac{2}{\sqrt{3}}\arctan\left(\dfrac{1}{\sqrt{3}}t\right) + C = \dfrac{2}{\sqrt{3}}\arctan\left(\dfrac{1}{\sqrt{3}}\tan\dfrac{x}{2}\right) + C.$$

注意,例 18 中的变换称为"万能变换",它在有些涉及 $\sin x, \cos x$ 的积分中经常使用,此时

$$\sin x = 2\sin\dfrac{x}{2}\cos\dfrac{x}{2} = \dfrac{2\tan\dfrac{x}{2}}{1+\tan^2\dfrac{x}{2}} = \dfrac{2t}{1+t^2}.$$

例 19 求 $\int \mathrm{e}^{2x}(\tan x + 1)^2 \mathrm{d}x$.

解 $\int \mathrm{e}^{2x}(\tan x + 1)^2 \mathrm{d}x = \int \mathrm{e}^{2x}\sec^2 x \mathrm{d}x + 2\int \mathrm{e}^{2x}\tan x \mathrm{d}x,$

其中第二项 $2\int \mathrm{e}^{2x}\tan x\mathrm{d}x$ 不易求出. 而第一项可用分部积分计算如下:

$$\int \mathrm{e}^{2x}\sec^2 x \mathrm{d}x = \int \mathrm{e}^{2x}\mathrm{d}\tan x = \mathrm{e}^{2x}\tan x - \int \tan x \mathrm{d}\mathrm{e}^{2x} = \mathrm{e}^{2x}\tan x - 2\int \mathrm{e}^{2x}\tan x \mathrm{d}x.$$

从而,可以将前面式中的第二项消掉,得

$$\int \mathrm{e}^{2x}(\tan x + 1)^2 \mathrm{d}x = \mathrm{e}^{2x}\tan x + C.$$

需要注意的是,有些初等函数的原函数无法用前面介绍的方法求出,如 $\int \sin x^2 \mathrm{d}x$.

习 题 5

1. 用性质和基本积分公式求下列不定积分:
   (1) $\int (3x^2 - 2x + 1)\mathrm{d}x$;   (2) $\int (2^x - 3^x)^2 \mathrm{d}x$;
   (3) $\int \dfrac{\mathrm{d}x}{x^2 + 2x - 3}$;   (4) $\int \dfrac{\mathrm{e}^{2x} - 1}{\mathrm{e}^x + 1}\mathrm{d}x$;

(5) $\int \dfrac{x^2+2}{x^2+1}\mathrm{d}x$;

(6) $\int 4^x \mathrm{e}^x \mathrm{d}x$;

(7) $\int \dfrac{\mathrm{d}x}{1+\cos 2x}$;

(8) $\int \dfrac{\cos 2x}{\cos x - \sin x}\mathrm{d}x$.

2. 用凑微分法求下列不定积分：

(1) $\int \dfrac{\ln x \mathrm{d}x}{x}$;

(2) $\int \dfrac{x^2+1}{x^2+2}\mathrm{d}x$;

(3) $\int \mathrm{e}^x \sqrt{3+2\mathrm{e}^x}\mathrm{d}x$;

(4) $\int \dfrac{\mathrm{d}x}{x(x^3+7)}$;

(5) $\int \dfrac{1}{x^2}\mathrm{e}^{1/x}\mathrm{d}x$;

(6) $\int \dfrac{\sin x \mathrm{d}x}{1+\cos x}$;

(7) $\int \dfrac{(x-1)\mathrm{d}x}{\sqrt{3+2x-x^2}}$;

(8) $\int \dfrac{\cos\sqrt{x}}{\sqrt{x}}\mathrm{d}x$;

(9) $\int \dfrac{\sin x \cos x \mathrm{d}x}{\sqrt{1+\cos^2 x}}$;

(10) $\int \dfrac{\mathrm{d}x}{\cos^4 x}$;

(11) $\int \dfrac{\sqrt{\ln \tan x}\mathrm{d}x}{\sin 2x}$;

(12) $\int \tan^3 x \mathrm{d}x$;

(13) $\int \dfrac{x+(\arcsin x)^2}{\sqrt{1-x^2}}\mathrm{d}x$;

(14) $\int \dfrac{\ln x \mathrm{d}x}{x\sqrt{1+\ln x}}$;

(15) $\int \dfrac{x\tan\sqrt{1-x^2}\mathrm{d}x}{\sqrt{1-x^2}}$;

(16) $\int \sin^3 x \mathrm{d}x$.

3. 用换元法求下列不定积分：

(1) $\int x\sqrt{x-2}\mathrm{d}x$;

(2) $\int \dfrac{\mathrm{d}x}{1+\sqrt{1+x}}$;

(3) $\int \dfrac{\mathrm{d}x}{\sqrt{4-x^2}}$;

(4) $\int \dfrac{\mathrm{d}x}{\sqrt{1+2x^2}}$;

(5) $\int \dfrac{\mathrm{d}x}{x^2\sqrt{x^2+1}}\ (x>0)$;

(6) $\int \dfrac{\mathrm{d}x}{\sqrt{x(x+1)}}$;

(7) $\int \dfrac{\mathrm{d}x}{x\sqrt{x-1}}$;

(8) $\int \dfrac{\mathrm{d}x}{\sqrt{x}+\sqrt[3]{x^2}}$;

(9) $\int \dfrac{x^4 \mathrm{d}x}{\sqrt{(1-x^2)^3}}$;

(10) $\int \dfrac{\mathrm{d}x}{\sqrt{9x^2-4}}$;

(11) $\int \dfrac{\mathrm{d}x}{\sqrt{4x^2-4x+6}}$;

(12) $\int \dfrac{\sqrt{1-x^2}}{x^2}\mathrm{d}x$.

4. 用分部积分法求下列不定积分：

(1) $\int \dfrac{\ln x \mathrm{d}x}{x^2}$;

(2) $\int x\sin 3x \mathrm{d}x$;

(3) $\int x\mathrm{e}^{3x}\mathrm{d}x$;

(4) $\int \arctan \dfrac{1}{x}\mathrm{d}x$;

(5) $\int \dfrac{(1-x)\arcsin(1-x)\mathrm{d}x}{\sqrt{2x-x^2}}$;

(6) $\int \sec^3 x \mathrm{d}x$;

(7) $\int \dfrac{x^2 \mathrm{d}x}{\sqrt{x^2-1}}$;

(8) $\int x^2 \cos x \mathrm{d}x$;

习题 5

(9) $\int x^2 \ln^2 x \, dx$;

(10) $\int x \arctan x \, dx$;

(11) $\int (\arcsin x)^2 \, dx$;

(12) $\int e^{\sqrt{2x+1}} \, dx$;

(13) $\int \sin x \ln(\tan x) \, dx$;

(14) $\int e^{-x} \cos x \, dx$;

(15) $\int \dfrac{\arccos \sqrt{x}}{\sqrt{1-x}} \, dx$;

(16) $\int \dfrac{\ln x \, dx}{(1+x^2)^{3/2}}$.

5. 已知 $f'(3x+1) = xe^x$, $f(1) = 0$, 求 $\int \dfrac{f'(x) \, dx}{x-1}$.

6. 设 $f(x^2-1) = \ln \dfrac{x^2}{x^2-2}$, 且 $f(\varphi(x)) = \ln x$, 求 $\int \varphi(x) \, dx$.

7. 求满足下列条件的 $F(x)$:

(1) $\ln F'(x) = e^x + x + 1$;

(2) $F'(x^2) = \dfrac{1}{x}$, $x > 0$;

(3) $F'(\cos x + 2) = \sin^2 x + \tan^2 x$;

(4) $F'(\ln x) = \begin{cases} 1, & 0 < x \leqslant 1, \\ x, & 1 < x < +\infty, \end{cases}$ 且 $F(x)$ 过点 $(0,0)$.

8. 用适当的方法求下列不定积分:

(1) $\int \left(\dfrac{1-x}{x} \right)^2 dx$;

(2) $\int \dfrac{\sqrt{x} - \sqrt[3]{x} + 1}{x} \, dx$;

(3) $\int \left(1 + \dfrac{1}{x^2} \right) \sqrt{x} \, dx$;

(4) $\int \cot^2 x \, dx$;

(5) $\int \dfrac{x}{x+5} \, dx$;

(6) $\int \dfrac{e^{3x} - 1}{e^x - 1} \, dx$;

(7) $\int \dfrac{2^x - 3^{x-1}}{6^{x+1}} \, dx$;

(8) $\int \dfrac{\cos 2x \, dx}{\sin^2 x \cos^2 x}$;

(9) $\int x \ln^2 x \, dx$;

(10) $\int x^2 \arctan x \, dx$;

(11) $\int \dfrac{1+x}{x(1+xe^x)} \, dx$;

(12) $\int \sin(\ln x) \, dx$;

(13) $\int \dfrac{\arcsin \sqrt{x}}{\sqrt{x}} \, dx$;

(14) $\int (3x + e^2)^{100} \, dx$;

(15) $\int 2^{5x+1} \, dx$;

(16) $\int 2^{\sqrt{2}} \, dx$;

(17) $\int \dfrac{x^3 \, dx}{4 + 9x^8}$;

(18) $\int x^3 \cos x^4 \, dx$;

(19) $\int \dfrac{dx}{e^x + e^{-x}}$;

(20) $\int \dfrac{dx}{x \ln^2 x}$;

(21) $\int \dfrac{e^x}{9 + e^{2x}} \, dx$;

(22) $\int \dfrac{\sin 2x \, dx}{\sqrt{a^2 \sin^2 x + b^2 \cos^2 x}}$;

(23) $\int \dfrac{\arcsin x \, dx}{\sqrt{1 - x^2}}$;

(24) $\int \dfrac{dx}{\sqrt{e^x - 1}}$;

(25) $\displaystyle\int \sqrt{\dfrac{a+x}{a-x}}\,\mathrm{d}x$;

(26) $\displaystyle\int \dfrac{\mathrm{d}x}{x\sqrt{x^2-1}}$;

(27) $\displaystyle\int x\sqrt{x-1}\,\mathrm{d}x$;

(28) $\displaystyle\int \dfrac{\mathrm{d}x}{(x^2+1)^3}$;

(29) $\displaystyle\int \dfrac{\mathrm{d}x}{3+\cos x}$;

(30) $\displaystyle\int \dfrac{\mathrm{d}x}{(2+\cos x)\sin x}$;

(31) $\displaystyle\int \dfrac{\mathrm{d}x}{\sin x \sin 2x}$;

(32) $\displaystyle\int x\mathrm{e}^x \cos x\,\mathrm{d}x$;

(33) $\displaystyle\int \dfrac{x\mathrm{e}^x\,\mathrm{d}x}{\sqrt{\mathrm{e}^x+1}}$;

(34) $\displaystyle\int \dfrac{\sin 2x\sqrt{1+\sin^2 x}}{2+\sin^2 x}\,\mathrm{d}x$;

(35) $\displaystyle\int \dfrac{\mathrm{d}x}{\sqrt{x+1}+\sqrt{x-1}}$;

(36) $\displaystyle\int \dfrac{x+\ln(1-x)}{x^2}\,\mathrm{d}x$;

(37) $\displaystyle\int \dfrac{\arcsin \mathrm{e}^x\,\mathrm{d}x}{\mathrm{e}^x}$;

(38) $\displaystyle\int \dfrac{x\cos^4 \dfrac{x}{2}}{\sin^3 x}\,\mathrm{d}x$;

(39) $\displaystyle\int \dfrac{\mathrm{e}^x-1}{\mathrm{e}^x+1}\,\mathrm{d}x$;

(40) $\displaystyle\int \dfrac{\ln(1+x)-\ln x}{x(1+x)}\,\mathrm{d}x$;

(41) $\displaystyle\int \dfrac{\mathrm{d}x}{x^6(1+x^2)}$;

(42) $\displaystyle\int \dfrac{\sqrt{1-x^2}\,\mathrm{d}x}{x^4}$;

(43) $\displaystyle\int \dfrac{x+\ln^3 x}{(x\ln x)^2}\,\mathrm{d}x$;

(44) $\displaystyle\int \sin\sqrt{x}\,\mathrm{d}x$;

(45) $\displaystyle\int \dfrac{\mathrm{d}x}{x^4-1}$;

(46) $\displaystyle\int \dfrac{2x+1}{x^2+3x-10}\,\mathrm{d}x$;

(47) $\displaystyle\int \dfrac{x^2+1}{(x-1)(x+1)^2}\,\mathrm{d}x$;

(48) $\displaystyle\int \dfrac{\mathrm{d}x}{x^3+1}$.

第 6 章 定 积 分

本章要讲述的定积分在几何学、物理学、经济学等各个领域都有着广泛的应用. 本章先从实际问题出发引入定积分的概念,然后介绍其基本性质,并通过构作变限积分函数给出积分与微分二者的内在联系,即牛顿–莱布尼茨公式. 最后介绍广义积分的基本知识.

6.1 定积分的概念和性质

6.1.1 定积分的概念

初等数学中,我们已经学会计算多边形、圆形 (扇形) 等平面图形的面积. 但对一般的平面图形还没有适当的面积公式. 下面以曲边梯形为例来说明在高等数学中是如何计算一个一般平面图形的面积的,从而引进定积分的概念.

所谓**曲边梯形**,是指矩形的一条边被曲线所代替而形成的图形,如图 6.1 就是一个典型的曲边梯形,它是由连续曲线 $y = f(x)$,直线 $x = a, x = b$ 及 x 轴所围成的. 为求它的面积,采取下面四个步骤:

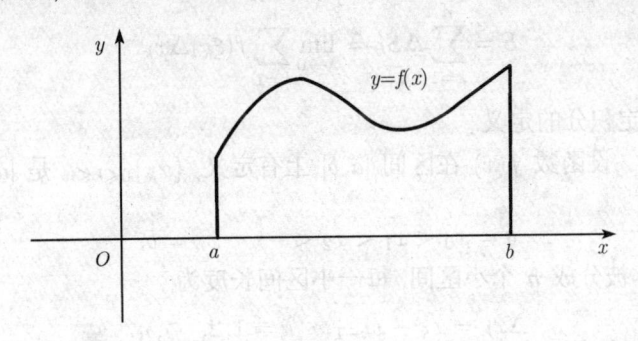

图 6.1

分割 首先在 $[a,b]$ 上布网 $\{x_k\}_{0 \leqslant k \leqslant n}$,即用 $n+1$ 个分点 $a = x_0 < x_1 < x_2 < \cdots < x_n = b$ 分割区间 $[a,b]$,得到 n 个小区间 $[x_{k-1}, x_k]$,$k = 1, 2, \cdots, n$. 记每个小区间的长度为 $\Delta x_k = x_k - x_{k-1}(k = 1, 2, \cdots, n)$. 过每一个分点作 y 轴的平行线,得到 n 个小曲边梯形,每一个小曲边梯形的面积记作 ΔS_k,则所给曲边梯形的面积 $S = \sum_{k=1}^{n} \Delta S_k$.

近似(以直代曲) 由于 $f(x)$ 连续,故当分割足够细时,$f(x)$ 在每个小区间内的取值变化比较小,因此在 $[x_{k-1}, x_k]$ 内任取一点 ξ_k, 就有 $\Delta S_k \approx f(\xi_k)\Delta x_k$. 也就是说小曲边梯形的面积 ΔS_k 可以近似地用矩形的面积 $f(\xi_k)\Delta x_k$ 来代替, 见图 6.2.

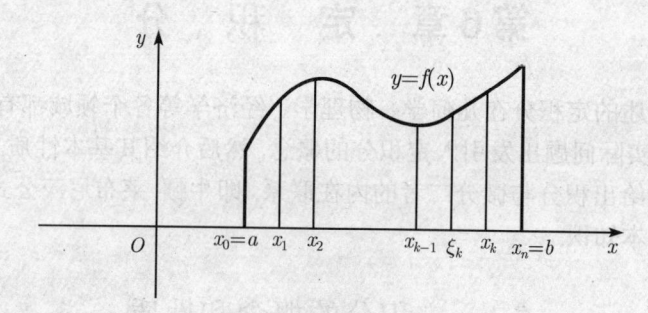

图 6.2

求和 将所有小矩形的面积求和 $\sum_{k=1}^{n} f(\xi_k)\Delta x_k$, 这一和式近似于整个曲边梯形的面积, 即

$$S = \sum_{k=1}^{n} \Delta S_k \approx \sum_{k=1}^{n} f(\xi_k)\Delta x_k.$$

取极限 分割越细, 上式的近似程度越高. 若记 $\lambda = \max_{1 \leqslant k \leqslant n}\{\Delta x_k\}$, 则当 $\lambda \to 0$ 时, 上式右端和式的极限就是所求曲边梯形的面积, 即

$$S = \sum_{k=1}^{n} \Delta S_k = \lim_{\lambda \to 0} \sum_{k=1}^{n} f(\xi_k)\Delta x_k.$$

下面给出定积分的定义.

定义 6.1 设函数 $f(x)$ 在区间 $[a, b]$ 上有定义, $\{x_k\}_{0 \leqslant k \leqslant n}$ 是 $[a, b]$ 上的一个网, 其中

$$a = x_0 < x_1 < x_2 < \cdots < x_n = b.$$

此时区间 $[a, b]$ 被分成 n 个小区间, 每一小区间长度为

$$\Delta x_k = x_k - x_{k-1}, \quad k = 1, 2, \cdots, n.$$

在每个小区间内任取一点 ξ_k, 作和式

$$\sum_{k=1}^{n} f(\xi_k)\Delta x_k.$$

令 $\lambda = \max_{1 \leqslant k \leqslant n}\{\Delta x_k\}$, 它称为网 $\{x_k\}_{0 \leqslant k \leqslant n}$ 的**直径**. 若当 $\lambda \to 0$ 时, 上述和式 (一般称为**黎曼和**) 的极限存在, 且极限值与网 $\{x_k\}_{0 \leqslant k \leqslant n}$ 及点 ξ_k 的取法均无关, 则称函数 $f(x)$ 在区间 $[a, b]$ 上**黎曼可积**, 且称这个极限值为函数 $f(x)$ 在区间 $[a, b]$ 上的**黎曼积分**或**定积分**, 记作 $\int_a^b f(x)\mathrm{d}x$, 即

6.1 定积分的概念和性质

$$\int_a^b f(x)\mathrm{d}x = \lim_{\lambda \to 0} \sum_{k=1}^n f(\xi_k)\Delta x_k,$$

其中 a 和 b 分别称为**积分下限**和**积分上限**, $[a,b]$ 称为**积分区间**, $f(x)$ 称为**被积函数**, x 称为**积分变元**, $f(x)\mathrm{d}x$ 称为**被积表达式**. 此外规定

$$\int_b^a f(x)\mathrm{d}x = -\int_a^b f(x)\mathrm{d}x.$$

关于函数的可积性, 有下面的定理.

定理 6.1 (1) 闭区间上黎曼可积函数必有界;
(2) 闭区间上的连续函数必黎曼可积;
(3) 闭区间上只有有限个间断点的有界函数必黎曼可积.

证明 只给出 (1) 的证明. 用反证法. 假设 $f(x)$ 在 $[a,b]$ 上无界, 要证它不黎曼可积, 为此只需要证明: 对任何实数 I 及任何 $\delta > 0$, 必有一个直径小于 δ 的网 $\{x_k\}_{0 \leqslant k \leqslant n}$ 及对应于该网的一个黎曼和 $\sum_{k=1}^n f(\xi_k)\Delta x_k$, 使 $\left|\sum_{k=1}^n f(\xi_k)\Delta x_k - I\right| > 1$.

为此, 先取定一个直径小于 δ 的网 $\{x_k\}_{0 \leqslant k \leqslant n}$. 此时必有 k_0, 使 $f(x)$ 在 $[x_{k_0-1}, x_{k_0}]$ 上无界. 因此有 $\xi_{k_0} \in [x_{k_0-1}, x_{k_0}]$, 使

$$|f(\xi_{k_0})| > \frac{1}{\Delta x_{k_0}}\left[\sum_{k=1, k \neq k_0}^n |f(x_k)|\Delta x_k + |I| + 1\right].$$

现当 $k \neq k_0$ 时, 令 $\xi_k = x_k$, 则容易得知 $\left|\sum_{k=1}^n f(\xi_k)\Delta x_k - I\right| > 1$. 故 $f(x)$ 在 $[a,b]$ 上不黎曼可积.

注 6.1 函数在一个区间上有界是它黎曼可积的必要条件, 但非充分条件. 试看下例.

例 1 求证狄利克雷函数 $D(x) = \begin{cases} 1, & x \text{为有理数}, \\ 0, & x \text{为无理数} \end{cases}$ 在任何闭区间 $[a,b]$ 上都不黎曼可积.

证明 对闭区间 $[a,b]$ 的任何一个网 $\{x_k\}_{0 \leqslant k \leqslant n}$, 选取两种不同的 ξ_k.

第一种: 取所有 ξ_k 都为有理点, 此时黎曼和 $\sum_{k=1}^n D(\xi_k)\Delta x_k = \sum_{k=1}^n \Delta x_k = b - a > 0$;

第二种: 取所有 ξ_k 都为无理点, 此时 $\sum_{k=1}^n D(\xi_k)\Delta x_k = 0$.

于是由于 ξ_k 的这两种不同取法, 黎曼和就会有两个不同的极限! 因此狄利克雷函数在任何闭区间上都不是黎曼可积的.

注 6.2 若初等函数 $f(x)$ 在有界闭区间 $[a,b]$ 上都有定义,则 $f(x)$ 在 $[a,b]$ 上黎曼可积,因为它在 $[a,b]$ 上连续.

注 6.3 定积分是一个数,其结果与积分变量所采用的符号无关. 例如,$\int_a^b f(x)\mathrm{d}x = \int_a^b f(t)\mathrm{d}t$.

注 6.4 当 $f(x)$ 在 $[a,b]$ 上黎曼可积时,经常采用等分网,即把区间 $[a,b]$ n 等分,分点为
$$x_k = a + \frac{k(b-a)}{n}, \quad k = 0, 1, \cdots, n,$$
并取 ξ_k 为 $[x_{k-1}, x_k]$ 的右端点,即 $\xi_k = a + \frac{k(b-a)}{n}$,这时 $\Delta x_k = \frac{b-a}{n}$,于是
$$\int_a^b f(x)\mathrm{d}x = \lim_{n\to\infty} \frac{b-a}{n} \sum_{k=1}^n f\left(a + \frac{k(b-a)}{n}\right).$$

特别地,当 $[a,b] = [0,1]$ 时,$\xi_k = \frac{k}{n}, \Delta x_k = \frac{1}{n}$,故有
$$\int_0^1 f(x)\mathrm{d}x = \lim_{n\to\infty} \frac{1}{n} \sum_{k=1}^n f\left(\frac{k}{n}\right).$$

注 6.5 从几何意义上看,若 $f(x)$ 在区间 $[a,b]$ 上可积,则当 $f(x) \geqslant 0$ 时,$\int_a^b f(x)\mathrm{d}x$ 表示由曲线 $y = f(x)$,直线 $x = a, x = b$ 及 x 轴所围成的曲边梯形的面积;而当 $f(x) \leqslant 0$ 时,$\int_a^b [-f(x)]\mathrm{d}x$ 表示该曲边梯形的面积.

例 2 用定积分定义计算 $\int_0^1 x^2 \mathrm{d}x$.

解 由于函数 $y = x^2$ 在区间 $[0,1]$ 上连续,故可积. 因此
$$\int_0^1 x^2 \mathrm{d}x = \lim_{n\to\infty} \frac{1}{n} \sum_{k=1}^n \left(\frac{k}{n}\right)^2 = \lim_{n\to\infty} \frac{1}{n^3} \sum_{k=1}^n k^2 = \lim_{n\to\infty} \frac{n(n+1)(2n+1)}{6n^3} = \frac{1}{3}.$$

例 3 用定积分表示极限 $\lim\limits_{n\to\infty}\left(\frac{1}{\sqrt{1+n^2}} + \frac{1}{\sqrt{2^2+n^2}} + \cdots + \frac{1}{\sqrt{n^2+n^2}}\right)$.

解 $\lim\limits_{n\to\infty}\left(\frac{1}{\sqrt{1+n^2}} + \frac{1}{\sqrt{2^2+n^2}} + \cdots + \frac{1}{\sqrt{n^2+n^2}}\right) = \lim\limits_{n\to\infty} \frac{1}{n}\sum_{k=1}^n \frac{1}{\sqrt{1+(k/n)^2}}.$

上式可以看作函数 $f(x) = \dfrac{1}{\sqrt{1+x^2}}$ 在区间 $[0,1]$ 上的等分网的黎曼和的极限. 故有
$$\lim_{n\to\infty}\left(\frac{1}{\sqrt{1+n^2}} + \frac{1}{\sqrt{2^2+n^2}} + \cdots + \frac{1}{\sqrt{n^2+n^2}}\right) = \int_0^1 \frac{1}{\sqrt{1+x^2}}\mathrm{d}x.$$

例 4 用几何意义计算 $\int_{-a}^0 \sqrt{a^2-x^2}\mathrm{d}x$ 和 $\int_0^1 (1-x)\mathrm{d}x$.

解 (1) $\int_{-a}^0 \sqrt{a^2-x^2}\mathrm{d}x$ 表示函数 $y=\sqrt{a^2-x^2} \geqslant 0$ 在 $[-a,0]$ 上的定积分, 见图 6.3. 它实际上也就是圆盘 $x^2+y^2 \leqslant a^2$ 在第二象限部分的面积, 故

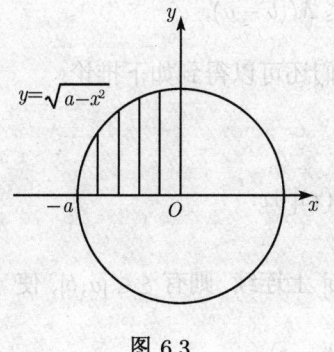

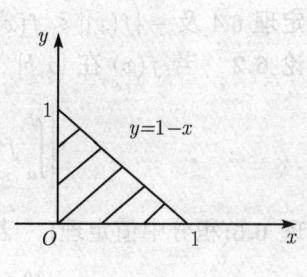

$$\int_{-a}^0 \sqrt{a^2-x^2}\mathrm{d}x = \frac{1}{4}S_{圆} = \frac{1}{4}\pi a^2.$$

图 6.3   图 6.4

(2) $\int_0^1 (1-x)\mathrm{d}x$ 表示函数 $y=1-x \geqslant 0$ 在 $[0,1]$ 上的定积分, 见图 6.4. 它实际上是一个三角形的面积. 故

$$\int_0^1 (1-x)\mathrm{d}x = S_\triangle = \frac{1}{2}.$$

6.1.2 定积分的性质

定理 6.2(线性性)   若 $f(x)$ 和 $g(x)$ 都在 $[a,b]$ 上可积, 则对任何实数 λ, μ,

$$\int_a^b [\lambda f(x) + \mu g(x)]\mathrm{d}x = \lambda \int_a^b f(x)\mathrm{d}x + \mu \int_a^b g(x)\mathrm{d}x.$$

证明   此时对每一正整数 n, 有

$$\frac{b-a}{n}\sum_{k=1}^n \left[\lambda f\left(a+\frac{k(b-a)}{n}\right) + \mu g\left(a+\frac{k(b-a)}{n}\right)\right]$$
$$= \lambda \cdot \frac{b-a}{n}\sum_{k=1}^n f\left(a+\frac{k(b-a)}{n}\right) + \mu \cdot \frac{b-a}{n}\sum_{k=1}^n g\left(a+\frac{k(b-a)}{n}\right).$$

令 $n \to \infty$, 则由注 6.4 得到本定理.

完全类似可证下面两个定理.

定理 6.3(积分区间可加性)   若 $f(x)$ 在 $[a,b]$ 上可积, $a<c<b$, 则

$$\int_a^b f(x)\mathrm{d}x = \int_a^c f(x)\mathrm{d}x + \int_c^b f(x)\mathrm{d}x.$$

定理 6.4(保序性)　若 $f(x)$ 和 $g(x)$ 都在 $[a,b]$ 上可积, 且 $f(x) \leqslant g(x)$, 则

$$\int_a^b f(x)\mathrm{d}x \leqslant \int_a^b g(x)\mathrm{d}x.$$

推论 6.1(估值不等式)　若 $f(x)$ 在 $[a,b]$ 上可积, 且 $m \leqslant f(x) \leqslant M$, 则

$$m(b-a) \leqslant \int_a^b f(x)\mathrm{d}x \leqslant M(b-a).$$

由定理 6.4 及 $-|f(x)| \leqslant f(x) \leqslant |f(x)|$, 我们还可以得到如下推论.

推论 6.2　若 $f(x)$ 在 $[a,b]$ 上可积, 则

$$\left|\int_a^b f(x)\mathrm{d}x\right| \leqslant \int_a^b |f(x)|\,\mathrm{d}x.$$

定理 6.5(积分中值定理)　若 $f(x)$ 在 $[a,b]$ 上连续, 则有 $\xi \in [a,b]$, 使

$$\int_a^b f(x)\mathrm{d}x = f(\xi)(b-a).$$

证明　用 m 和 M 分别表示 $f(x)$ 在 $[a,b]$ 上的最小值和最大值. 于是 $[a,b]$ 中有 x_1 和 x_2, 使 $f(x_1) = m, f(x_2) = M$. 由推论 6.1 得知

$$f(x_1) = m \leqslant \frac{1}{b-a}\int_a^b f(x)\mathrm{d}x \leqslant M = f(x_2).$$

再由连续函数介值定理知有 x_1 和 x_2 之间的点 ξ, 使 $f(\xi) = \dfrac{1}{b-a}\int_a^b f(x)\mathrm{d}x$. 由此得本定理.

通常将上述 $\dfrac{1}{b-a}\int_a^b f(x)\mathrm{d}x$ 称为函数 $f(x)$ 在区间 $[a,b]$ 上的**积分平均值**, 它可以看作算术平均值的推广.

例 5　利用定积分的性质估计 $\int_{4/\pi}^{6/\pi} \sin\dfrac{1}{x}\mathrm{d}x$.

解　当 $x \in \left[\dfrac{4}{\pi}, \dfrac{6}{\pi}\right]$ 时, $\dfrac{\pi}{6} \leqslant \dfrac{1}{x} \leqslant \dfrac{\pi}{4}$, 从而

$$\frac{1}{2} = \sin\frac{\pi}{6} \leqslant \sin\frac{1}{x} \leqslant \sin\frac{\pi}{4} = \frac{\sqrt{2}}{2}.$$

于是由推论 6.1 得知

$$\frac{1}{2}\left(\frac{6}{\pi} - \frac{4}{\pi}\right) \leqslant \int_{4/\pi}^{6/\pi} \sin\frac{1}{x}\mathrm{d}x \leqslant \frac{\sqrt{2}}{2}\left(\frac{6}{\pi} - \frac{4}{\pi}\right),$$

即
$$\frac{1}{\pi} \leqslant \int_{4/\pi}^{6/\pi} \sin\frac{1}{x}\mathrm{d}x \leqslant \frac{\sqrt{2}}{\pi}.$$

例 6 若 $f(x)$ 在 $[a,b]$ 上连续,且积分为 0. 求证有 $\xi \in [a,b]$,使 $f(\xi) = 0$.

证明 此可由积分中值定理直接得到.

6.2 微积分基本定理

如前所述,用定义计算定积分的值,需要求出和式的极限,这一点往往不易做到. 这就需要更有效的方法来解决定积分的计算问题. 通过定积分的定义及其性质,我们知道定积分是一个与被积函数及积分上下限有关的数值. 特别是当被积函数及积分下限固定时,定积分的取值随着上限取值的不同而不同. 这时,从函数的角度来说,定积分

$$F(x) = \int_a^x f(t)\mathrm{d}t, \quad x \in [a,b]$$

是一个关于上限 x 的函数,它称为**变上限积分函数**. 本节我们先来研究这类函数的性质,从而得到计算定积分的一个有效途径.

定理 6.6(变上限积分函数的连续性) 若 $f(x)$ 是区间 $[a,b]$ 上的可积函数,则变上限积分函数 $F(x) = \int_a^x f(t)\mathrm{d}t$ 在区间 $[a,b]$ 上连续.

证明 任取 $x \in [a,b)$ 及 $\Delta x > 0$, 由积分区间可加性得知

$$F(x+\Delta x) - F(x) = \int_a^{x+\Delta x} f(t)\mathrm{d}t - \int_a^x f(t)\mathrm{d}t = \int_x^{x+\Delta x} f(t)\mathrm{d}t.$$

又由可积函数必有界知存在 $M > 0$, 使得 $-M \leqslant f(x) \leqslant M$. 于是由估值不等式得

$$-M\Delta x \leqslant F(x+\Delta x) - F(x) = \int_x^{x+\Delta x} f(t)\mathrm{d}t \leqslant M\Delta x.$$

再由极限的两边夹定理可知

$$\lim_{\Delta x \to 0^+}[F(x+\Delta x) - F(x)] = 0.$$

这样就证明了 $F(x)$ 在任何 $x \in [a,b)$ 处右连续. 同理可证其在任何 $x \in (a,b]$ 处左连续. 从而 $F(x)$ 在 $[a,b]$ 上连续. 定理证毕.

定理 6.7(原函数存在定理) 若 $f(x)$ 在区间 $[a,b]$ 上连续,则变上限积分函数 $F(x) = \int_a^x f(t)\mathrm{d}t$ 是 $f(x)$ 的一个原函数,即

$$\left(\int_a^x f(t)\mathrm{d}t\right)' = f(x), \quad x \in [a,b].$$

证明 任取 $x \in [a,b]$ 及 $\Delta x > 0$, 类似定理 6.6 的证明过程有

$$\frac{F(x+\Delta x) - F(x)}{\Delta x} = \frac{1}{\Delta x} \int_x^{x+\Delta x} f(t)\mathrm{d}t.$$

由积分中值定理可知, 必定存在 $\xi \in [x, x+\Delta x]$, 使得

$$\frac{F(x+\Delta x) - F(x)}{\Delta x} = \frac{1}{\Delta x} \int_x^{x+\Delta x} f(t)\mathrm{d}t = f(\xi).$$

此时, 若 $\Delta x \to 0$, 必有 $\xi \to x$. 根据 $f(x)$ 的连续性, 对上式两边令 $\Delta x \to 0$, 有

$$F'_+(x) = \lim_{\Delta x \to 0^+} \frac{F(x+\Delta x) - F(x)}{\Delta x} = \lim_{\Delta x \to 0^+} f(\xi) = f(x).$$

从而 $F(x)$ 在任何 $x \in [a,b)$ 处的右导数为 $f(x)$. 同理可证其在任何 $x \in (a,b]$ 处的左导数也为 $f(x)$. 因此 $F(x)$ 是 $f(x)$ 在 $[a,b]$ 上的一个原函数. 定理证毕.

例 1 求极限 $\displaystyle\lim_{x \to 0} \frac{\int_0^x \arctan t^2 \mathrm{d}t}{x^3}$.

解 这是一个 $\dfrac{0}{0}$ 型的极限, 由洛必达法则,

$$\lim_{x \to 0} \frac{\int_0^x \arctan t^2 \mathrm{d}t}{x^3} = \lim_{x \to 0} \frac{\left(\int_0^x \arctan t^2 \mathrm{d}t\right)'}{(x^3)'} = \lim_{x \to 0} \frac{\arctan x^2}{3x^2} = \frac{1}{3}.$$

定理 6.8(微积分基本定理) 设 $f(x)$ 在区间 $[a,b]$ 上连续, $F(x)$ 是 $f(x)$ 在区间 $[a,b]$ 上的任意一个原函数, 则有如下的牛顿–莱布尼茨公式:

$$\int_a^b f(x)\mathrm{d}x = F(x)\big|_a^b = F(b) - F(a).$$

证明 由定理 6.7 知 $\int_a^x f(t)\mathrm{d}t$ 也是 $f(x)$ 在区间 $[a,b]$ 上的一个原函数, 从而它与 $F(x)$ 的差是一个常数 C, 即 $\int_a^x f(t)\mathrm{d}t - F(x) = C$. 分别用 a,b 代入此等式, 得

$$0 - F(a) = C, \quad \int_a^b f(x)\mathrm{d}x - F(b) = C.$$

由此

$$\int_a^b f(x)\mathrm{d}x = F(b) + C = F(b) - F(a).$$

定理证毕.

上述**牛顿-莱布尼茨公式**揭示了微分与积分之间的本质联系, 并将复杂的定积分计算化为求相应的原函数在积分的上下限的函数值之差.

例 2 求 (1) $\int_0^1 x^2 dx$; (2) $\int_0^1 \frac{1}{\sqrt{1+x^2}} dx$; (3) $\int_0^{\pi/2} \cos x dx$; (4) $\int_0^1 \frac{1}{1+x^2} dx$.

解 由于 $\frac{x^3}{3}$, $\ln(x+\sqrt{1+x^2})$, $\sin x$, $\arctan x$ 分别是 x^2, $\frac{1}{\sqrt{1+x^2}}$, $\cos x$, $\frac{1}{1+x^2}$ 的原函数, 从而由牛顿-莱布尼茨公式得

$$\int_0^1 x^2 dx = \frac{x^3}{3}\Big|_0^1 = \frac{1}{3},$$

$$\int_0^1 \frac{1}{\sqrt{1+x^2}} dx = \ln\left(x+\sqrt{1+x^2}\right)\Big|_0^1 = \ln(1+\sqrt{2}),$$

$$\int_0^{\pi/2} \cos x dx = \sin x\Big|_0^{\pi/2} = 1,$$

$$\int_0^1 \frac{1}{1+x^2} dx = \arctan x\Big|_0^1 = \frac{\pi}{4}.$$

例 3 求 $\int_0^4 \frac{1}{1+\sqrt{x}} dx$.

解 先求不定积分,

$$\int \frac{dx}{1+\sqrt{x}} = \int \frac{dt^2}{1+\sqrt{t^2}} = 2\int \frac{t}{1+t} dt = 2[t - \ln(1+t)] + C = 2[\sqrt{x} - \ln(1+\sqrt{x})] + C,$$

从而应用牛顿-莱布尼茨公式得

$$\int_0^4 \frac{1}{1+\sqrt{x}} dx = \left[2\sqrt{x} - 2\ln\left(1+\sqrt{x}\right) + C\right]\Big|_0^4 = 4 - 2\ln 3.$$

6.3 定积分的换元积分与分部积分法

用牛顿-莱布尼茨公式计算定积分时, 只需求出原函数再代入上下限就可以了. 从而在能求出原函数的条件下, 定积分的计算归结为不定积分的计算. 然而在求不定积分时, 不但要带任意常数 C, 而且在用换元法时, 还要进行变量的还原, 比较烦琐. 下面介绍定积分在使用换元积分法与分部积分法时的简捷计算过程.

6.3.1 换元积分法

定理 6.9 设 $f(x)$ 在区间 $[a,b]$ 上连续, $x = g(t)$ 满足:
(1) $g(t)$ 在 $[\alpha, \beta]$ 上连续可微;
(2) $g(t)$ 的值包含在 $[a,b]$ 中;

(3) $a = g(\alpha), b = g(\beta)$ (或 $a = g(\beta), b = g(\alpha)$),

则

$$\int_a^b f(x)\mathrm{d}x = \int_\alpha^\beta f(g(t))g'(t)\mathrm{d}t \quad \left(\text{或} \int_a^b f(x)\mathrm{d}x = \int_\beta^\alpha f(g(t))g'(t)\mathrm{d}t\right).$$

证明 设 $F(x)$ 是 $f(x)$ 的任一原函数, 则 $F(g(t))$ 就是 $f(g(t))g'(t)$ 的一个原函数. 由条件,

$$F(b) - F(a) = F(g(\beta)) - F(g(\alpha)) \quad (\text{或} F(b) - F(a) = F(g(\alpha)) - F(g(\beta))).$$

因此, 由牛顿–莱布尼茨公式即得本定理.

例 1 求 $I = \int_0^a \sqrt{a^2 - x^2}\mathrm{d}x, a > 0$.

解 令 $x = g(t) = a\sin t$, 则 $g(0) = 0, g\left(\dfrac{\pi}{2}\right) = a$. 从而有

$$I = \int_0^a \sqrt{a^2 - x^2}\mathrm{d}x = \int_0^{\pi/2} \sqrt{a^2 - (a\sin t)^2}(a\sin t)'\mathrm{d}t$$

$$= \int_0^{\pi/2} a^2\cos^2 t\,\mathrm{d}t = \frac{a^2}{2}\int_0^{\pi/2}(1 + \cos 2t)\mathrm{d}t$$

$$= \frac{a^2}{2}\left(t + \frac{\sin 2t}{2}\right)\bigg|_0^{\pi/2} = \frac{\pi a^2}{4}.$$

注 6.6 与 6.1 节中的例 4 类似, 本例中的定积分就是半径为 a 的圆面积的四分之一 (图 6.5).

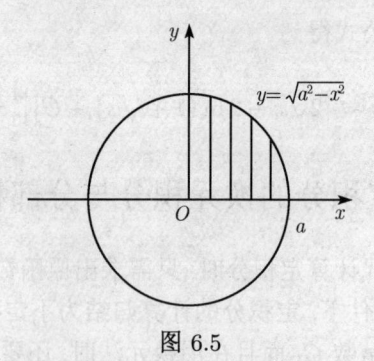

图 6.5

例 2 求 $I = \int_0^4 \dfrac{1}{1 + \sqrt{x}}\mathrm{d}x$.

解 令 $x = g(t) = t^2$, 则 $g(0) = 0, g(2) = 4$, 从而

$$I = \int_0^4 \frac{1}{1 + \sqrt{x}}\mathrm{d}x = \int_0^2 \frac{2t\mathrm{d}t}{1 + t} = 2\int_0^2 \mathrm{d}t - 2\int_0^2 \frac{\mathrm{d}(t+1)}{t+1}$$

$$= 2t\big|_0^2 - 2\ln(1+t)\big|_0^2 = 4 - 2\ln 3.$$

6.3 定积分的换元积分与分部积分法

(参考 6.2 节中的例 3.)

例 3 求 $I = \int_{2/\sqrt{3}}^{2} \dfrac{\mathrm{d}x}{x\sqrt{x^2-1}}$.

解 令 $x = g(t) = \sec t$, 则 $g\left(\dfrac{\pi}{6}\right) = \dfrac{2}{\sqrt{3}}, g\left(\dfrac{\pi}{3}\right) = 2, \mathrm{d}x = \sec t \tan t \mathrm{d}t$, 从而

$$I = \int_{\pi/6}^{\pi/3} \dfrac{\sec t \tan t}{\sec t \tan t} \mathrm{d}t = \dfrac{\pi}{3} - \dfrac{\pi}{6} = \dfrac{\pi}{6}.$$

例 4 求 $I = \int_{0}^{\pi/2} \dfrac{\sin x \mathrm{d}x}{\sin x + \cos x}$.

解 令 $x = g(t) = \dfrac{\pi}{2} - t$, 则 $g\left(\dfrac{\pi}{2}\right) = 0, g(0) = \dfrac{\pi}{2}, \mathrm{d}x = -\mathrm{d}t$, 于是

$$\int_{0}^{\pi/2} \dfrac{\sin x \mathrm{d}x}{\sin x + \cos x} = -\int_{\pi/2}^{0} \dfrac{\cos x \mathrm{d}x}{\sin x + \cos x} = \int_{0}^{\pi/2} \dfrac{\cos x \mathrm{d}x}{\sin x + \cos x}.$$

因此

$$2\int_{0}^{\pi/2} \dfrac{\sin x \mathrm{d}x}{\sin x + \cos x} = \int_{0}^{\pi/2} \dfrac{\sin x \mathrm{d}x}{\sin x + \cos x} + \int_{0}^{\pi/2} \dfrac{\cos x \mathrm{d}x}{\sin x + \cos x} = \int_{0}^{\pi/2} \mathrm{d}x = \dfrac{\pi}{2},$$

从而

$$I = \int_{0}^{\pi/2} \dfrac{\sin x \mathrm{d}x}{\sin x + \cos x} = \int_{0}^{\pi/2} \dfrac{\cos x \mathrm{d}x}{\sin x + \cos x} = \dfrac{\pi}{4}.$$

例 5 设 $f(x)$ 是 $[0,1]$ 上的连续函数, 求证:

(1) $\int_{0}^{\pi/2} f(\sin x) \mathrm{d}x = \int_{0}^{\pi/2} f(\cos x) \mathrm{d}x$;

(2) $\int_{0}^{\pi} x f(\sin x) \mathrm{d}x = \pi \int_{0}^{\pi/2} f(\sin x) \mathrm{d}x$

并计算 $\int_{0}^{\pi} \dfrac{x \sin x}{1 + \cos^2 x} \mathrm{d}x$.

证明 (1) 令 $x = g(t) = \dfrac{\pi}{2} - t$, 则 $g\left(\dfrac{\pi}{2}\right) = 0, g(0) = \dfrac{\pi}{2}, \mathrm{d}x = -\mathrm{d}t$, 从而

$$\int_{0}^{\pi/2} f(\sin x) \mathrm{d}x = -\int_{\pi/2}^{0} f(\cos t) \mathrm{d}t = \int_{0}^{\pi/2} f(\cos x) \mathrm{d}x.$$

(2) 令 $x = g(t) = \pi - t$, 则 $g\left(\dfrac{\pi}{2}\right) = \dfrac{\pi}{2}, g(0) = \pi, \mathrm{d}x = -\mathrm{d}t$, 从而

$$\int_{\pi/2}^{\pi} x f(\sin x) \mathrm{d}x = -\int_{\pi/2}^{0} (\pi - t) f(\sin t) \mathrm{d}t = \pi \int_{0}^{\pi/2} f(\sin t) \mathrm{d}t - \int_{0}^{\pi/2} t f(\sin t) \mathrm{d}t.$$

再由积分区间可加性知

$$\int_0^\pi xf(\sin x)\mathrm{d}x = \int_0^{\pi/2} xf(\sin x)\mathrm{d}x + \int_{\pi/2}^\pi xf(\sin x)\mathrm{d}x = \pi \int_0^{\pi/2} f(\sin x)\mathrm{d}x.$$

命题得证. 因此

$$\int_0^\pi \frac{x\sin x}{1+\cos^2 x}\mathrm{d}x = \pi \int_0^{\pi/2} \frac{\sin x \mathrm{d}x}{1+\cos^2 x} = -\pi \arctan\cos x\Big|_0^{\pi/2} = \frac{\pi^2}{4}.$$

例 6 设 $f(x)$ 是以 T 为周期的连续函数. 求证对任何实数 a 有

$$\int_a^{a+T} f(x)\mathrm{d}x = \int_0^T f(x)\mathrm{d}x.$$

证明 首先

$$\int_a^{a+T} f(x)\mathrm{d}x = \int_a^0 f(x)\mathrm{d}x + \int_0^T f(x)\mathrm{d}x + \int_T^{a+T} f(x)\mathrm{d}x.$$

而令 $x = g(t) = T + t$ 可得

$$\int_T^{a+T} f(x)\mathrm{d}x = \int_0^a f(t+T)(t+T)'\mathrm{d}t = \int_0^a f(t)\mathrm{d}t = -\int_a^0 f(x)\mathrm{d}x.$$

由此得本例.

例 7 设 $a > 0$, $f(x)$ 在 $[-a, a]$ 上连续.

(1) 若 $f(x)$ 为偶函数, 则 $\int_{-a}^a f(x)\mathrm{d}x = 2\int_0^a f(x)\mathrm{d}x$;

(2) 若 $f(x)$ 为奇函数, 则 $\int_{-a}^a f(x)\mathrm{d}x = 0$.

证明 只需对积分 $\int_{-a}^0 f(x)\mathrm{d}x$ 作变量替换 $x = -t$ 即可.

从而易知 $\int_{-\pi}^\pi \frac{\sin x \mathrm{d}x}{1+\cos^2 x} = 0$, 而 $\int_{-1}^1 \mathrm{e}^{|x|}\mathrm{d}x = 2\int_0^1 \mathrm{e}^x \mathrm{d}x = 2(\mathrm{e}-1)$.

6.3.2 分部积分法

定理 6.10(分部积分法) 设函数 $u = u(x), v = v(x)$ 在区间 $[a,b]$ 上连续可微, 则

$$\int_a^b u(x)v'(x)\mathrm{d}x = u(x)v(x)\Big|_a^b - \int_a^b v(x)u'(x)\mathrm{d}x.$$

证明 事实上, $u(x)v(x)$ 是 $u'(x)v(x) + u(x)v'(x)$ 的一个原函数. 于是利用牛顿–莱布尼茨公式即得本定理.

例 8 求下列定积分: (1) $\int_0^1 x\arctan x \mathrm{d}x$; (2) $\int_1^\mathrm{e} (\ln x)^2 \mathrm{d}x$; (3) $\int_0^{\pi/2} \mathrm{e}^x \sin x \mathrm{d}x$.

解 (1) $\int_0^1 x\arctan x\,dx$

$$= \frac{1}{2}\int_0^1 \arctan x\,dx^2 = \frac{1}{2}x^2\arctan x\Big|_0^1 - \frac{1}{2}\int_0^1 x^2\,d\arctan x$$

$$= \frac{\pi}{8} - \frac{1}{2}\int_0^1 \frac{x^2}{1+x^2}\,dx = \frac{\pi}{8} - \frac{1}{2}\int_0^1\left(1 - \frac{1}{1+x^2}\right)dx$$

$$= \frac{\pi}{8} - \frac{1}{2}(x-\arctan x)\Big|_0^1 = \frac{\pi}{8} - \frac{1}{2}\left(1 - \frac{\pi}{4}\right) = \frac{\pi}{4} - \frac{1}{2}.$$

(2) $\int_1^e (\ln x)^2\,dx = x(\ln x)^2\Big|_1^e - \int_1^e x\,d(\ln x)^2 = e - 2\int_1^e \ln x\,dx$

$$= e - 2\left(x\ln x\Big|_1^e - \int_1^e x\,d\ln x\right) = e - 2\left(e - \int_1^e dx\right) = e - 2.$$

(3) $\int_0^{\pi/2} e^x \sin x\,dx = e^x \sin x\Big|_0^{\pi/2} - \int_0^{\pi/2} e^x \cos x\,dx$

$$= e^{\pi/2} - \left(e^x \cos x\Big|_0^{\pi/2} + \int_0^{\pi/2} e^x \sin x\,dx\right)$$

$$= e^{\pi/2} + 1 - \int_0^{\pi/2} e^x \sin x\,dx,$$

从而

$$\int_0^{\pi/2} e^x \sin x\,dx = \frac{1}{2}(e^{\pi/2} + 1).$$

例 9(沃利斯公式) 求证对任何正整数 n,

$$\int_0^{\pi/2} \sin^{2n} x\,dx = \frac{(2n-1)!!}{(2n)!!}\cdot\frac{\pi}{2}, \quad \int_0^{\pi/2} \sin^{2n-1} x\,dx = \frac{(2n-2)!!}{(2n-1)!!}.$$

证明 由分部积分法,

$$\int_0^{\pi/2} \sin^n x\,dx = \int_0^{\pi/2} \sin^{n-1} x\,d(-\cos x)$$

$$= -\cos x \sin^{n-1} x\Big|_0^{\pi/2} + \int_0^{\pi/2} (n-1)\cos x \sin^{n-2} x \cos x\,dx$$

$$= (n-1)\int_0^{\pi/2} \sin^{n-2} x\,dx - (n-1)\int_0^{\pi/2} \sin^n x\,dx.$$

从而当 $n \geqslant 2$ 时,

$$\int_0^{\pi/2} \sin^n x\,dx = \frac{n-1}{n}\int_0^{\pi/2} \sin^{n-2} x\,dx.$$

因此

$$\int_0^{\pi/2} \sin^{2n} x\,dx = \frac{2n-1}{2n}\cdot\frac{2n-3}{2n-2}\cdots\frac{1}{2}\int_0^{\pi/2} 1\cdot dx = \frac{(2n-1)!!}{(2n)!!}\cdot\frac{\pi}{2},$$

$$\int_0^{\pi/2} \sin^{2n-1} x \mathrm{d}x = \frac{2n-2}{2n-1} \cdot \frac{2n-4}{2n-3} \cdots \cdot \frac{2}{3} \int_0^{\pi/2} \sin x \mathrm{d}x = \frac{(2n-2)!!}{(2n-1)!!}.$$

6.4 定积分的应用

6.4.1 平面图形的面积

由定积分的定义及其几何意义易知,由连续曲线 $y = f(x), y = g(x)(f(x) \geqslant g(x))$, 直线 $x = a, x = b(a < b)$ 所围成的图形的面积为

$$S = \int_a^b [f(x) - g(x)] \mathrm{d}x.$$

该图形可表示为

$$D = \{(x,y) : a \leqslant x \leqslant b, g(x) \leqslant y \leqslant f(x)\}.$$

今后将这样的平面图形称为 X 型(图 (6.6(a)). 类似地,形为

$$D = \{(x,y) : c \leqslant y \leqslant d, g(y) \leqslant x \leqslant f(y)\}$$

的平面图形称为 Y 型,其中 $f(y), g(y)$ 都是 $[c, d]$ 上满足 $g(y) \leqslant f(y)$ 的连续函数 (图 6.6(b)). 此时它的面积为

$$S = \int_c^d [f(y) - g(y)] \mathrm{d}y.$$

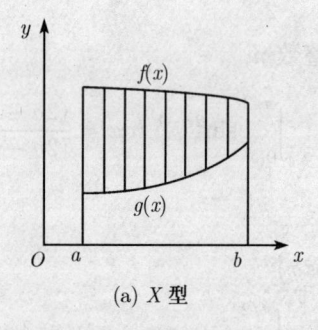

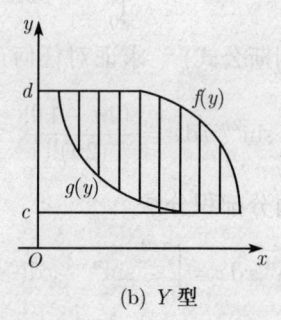

(a) X 型

(b) Y 型

图 6.6

注意,X 型区域的特点是:穿过 D 内部且平行于 y 轴的直线与 D 的边界相交不多于两点;Y 型区域的特点是:穿过 D 内部且平行于 x 轴的直线与 D 的边界相交不多于两点.

例 1 求由曲线 $y = x^2$ 和 $y = \sqrt{x}$ 所围成的图形的面积 S.

解 所围平面图形如图 6.7 所示,两条曲线的交点为 $(0,0), (1,1)$. 此图既是 X 型,也是 Y 型. 不妨看作 X 型,它可表示为

$$D = \{(x,y) : 0 \leqslant x \leqslant 1, x^2 \leqslant y \leqslant \sqrt{x}\},$$

6.4 定积分的应用

故
$$S = \int_0^1 (\sqrt{x} - x^2)\mathrm{d}x = \frac{1}{3}.$$

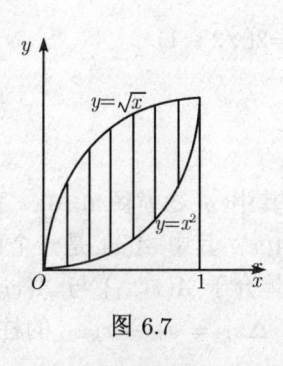

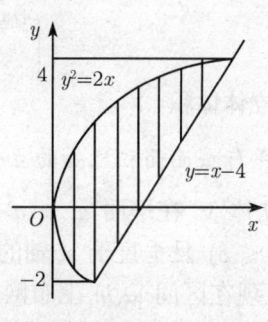

图 6.7

图 6.8

例 2 求抛物线 $y^2 = 2x$ 与直线 $y = x - 4$ 所围成的平面图形的面积 S.

解 所围平面图形如图 6.8 所示,其交点为 $(8, 4), (2, -2)$. 此图形为 Y 型,可表示为
$$D = \left\{ (x, y) : -2 \leqslant y \leqslant 4, \frac{y^2}{2} \leqslant x \leqslant y + 4 \right\}.$$

故
$$S = \int_{-2}^4 \left[(y + 4) - \frac{y^2}{2} \right] \mathrm{d}y = 18.$$

例 3 求由曲线 $y = \sin x, y = \cos x$ 及直线 $x = 0, x = \dfrac{\pi}{2}$ 所围成的平面图形的面积 S.

解 所围平面图形如图 6.9 所示,其交点坐标为 $\left(\dfrac{\pi}{4}, \dfrac{\sqrt{2}}{2} \right)$. 此图形关于直线 $x = \dfrac{\pi}{4}$ 是对称的,其左半部分是 X 型:

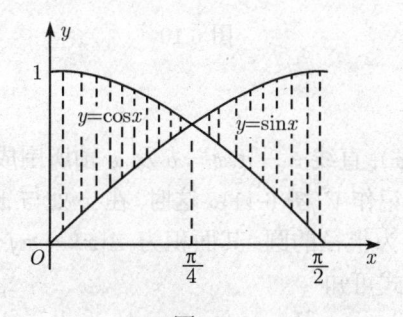

图 6.9

$$D = \left\{(x,y): 0 \leqslant x \leqslant \frac{\pi}{4}, \sin x \leqslant y \leqslant \cos x\right\}.$$

从而

$$S = 2\int_0^{\pi/4} (\cos x - \sin x)\mathrm{d}x = 2(\sqrt{2}-1).$$

6.4.2 立体体积

1. 平行截面面积已知的立体体积

设立体 V 在平面 $x = a$ 及 $x = b$ 之间, 其中 $a < b$(图 6.10). 再设过点 $x(a \leqslant x \leqslant b)$ 且垂直于 x 轴的截面 (面积) 为 $A(x)$, 其中 $A(x)$ 是一个已知的连续函数. 现在区间 $[a,b]$ 上布网 $\{x_k\}_{0 \leqslant k \leqslant n}$, 则立体介于 $A(x_{k-1})$ 与 $A(x_k)$ 之间的那部分 (体积)V_k 可近似地看作底为 $A(\xi_k)$, 高为 $\Delta x_k = x_k - x_{k-1}$ 的柱体, 其中 $\xi_k \in [x_{k-1}, x_k]$. 于是

$$V \approx \sum_{k=1}^n A(\xi_k)\Delta x_k.$$

布网越密, 上式越近似. 于是由定积分的概念可知

$$V = \int_a^b A(x)\mathrm{d}x.$$

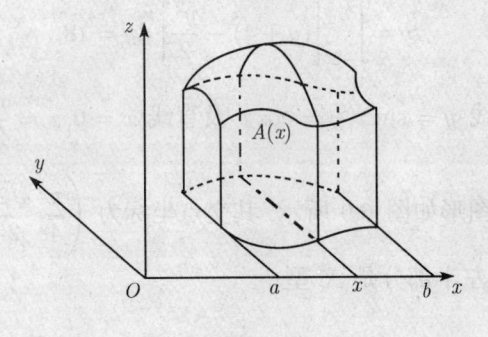

图 6.10

2. 旋转体的体积

由连续曲线 $y = f(x)$, 直线 $x = a, x = b$ 及 x 轴所围成的曲边梯形绕 x 轴旋转一周而成的旋转体体积记作 V(图 6.11). 这时, 在 x 处与 x 轴垂直的平面与该旋转体的交是一个以 $|f(x)|$ 为半径的圆, 其面积为 $A(x) = \pi f^2(x)$. 根据上述平行截面面积已知的立体体积公式可知

$$V = \int_a^b A(x)\mathrm{d}x = \pi \int_a^b f^2(x)\mathrm{d}x.$$

6.4 定积分的应用

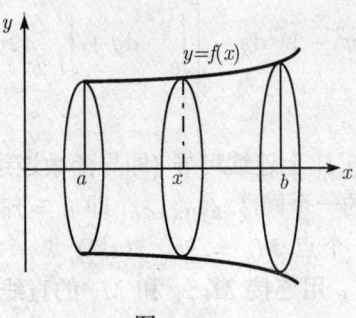

图 6.11

例 4 求由曲线 $y = \ln x$ 和直线 $x = e$ 以及 x 轴所围成的图形分别绕 x 轴和 y 轴旋转所得的旋转体的体积 V_x 和 V_y.

解 所围图形如图 6.12, 由题意得

$$V_x = \pi \int_1^e (\ln x)^2 \, dx = \pi(e - 2), \quad V_y = \pi \int_0^1 [e^2 - (e^y)^2] dy = \frac{\pi}{2}(e^2 + 1).$$

图 6.12

例 5 求由曲线 $y = \sqrt{x-1}$ 和曲线在 $(2,1)$ 处的切线以及直线 $x = 1$ 所围成的图形分别绕 x 轴和 y 轴旋转所得的旋转体的体积 V_x 和 V_y.

解 所围图形见图 6.13, 曲线在 $(2,1)$ 处的切线方程为 $y = \frac{1}{2}x$. 由题意得

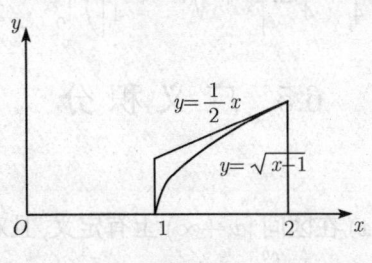

图 6.13

$$V_x = \pi \int_1^2 \left[\left(\frac{1}{2}x\right)^2 - \left(\sqrt{x-1}\right)^2 \right] dx = \frac{\pi}{12}.$$

$$V_y = \pi\left\{\int_0^1 (y^2+1)^2 dy - \left[\int_0^{1/2} dy + \int_{1/2}^1 (2y)^2 dy\right]\right\} = \frac{\pi}{5}.$$

6.4.3 弧长

设曲线 $y = f(x)$ 在 $[a,b]$ 上连续可导 (即导函数连续), 要求它的长度 L.

首先还是取 $[a,b]$ 上的一个网 $\{x_k\}_{0 \leqslant k \leqslant n}$, 即 $a = x_0 < x_1 < x_2 < \cdots < x_n = b$, 于是得到曲线上的 $n+1$ 个点 $M_k = (x_k, f(x_k))$, $k = 0, 1, \cdots, n$. 此时曲线位于 $[x_{k-1}, x_k]$ 上的那段弧长 L_k 用连接 M_{k-1} 和 M_k 的直线段的长来近似, 即

$$L_k \approx \sqrt{(x_x - x_{k-1})^2 + [f(x_k) - f(x_{k-1})]^2} = \sqrt{1 + \left[\frac{f(x_k) - f(x_{k-1})}{x_k - x_{k-1}}\right]^2} \Delta x_k.$$

由微分中值定理, 有 $\xi_k \in [x_{k-1}, x_k]$ 使

$$f'(\xi_k) = \frac{f(x_k) - f(x_{k-1})}{x_k - x_{k-1}}.$$

于是所求曲线的长近似地为

$$L = \sum_{k=1}^n L_k \approx \sum_{k=1}^n \sqrt{1 + [f'(\xi_k)]^2} \Delta x_k.$$

若令 $\lambda = \max\limits_{1 \leqslant k \leqslant n}\{\Delta x_k\} \to 0$, 则上式右方和式的极限就是 L. 从而由定积分的定义, 所求曲线的长 L 为

$$L = \int_a^b \sqrt{1 + [f'(x)]^2} dx.$$

例 6 求曲线 $y = x^2, 0 \leqslant x \leqslant 1$, 的长 L.

解 $L = \int_0^1 \sqrt{1 + [(x^2)']^2} dx = \int_0^1 \sqrt{1 + 4x^2} dx$

$$= \left(x\sqrt{x^2 + \frac{1}{4}} + \frac{1}{4}\ln\left|x + \sqrt{x^2 + \frac{1}{4}}\right|\right)\Big|_0^1 = \frac{\sqrt{5}}{2} + \frac{1}{4}\ln(2 + \sqrt{5}).$$

6.5 广义积分

6.5.1 无穷限积分

定义 6.2 设函数 $f(x)$ 在区间 $[a, +\infty)$ 上有定义, 且对任何实数 $b > a$, $f(x)$ 在 $[a,b]$ 上黎曼可积并且极限 $\lim\limits_{b \to +\infty} \int_a^b f(x) dx$ 存在有限, 则称**无穷限积分** $\int_a^{+\infty} f(x) dx$ **收敛**, 并把该极限值称为此无穷限积分的积分值, 即

$$\int_a^{+\infty} f(x) dx = \lim_{b \to +\infty} \int_a^b f(x) dx.$$

6.5 广义积分

当上述极限不存在时, 称对应的无穷限积分发散.

例 1 试判断 $\int_0^{+\infty} e^{-x} dx$ 的敛散性, 若收敛, 求出其积分值.

解 由于

$$\lim_{b\to+\infty} \int_0^b e^{-x} dx = \lim_{b\to+\infty} (-e^{-x})\big|_0^b = -\left(\lim_{b\to+\infty} e^{-b}\right) + 1 = 1,$$

故 $\int_0^{+\infty} e^{-x} dx$ 收敛, 且 $\int_0^{+\infty} e^{-x} dx = \lim_{b\to+\infty} \int_0^b e^{-x} dx = 1$.

例 2 用定义讨论无穷限积分 $\int_a^{+\infty} \frac{dx}{x^p} (a > 0)$ 的敛散性.

解 由于

$$\int_a^b \frac{dx}{x^p} = \begin{cases} \ln b - \ln a, & p = 1, \\ \dfrac{a^{-p+1} - b^{-p+1}}{p - 1}, & p \neq 1. \end{cases}$$

故研究上述积分在 $b \to +\infty$ 时的极限, 容易得知例中积分当且仅当 $p > 1$ 时收敛.

类似地, 可以定义区间 $(-\infty, b], (-\infty, +\infty)$ 上的无穷限积分 $\int_{-\infty}^b f(x)dx$ 和 $\int_{-\infty}^{+\infty} f(x)dx$ 如下:

$$\int_{-\infty}^b f(x)dx = \lim_{a\to-\infty} \int_a^b f(x)dx, \quad \int_{-\infty}^{+\infty} f(x)dx = \int_{-\infty}^0 f(x)dx + \int_0^{+\infty} f(x)dx.$$

根据极限和定积分的性质, 我们有下面一些无穷限积分的性质:

性质 6.1(线性性) 对任何常数 $k \neq 0$, $\int_a^{+\infty} kf(x)dx$ 与 $\int_a^{+\infty} f(x)dx$ 敛散性相同, 当二者之一收敛时, 有

$$\int_a^{+\infty} kf(x)dx = k\int_a^{+\infty} f(x)dx;$$

此外, 当 $\int_a^{+\infty} f(x)dx$ 与 $\int_a^{+\infty} g(x)dx$ 均收敛时, 有

$$\int_a^{+\infty} [f(x) \pm g(x)] dx = \int_a^{+\infty} f(x)dx \pm \int_a^{+\infty} g(x)dx.$$

性质 6.2 $\int_a^{+\infty} f(x)dx$ 和 $\int_b^{+\infty} f(x)dx (b > a)$ 敛散性相同. 并且收敛时, 有

$$\int_a^{+\infty} f(x)dx = \int_a^b f(x)dx + \int_b^{+\infty} f(x)dx.$$

性质 6.3 若 $F(x)$ 是 $f(x)$ 在 $[a,+\infty)$ 上的一个原函数, 且 $\lim\limits_{x\to+\infty} F(x)$ 存在有限, 则 $\int_a^{+\infty} f(x)\mathrm{d}x$ 收敛, 并且

$$\int_a^{+\infty} f(x)\mathrm{d}x = F(x)\big|_a^{+\infty} = \lim_{x\to+\infty} F(x) - F(a).$$

例 3 求积分 $\int_e^{+\infty} \dfrac{\mathrm{d}x}{x^2+x}$.

解 由于

$$\int \frac{\mathrm{d}x}{x^2+x} = \int \left(\frac{1}{x} - \frac{1}{x+1}\right)\mathrm{d}x = \ln\left|\frac{x}{x+1}\right| + C.$$

故由性质 6.3 可得

$$\int_e^{+\infty} \frac{\mathrm{d}x}{x^2+x} = \ln\left|\frac{x}{x+1}\right|\bigg|_e^{+\infty} = \left(\lim_{x\to+\infty}\ln\left|\frac{x}{x+1}\right|\right) - \ln\frac{e}{e+1} = \ln(e+1) - 1.$$

例 4 讨论无穷限积分 $\int_{-\infty}^{+\infty} \dfrac{\mathrm{d}x}{1+x^2}$ 的敛散性, 若收敛, 求出其积分值.

解 由性质 6.3 知

$$\int_0^{+\infty} \frac{\mathrm{d}x}{1+x^2} = \arctan x\,\big|_0^{+\infty} = \lim_{x\to+\infty}\arctan x = \frac{\pi}{2}.$$

又 $\dfrac{1}{1+x^2}$ 是偶函数, 故

$$\int_{-\infty}^{+\infty} \frac{\mathrm{d}x}{1+x^2} = 2\int_0^{+\infty} \frac{\mathrm{d}x}{1+x^2} = \pi.$$

6.5.2 瑕积分

定义 6.3 设函数 $f(x)$ 定义在区间 $(a,b]$ 上. 若对任意 $\varepsilon > 0$, $f(x)$ 在区间 $(a,a+\varepsilon)$ 上无界, 则 a 称为 $f(x)$ 的一个**瑕点**. 此时若对任何 $\varepsilon > 0$, $f(x)$ 在区间 $[a+\varepsilon,b]$ 上黎曼可积, 并且极限 $\lim\limits_{\varepsilon\to 0^+}\int_{a+\varepsilon}^b f(x)\mathrm{d}x$ 存在有限, 则称**瑕积分** $\int_a^b f(x)\mathrm{d}x$ 收敛, 并把该极限值称为此瑕积分的积分值, 即

$$\int_a^b f(x)\mathrm{d}x = \lim_{\varepsilon\to 0^+} \int_{a+\varepsilon}^b f(x)\mathrm{d}x.$$

当上述极限不存在时, 称对应的瑕积分发散.

类似地, 可以定义 $[a,b)$ 上的瑕积分 $\int_a^b f(x)\mathrm{d}x$: 若任意 $\varepsilon > 0$, $f(x)$ 在区间 $(b-\varepsilon,b)$ 上无界, 则 b 称为 $f(x)$ 的一个**瑕点**. 此时若对任何 $\varepsilon > 0$, $f(x)$ 在区间

$[a, b-\varepsilon]$ 上黎曼可积，并且极限 $\lim\limits_{\varepsilon \to 0^+} \int_a^{b-\varepsilon} f(x)\mathrm{d}x$ 存在有限，则称瑕积分 $\int_a^b f(x)\mathrm{d}x$ 收敛，并把该极限值称为此瑕积分的积分值，即

$$\int_a^b f(x)\mathrm{d}x = \lim_{\varepsilon \to 0^+} \int_a^{b-\varepsilon} f(x)\mathrm{d}x.$$

跟无穷限积分一样，瑕积分也有类似于定积分的性质，这里就不再重复．

例 5 讨论下列瑕积分：(1) $\int_0^1 \ln x \mathrm{d}x$；(2) $\int_0^1 \dfrac{\mathrm{d}x}{x^q}$ $(q > 0)$．

解 (1) $x = 0$ 为瑕点（$\lim\limits_{x \to 0^+} \ln x = -\infty$），故

$$\int_0^1 \ln x \mathrm{d}x = (x\ln x - x)\big|_0^1 = -1 - \lim_{x \to 0^+}(x\ln x - x) = -1.$$

(2) $x = 0$ 为瑕点．

$$\int_\varepsilon^1 \frac{\mathrm{d}x}{x^q} = \begin{cases} -\ln \varepsilon, & q = 1, \\ \dfrac{1 - \varepsilon^{-q+1}}{1-q}, & q > 0, q \neq 1. \end{cases}$$

故研究上述积分在 $\varepsilon \to 0^+$ 时的极限，容易得知 (2) 中积分当且仅当 $0 < q < 1$ 时收敛，并且

$$\int_0^1 \frac{\mathrm{d}x}{x^q} = \lim_{\varepsilon \to 0^+} \int_\varepsilon^1 \frac{\mathrm{d}x}{x^q} = \lim_{\varepsilon \to 0^+} \frac{1}{-q+1} x^{-q+1} \big|_\varepsilon^1 = \frac{1}{1-q}, \quad 0 < q < 1.$$

习 题 6

1. 用定义计算下列定积分：

(1) $\int_0^1 (2x+3)\,\mathrm{d}x$； (2) $\int_0^1 \mathrm{e}^x \mathrm{d}x$．

2. 用定积分表示下列极限：

(1) $\lim\limits_{n \to \infty} \dfrac{1}{n}\left(\sin\dfrac{\pi}{n} + \sin\dfrac{2\pi}{n} + \cdots + \sin\dfrac{n\pi}{n}\right)$； (2) $\lim\limits_{n \to \infty} \dfrac{1^p + 2^p + \cdots + n^p}{n^{p+1}}$ $(p > 0)$．

3. 估计下列定积分的大小．

(1) $\int_{\pi/4}^{5\pi/4} (1 + \sin^2 x)\,\mathrm{d}x$； (2) $\int_0^{\pi/2} \dfrac{\mathrm{d}x}{\sqrt{1 - \dfrac{8}{9}\sin^2 x}}$；

(3) $\int_0^{\pi/2} \mathrm{e}^{\sin x} \mathrm{d}x$．

4. 求证：

(1) $\lim\limits_{n \to \infty} \int_0^{\pi/4} \sin^n x \mathrm{d}x = 0$；

(2) $\lim\limits_{n \to \infty} \int_0^1 \dfrac{x^n \mathrm{d}x}{1+x} = 0$；

(3) $\lim\limits_{x\to\infty}\int_x^{x+1} t\sin\dfrac{1}{t}\mathrm{d}t = 1.$

5. 设 $k>1$, 函数 $f(x)$ 在区间 $[0,1]$ 上可导, 且满足

$$f(1) = k\int_0^{1/k} x\mathrm{e}^{1-x} f(x)\,\mathrm{d}x.$$

求证: 至少存在一点 $\xi \in (0,1)$, 使得

$$f'(\xi) = \left(1 - \xi^{-1}\right) f(\xi).$$

6. 求下列极限:

(1) $\lim\limits_{x\to 1}\dfrac{\int_1^{x^2}(t-1)\ln t\,\mathrm{d}t}{(x-1)^3}$;

(2) $\lim\limits_{x\to 0}\dfrac{\int_{\cos x}^1 \mathrm{e}^{-x^2}\mathrm{d}x}{x^2}$;

(3) $\lim\limits_{x\to 0}\dfrac{\int_0^x \left(\mathrm{e}^{t\ln(t+1)} - 1\right)\mathrm{d}t}{\int_0^x \ln(1+t)\left(\mathrm{e}^{2t}-1\right)\mathrm{d}t}$;

(4) $\lim\limits_{x\to +\infty}\dfrac{\int_0^x \arctan^2 t\,\mathrm{d}t}{\sqrt{1+x^2}}$;

(5) $\lim\limits_{x\to 0}\dfrac{\int_0^x f(t)(x-t)\,\mathrm{d}t}{x^2}$ ($f(x)$ 为连续函数);

(6) $\lim\limits_{x\to 0}\dfrac{\int_0^x \left\{\int_0^{u^2} \arctan(1+t)\,\mathrm{d}t\right\}\mathrm{d}u}{x(1-\cos x)}$;

(7) $\lim\limits_{x\to 0}\dfrac{\int_0^{x^2}\sin^{3/2} t\,\mathrm{d}t}{\int_0^x t(t-\sin t)\,\mathrm{d}t}.$

7. 求证:

(1) 若 $f(x)$ 是区间 $[0,1]$ 上的递减连续函数, 则对任何 $0 < \lambda < 1$, 总有

$$\int_0^\lambda f(x)\,\mathrm{d}x \geqslant \lambda \int_0^1 f(x)\,\mathrm{d}x;$$

(2) 若正值函数 $f(x)$ 在 $(0,+\infty)$ 上连续, 则函数

$$F(x) = \dfrac{\int_0^x tf(t)\,\mathrm{d}t}{\int_0^x f(t)\,\mathrm{d}t}$$

在 $(0,+\infty)$ 上单增.

8. 求连续函数 $f(x)$, 若它满足下列条件之一:

(1) $f(x) = 1 + 2\int_0^x f(t)\mathrm{d}t$;

(2) $f(x) = 1 + \int_1^x \dfrac{f(t)}{t}\mathrm{d}t$;

(3) $f(x) = -1 + x\int_0^1 f(t)\mathrm{d}t$;

(4) $f(x) = x - \int_1^\mathrm{e} f(t)\ln t\,\mathrm{d}t.$

9. 用直接积分法或几何意义计算下列定积分:

习题 6 · 101 ·

(1) $\int_{-1/\sqrt{3}}^{\sqrt{3}} \dfrac{\mathrm{d}x}{1+x^2}$; (2) $\int_0^{\pi/4} \tan^2 x \mathrm{d}x$;

(3) $\int_0^2 |1-x|\mathrm{d}x$; (4) $\int_{-2}^2 x\left(\mathrm{e}^x + \mathrm{e}^{-x}\right)\mathrm{d}x$.

10. 设连续函数 $f(x)$ 满足 $\int_0^x tf(t)\mathrm{d}t = \sqrt{x^2+9} - 3$, 求 $\int_0^3 x^3 f(x^2) \mathrm{d}x$.

11. 用凑微分法计算下列定积分:

(1) $\int_0^1 \dfrac{\mathrm{d}x}{9x^2+6x+1}$; (2) $\int_{1/4}^{1/2} \dfrac{\arcsin\sqrt{x}\mathrm{d}x}{\sqrt{x(1-x)}}$;

(3) $\int_0^{\pi/2} \dfrac{\sin x \cos x}{1+\cos^2 x}\mathrm{d}x$; (4) $\int_0^1 \dfrac{4\mathrm{d}x}{4-\mathrm{e}^x}$;

(5) $\int_{\pi/6}^{\pi/2} \cos^2 x \mathrm{d}x$; (6) $\int_{-\pi/4}^{\pi/4} \dfrac{\mathrm{d}x}{1+\sin x}$;

(7) $\int_0^\pi \sqrt{\sin x - \sin^3 x}\mathrm{d}x$; (8) $\int_1^{\mathrm{e}} \dfrac{\mathrm{d}x}{x\sqrt{1+\ln x}}$.

12. 设连续函数 $f(x)$ 满足 $\int_0^x f(t-x)\mathrm{d}t = \sin(2x^3 - x^2)$. 求 $\int_1^2 f(1-x)\mathrm{d}x$.

13. 用换元法计算下列定积分:

(1) $\int_1^5 \dfrac{\sqrt{x-1}\mathrm{d}x}{x}$; (2) $\int_0^1 \dfrac{x^2}{(1+x^2)^3}\mathrm{d}x$;

(3) $\int_0^a x^2 \sqrt{a^2-x^2}\mathrm{d}x$; (4) $\int_1^9 \dfrac{\mathrm{d}x}{x+\sqrt{x}}$;

(5) $\int_0^1 \sqrt{2x-x^2}\mathrm{d}x$; (6) $\int_0^1 \left(1+x^2\right)^{-3/2}\mathrm{d}x$;

(7) $\int_1^2 \dfrac{2x\mathrm{d}x}{\sqrt{1+x^4}}$; (8) $\int_{\ln 2}^{2\ln 2} \dfrac{\mathrm{d}x}{\sqrt{\mathrm{e}^x-1}}$.

14. 计算 $\int_0^\pi \dfrac{x\cos^4 x}{1+\cos 2x}\mathrm{d}x$ (参考 6.3 节中的例 5).

15. 用分部积分法计算下列定积分:

(1) $\int_0^{\sqrt{3}/2} \arccos x \mathrm{d}x$; (2) $\int_0^1 x\mathrm{e}^{-x}\mathrm{d}x$;

(3) $\int_{\pi/4}^{\pi/2} \dfrac{x}{\sin^2 x}\mathrm{d}x$; (4) $\int_0^1 \arctan\sqrt{x}\mathrm{d}x$;

(5) $\int_1^2 \sqrt{x}\ln x \mathrm{d}x$; (6) $\int_{1/\mathrm{e}}^{\mathrm{e}} |\ln x|\mathrm{d}x$;

(7) $\int_0^{2\pi} \mathrm{e}^{2x}\cos x \mathrm{d}x$; (8) $\int_0^1 (\arcsin x)^2 \mathrm{d}x$.

16. 用分部积分法和变限积分函数求导法计算下列定积分:

(1) $\int_0^a f(x)\mathrm{d}x$, 其中 $f(x) = \int_0^{a-x} \mathrm{e}^{t(2a-t)}\mathrm{d}t$;

(2) $\int_0^1 \dfrac{f(x)}{\sqrt{x}}\mathrm{d}x$, 其中 $f(x) = \int_1^{\sqrt{x}} \mathrm{e}^{-t^2}\mathrm{d}t$;

(3) $\int_0^\pi f(x)\,\mathrm{d}x$, 其中 $f(x) = \int_0^x \dfrac{\sin t}{\pi - t}\,\mathrm{d}t$.

17. 设区间 $[0,1]$ 上二阶导数连续的函数 $f(x)$ 满足 $f(0) = f'(0) = 0$. 证明：

$$\int_0^1 f(x)\,\mathrm{d}x = \dfrac{1}{2}\int_0^1 f''(x)(x-1)^2\,\mathrm{d}x.$$

18. 用适当的方法计算定积分：

(1) $\int_{-2}^{2} \dfrac{x+|x|}{2+x^2}\,\mathrm{d}x$;   (2) $\int_0^\pi \dfrac{x\sin x\,\mathrm{d}x}{1+4\cos^2 x}$;

(3) $\int_0^{\pi/2} \dfrac{\sin x + 1/2}{1+\sin x + \cos x}\,\mathrm{d}x$;   (4) $\int_0^1 \dfrac{\ln(1+x)}{(2-x)^2}\,\mathrm{d}x$;

(5) $\int_{-\pi/4}^{\pi/4} \dfrac{\mathrm{e}^{x/2}(\cos x - \sin x)}{\sqrt{\cos x}}\,\mathrm{d}x$;   (6) $\int_0^1 \dfrac{\ln(1+x)\,\mathrm{d}x}{1+x^2}$;

(7) $\int_0^{\pi/2} \sin^4 x\,\mathrm{d}x$;   (8) $\int_{-\pi/2}^{\pi/2} \cos^{11} x\,\mathrm{d}x$;

(9) $\int_0^4 \dfrac{x-2}{x^2 - 4x - 5}\,\mathrm{d}x$;   (10) $\int_0^{\mathrm{e}-1} x\ln(1+x)\,\mathrm{d}x$.

19. 设 $f(x)$ 为连续函数, 证明：

(1) $\int_a^b f(x)\,\mathrm{d}x = (b-a)\int_0^1 f(a + (b-a)x)\,\mathrm{d}x$;

(2) $\int_0^1 x^m(1-x)^n\,\mathrm{d}x = \int_0^1 x^n(1-x)^m\,\mathrm{d}x$;

(3) $\int_0^{2a} f(x)\,\mathrm{d}x = \int_0^a [f(x) + f(2a-x)]\,\mathrm{d}x$, 并用 (3) 中结果重新计算 6.3 节例 5 中的定积分 $\int_0^\pi \dfrac{x\sin x}{1+\cos^2 x}\,\mathrm{d}x$.

20. 设 $f(x) = \lim\limits_{t\to\infty} t^2 \sin\dfrac{x}{t}\left[g\left(2x + \dfrac{1}{t}\right) - g(2x)\right]$, $g(x)$ 的一个原函数为 $\ln(3-x)$, 求 $\int_0^1 f(x)\,\mathrm{d}x$.

21. 求：(1) 曲线 $xy = 1$ 和直线 $y = x, x = 2$ 所围成的平面图形的面积;

(2) 曲线 $y = \dfrac{1}{2}x^2$ 和直线 $y = x + 4$ 所围成的平面图形的面积;

(3) 由直线 $x = 0, x = 2, y = 0$ 与抛物线 $y = 1 - x^2\,(x > 0)$ 所围成的平面图形的面积.

22. 过曲线 $y = \sqrt{x}$ 上的点 A 作切线, 使该切线与曲线以及 x 轴所围成的平面图形的面积为 $\dfrac{1}{3}$, 求点 A 的坐标和该平面图形绕 x 轴旋转所得旋转体的体积.

23. 已知曲线 $y = a\sqrt{x}\,(a > 0)$ 与曲线 $y = \ln\sqrt{x}$ 在点 (x_0, y_0) 处有公共切线, 求常数 a 及切点 (x_0, y_0), 并求两曲线与 x 轴围成的平面图形绕 x 轴旋转所得旋转体的体积.

24. 设直线 $y = ax$ 与抛物线 $y = x^2$ 所围成图形的面积为 S_1, 它们与直线 $x = 1$ 所围成的图形面积为 S_2, 并且 $a < 1$. 试确定 a 的值, 使 $S_1 + S_2$ 达到最小, 并求出最小值; 并求该最小值所对应的平面图形绕 x 轴旋转所得旋转体的体积.

25. 计算曲线 $y = \ln(1 - x^2)$ 上相应于 $0 \leqslant x \leqslant \dfrac{1}{2}$ 的一段弧长.

26. 计算下列广义积分：

习题 6

(1) $\int_0^{+\infty} x e^{-x} dx$;

(2) $\int_0^{+\infty} x^2 e^{-x} dx$;

(3) $\int_0^{+\infty} \dfrac{x e^{-x} dx}{(1+e^{-x})^2}$;

(4) $\int_e^{+\infty} \dfrac{dx}{x(\ln x)^k} (k>1)$;

(5) $\int_2^{+\infty} \dfrac{dx}{x^2+x-2}$;

(6) $\int_{-1}^{1} \dfrac{dx}{\sqrt{1-x^2}}$;

(7) $\int_0^1 \ln \dfrac{1}{1-x^2} dx$;

(8) $\int_0^1 \dfrac{dx}{\sqrt{x(1-x)}}$;

(9) $\int_0^1 \dfrac{\arcsin x \, dx}{\sqrt{1-x^2}}$;

(10) $\int_{-2}^{-1} \dfrac{dx}{x\sqrt{x^2-1}}$;

(11) $\int_0^1 x^\lambda \sin(\ln x) dx \, (-1<\lambda<0)$;

(12) $\int_{-\infty}^{+\infty} \dfrac{dx}{x^2+4x+5}$.

27. 已知 $\int_0^{+\infty} e^{-x^2} dx = \dfrac{\sqrt{\pi}}{2}$,$\int_0^{+\infty} \dfrac{\sin x}{x} dx = \dfrac{\pi}{2}$. 求 $\int_0^{+\infty} x^2 e^{-x^2} dx$ 和 $\int_0^{+\infty} \left(\dfrac{\sin x}{x}\right)^2 dx$.

28. 设
$$f(x)=\begin{cases} x, & 0 \leqslant x \leqslant 1, \\ 2-x, & 1 \leqslant x \leqslant 2, \\ 0, & \text{其他}. \end{cases}$$

求 $F(x) = \int_{-\infty}^{x} f(t) dt$ 及 $E = \int_{-\infty}^{+\infty} x f(x) dx$.

29. 证明柯西不等式:
$$\left(\int_a^b f(x) g(x) dx\right)^2 \leqslant \int_a^b f^2(x) dx \int_a^b g^2(x) dx.$$

第 7 章 常微分方程简介

所谓微分方程, 是指含有自变量、未知函数及其导数 (或偏导数) 的方程. 例如, $y' = x$ 就是一个微分方程, 其中 $y = f(x)$ 是一个待求的未知函数. 如果未知函数是一元函数, 则该方程称为**常微分方程**; 如果未知函数是二元或二元以上的函数, 则该方程称为**偏微分方程**.

微分方程差不多是和微积分同时产生的, 它的形成和发展与力学、天文学、物理学, 以及其他科学技术的发展密切相关. 当前计算机的发展更为常微分方程的理论研究及应用提供了非常有力的工具.

本章简要介绍常微分方程.

7.1 有关常微分方程的一些基本概念

定义 7.1 常微分方程中未知函数的最高阶导数的阶数称为该微分方程的**阶**. n 阶常微分方程的一般形式为

$$F\left(x, y, y', y'', \cdots, y^{(n)}\right) = 0,$$

其中 F 是一个 $n+2$ 元函数, x 是自变量, y 为未知函数, $y', y'', \cdots, y^{(n)}$ 为 y 的各阶导数. 若 $y = f(x)$ 代入上述方程后使之成为恒等式, 则称 $y = f(x)$ 为此方程的**解**. 若该方程的解 $y = f(x)$ 由隐式 $G(x, y) = 0$ 表示, 则称 $G(x, y) = 0$ 给出了上述方程的**隐式解**.

例如, 对任何常数 $C, y = x^2 + C$ 都是一阶常微分方程 $y' = 2x$ 的解; $\sin y^2 + x^2 = C$ 都是一阶常微分方程 $yy' \cos y^2 + x = 0$ 隐式解.

从上例可以看到, 若没有其他条件, 一个微分方程的解中会含有任意常数. 若解中所含的相互独立的任意常数的个数与该方程的阶数相同, 则称该解为方程的**通解**. 当通解中的所有任意常数都取了特定的值, 则所得的这个特定的解就称为方程的**特解**. 用来确定特解的条件称为**初始条件**.

例如, $y = x^2 + C$ 是 $y' = 2x$ 的通解. 但如果问题是: 求经过点 $(0, 1)$(即 $y|_{x=0} = 1$) 的曲线 $y = f(x)$, 使在其上每一点 $(x, f(x))$ 处的切线斜率为 $y' = 2x$. 则有了通解 $y = x^2 + C$ 后, 我们还要由初始条件 $y|_{x=0} = 1$ 来确定通解中的任意常数 C, 即 $1 = 0 + C, C = 1$. 由此得特解 $y = x^2 + 1$. 正是这条曲线满足我们的要求.

一般情况下, n 阶常微分方程的初始条件为

$$y|_{x=x_0} = y_0, \quad y'|_{x=x_0} = y_1, \quad \cdots, \quad y^{(n-1)}\big|_{x=x_0} = y_{n-1}.$$

7.2 导数可解出的一阶常微分方程 $F(x,y,y')=0$

此时该方程可写为

$$y' = f(x,y).$$

下面讨论几类比较简单的导数可解出的一阶常微分方程.

7.2.1 可分离变量的方程

定义 7.2 形如

$$y' = f(x)g(y)$$

的微分方程称为**可分离变量的方程**. 不妨设上方程中的函数均为定义域内的连续函数, 且不为零, 于是该方程可写为

$$\frac{\mathrm{d}y}{g(y)} = f(x)\,\mathrm{d}x.$$

两边分别求积分, 即可得通解

$$\int \frac{\mathrm{d}y}{g(y)} = \int f(x)\,\mathrm{d}x.$$

例 1 求微分方程 $y' = -\dfrac{x}{y}$ 的通解.

解 这是可分离变量的. 由 $y\mathrm{d}y = -x\mathrm{d}x$ 得

$$\int y\mathrm{d}y = -\int x\mathrm{d}x,$$

即得隐式解

$$x^2 + y^2 = C,$$

其中 C 为任意常数.

例 2 求方程 $y' + \cos^2 y \sin x = 0$ 满足初始条件 $y|_{x=0} = -\dfrac{\pi}{4}$ 的特解.

解 分离变量得 $\sec^2 y\mathrm{d}y = -\sin x\mathrm{d}x$, 两边积分得

$$\tan y = \int \sec^2 y\mathrm{d}y = -\int \sin x\mathrm{d}x = \cos x + C,$$

即得隐式解

$$\tan y = \cos x + C,$$

其中 C 为任意常数. 再将初始条件 $y|_{x=0} = -\frac{\pi}{4}$ 代入上述隐式解, 可得

$$-1 = \tan\left(-\frac{\pi}{4}\right) = \cos 0 + C = 1 + C,$$

故 $C = -2$. 因此满足初始条件的隐式特解为 $\tan y = \cos x - 2$.

例 3 某种细菌总量每天以 10% 的速度递增. 若当今有 10000 个, 试问 10 天后有多少个? 20 天后呢?

解 由题意, $\frac{dP}{dt} = 0.1P$, $P(0) = 10000$, 其中 $P(t)$ 为时刻 t 时细菌总量. 于是 $\frac{dP}{P} = 0.1 dt$, $\ln P = 0.1t + C$, $P(t) = Ce^{0.1t}$. 由 $P(0) = 10000$ 得 $C = 10000$. 从而

$$(10\text{天后})P(10) = 10000 e^{0.1 \cdot 10} = 10000 e \approx 27183,$$

$$(20\text{天后})P(20) = 10000 e^{0.1 \cdot 20} = 10000 e^2 \approx 73891.$$

7.2.2 齐次方程

定义 7.3 形如

$$y' = f\left(\frac{y}{x}\right)$$

的方程称为**齐次方程**, 其中 $f(\cdot)$ 是连续函数.

若令 $u = \frac{y}{x}$, 则 $y = ux$, $\frac{dy}{dx} = \frac{d(ux)}{dx} = u + x\frac{du}{dx}$, 代入原方程, 得

$$\frac{du}{f(u) - u} = \frac{dx}{x}.$$

两边积分, 再还原变量即可得到方程的通解.

例 4 求齐次方程 $y' = \frac{y}{x} + \tan\frac{y}{x}$ 的通解.

解 令 $u = \frac{y}{x}$, 则 $y = ux$, $u + x\frac{du}{dx} = \frac{dy}{dx} = u + \tan u$, 即原方程可分离变量为

$$\frac{du}{\tan u} = \frac{dx}{x}.$$

两边积分得 $\ln|\sin u| = \ln|x| + C_1$, 或 $\sin u = Cx$, 其中 C 为任意常数. 由此得原方程的通解为

$$\sin\frac{y}{x} = Cx.$$

7.2.3 一阶线性微分方程

定义 7.4 形如

$$y' + p(x)y = q(x)$$

的微分方程称为**一阶线性微分方程**, 其中函数 $p(x)$ 和 $q(x)$ 是已知的连续函数.

7.2 导数可解出的一阶常微分方程 $F(x,y,y')=0$

当 $q(x)=0$ 时方程为 $y'+p(x)y=0$,可分离变量. 其通解由 $\dfrac{\mathrm{d}y}{y}=-p(x)\mathrm{d}x$ 得

$$y=Ce^{-\int p(x)\mathrm{d}x},$$

其中 C 为任意常数.

当 $q(x)\neq 0$ 时,可以猜测此时方程 $y'+p(x)y=q(x)$ 的通解为

$$y=C(x)e^{-\int p(x)\mathrm{d}x},$$

其中函数 $C(x)$ 待定. 此时由于

$$y'=C'(x)e^{-\int p(x)\mathrm{d}x}-C(x)e^{-\int p(x)\mathrm{d}x}p(x)=C'(x)e^{-\int p(x)\mathrm{d}x}-p(x)y,$$

故原方程 $y'+p(x)y=q(x)$ 变为

$$C'(x)e^{-\int p(x)\mathrm{d}x}=q(x),$$

求得

$$C(x)=\int q(x)e^{\int p(x)\mathrm{d}x}\mathrm{d}x.$$

由此得方程的通解为

$$y=\int q(x)e^{\int p(x)\mathrm{d}x}\mathrm{d}x\cdot e^{-\int p(x)\mathrm{d}x}.$$

一般把 $y'+p(x)y=0$ 称为**一阶齐次线性方程**;而当 $q(x)\neq 0$ 时, $y'+p(x)y=q(x)$ 称为**一阶非齐次线性方程**. 上述一阶非齐次线性方程的解法称为**常数变易法**. 这个解法的关键是:一阶非齐次线性方程的通解,就是对应的一阶齐次线性方程通解的某种 "变异", 这种变异是通过把一阶齐次线性方程通解中的任意常数设定为某个自变量的函数得到的. 这里要强调,**读者要学会的是这个方法的原理! 记住原理, 也就学会了解法!**

例 5 求方程 $x\dfrac{\mathrm{d}y}{\mathrm{d}x}+y-\sin x=0$ 的通解.

解 原方程为 $y'+\dfrac{y}{x}=\dfrac{\sin x}{x}$. 先解 $y'+\dfrac{y}{x}=0$, $\dfrac{\mathrm{d}y}{y}=-\dfrac{\mathrm{d}x}{x}$, 由此得 $\ln|y|=-\ln|x|+C$, 或 $y=C\dfrac{1}{x}$, 这是对应的一阶齐次线性方程的通解. 再设原方程 $x\dfrac{\mathrm{d}y}{\mathrm{d}x}+y-\sin x=0$ 的通解为 $y=C(x)\dfrac{1}{x}$, 代入原方程得

$$C'(x)-\sin x=x\left[C'(x)\dfrac{1}{x}-C(x)\dfrac{1}{x^2}\right]+y-\sin x=x\dfrac{\mathrm{d}y}{\mathrm{d}x}+y-\sin x=0,$$

从而 $C'(x) = \sin x, C(x) = -\cos x + C$. 这样原方程的通解为
$$y = \frac{1}{x}(-\cos x + C).$$

例 6   求方程 $y - (3x + y^4)\dfrac{\mathrm{d}y}{\mathrm{d}x} = 0$ 的通解.

解   把 y 看成自变量, 原方程可写成 $x' - \dfrac{3}{y}x = y^3$. 先解对应的齐次线性方程 $x' - \dfrac{3}{y}x = 0$, 得 $\dfrac{\mathrm{d}x}{x} = \dfrac{3}{y}\mathrm{d}y, \ln|x| = 3\ln|y| + C, x = Cy^3$. 再设原方程的通解为 $x = C(y)y^3$. 代入原方程 $x' - \dfrac{3}{y}x = y^3$ 得
$$C'(y)y^3 + 3C(y)y^2 - \frac{3}{y}x = x' - \frac{3}{y}x = y^3,$$
即 $C'(y)y^3 = y^3$, 从而 $C(y) = y + C$. 故原方程的通解为
$$x = (y + C)y^3.$$

7.3   可降阶的高阶微分方程

本节简单介绍高阶微分方程可逐步降阶, 最后可化为一阶的微分方程. 这里有三种情况.

7.3.1 $y^{(n)} = f(x)$ 型方程

这类方程可通过逐次积分得到通解.

例 1   求方程 $y'' = \dfrac{\ln x}{x^2}$ 满足初始条件 $y|_{x=1} = 0, y'|_{x=1} = 1$ 的特解.

解   对所给方程两边求关于 x 的积分,
$$y' = \int \frac{\ln x}{x^2}\mathrm{d}x = \frac{-1}{x}\ln x + \int \frac{\mathrm{d}x}{x^2} = \frac{-1}{x}(\ln x + 1) + C_1.$$
对上式两边再求关于 x 的积分,
$$y = -\int \frac{\ln x + 1}{x}\mathrm{d}x + C_1 x = \frac{-1}{2}(\ln x + 1)^2 + C_1 x + C_2,$$
逐个将初始条件代入相应各式, 得
$$C_1 = 2, \quad C_2 = -\frac{3}{2}.$$
将上述结果代入通解, 得到满足初始条件的特解为
$$y = \frac{-1}{2}\ln^2 x - \ln x + 2x - 2.$$

7.3.2 $y'' = f(x, y')$ 型方程

这类微分方程不显含未知函数 y. 此时把 y' 看成未知函数,就得到一阶方程.

例 2 求方程 $y'' + \dfrac{1}{x}y' = x^2$ 的通解.

解 显然这个方程是关于 y' 的一阶非齐次线性微分方程,这里 $p(x) = \dfrac{1}{x}$, $q(x) = x^2$. 先求对应的齐次方程 $y'' + \dfrac{1}{x}y' = 0$ 的通解:令 $z = y'$,则由 $z' + \dfrac{1}{x}z = 0$ 得 $\dfrac{\mathrm{d}z}{z} = -\dfrac{\mathrm{d}x}{x}$,从而得到 $z = \dfrac{C}{x}$. 再设原方程 $z' + \dfrac{1}{x}z = x^2$ 的通解为 $z = \dfrac{C(x)}{x}$,于是

$$\frac{1}{x}C'(x) - \frac{1}{x^2}C(x) + \frac{1}{x^2}C(x) = x^2,$$

即 $C'(x) = x^3$, $C(x) = \dfrac{1}{4}x^4 + C_1$. 这样 $y' = z = \dfrac{1}{4}x^3 + \dfrac{C_1}{x}$. 最终得原方程的通解为

$$y = \frac{1}{16}x^4 + C_1 \ln x + C_2.$$

7.3.3 $y'' = f(y, y')$ 型方程

这类微分方程不显含自变量 x,它可通过 $y'' = \dfrac{\mathrm{d}y'}{\mathrm{d}x} = \dfrac{\mathrm{d}y'}{\mathrm{d}y}\dfrac{\mathrm{d}y}{\mathrm{d}x} = y'\dfrac{\mathrm{d}y'}{\mathrm{d}y}$ 降阶成一阶微分方程.

例 3 求方程 $yy'' = 2(y')^2$ 的通解.

解 由于 $y'' = \dfrac{\mathrm{d}y'}{\mathrm{d}x} = \dfrac{\mathrm{d}y'}{\mathrm{d}y}\dfrac{\mathrm{d}y}{\mathrm{d}x} = y'\dfrac{\mathrm{d}y'}{\mathrm{d}y}$,故原方程简化为

$$yy'\frac{\mathrm{d}y'}{\mathrm{d}y} = 2(y')^2.$$

当 $y' \neq 0$ 时有 $y\dfrac{\mathrm{d}y'}{\mathrm{d}y} = 2y'$, $\dfrac{\mathrm{d}y'}{y'} = \dfrac{2}{y}\mathrm{d}y$. 两边各自积分,得 $\ln|y'| = 2\ln|y| + C_1$,于是有 $y' = Cy^2$,即 $\dfrac{\mathrm{d}y}{\mathrm{d}x} = Cy^2$. 再分离变量,得 $\dfrac{\mathrm{d}y}{y^2} = C\mathrm{d}x$. 从而原方程的通解为

$$y = \frac{1}{Cx + C_1}.$$

而当 $y' = 0$ 时 $y \equiv C$,也满足方程.

7.4 二阶常系数齐次线性微分方程

定义 7.5 形如

$$y'' + py' + qy = 0$$

的方程称为**二阶常系数齐次线性微分方程**, 其中 p,q 为常数. 容易估计到这种方程的解与指数函数有关. 不妨先设其解为 $y = e^{rx}$, 其中 r 为常数. 代入上述方程, 得

$$e^{rx}(r^2 + pr + q) = 0,$$

即

$$r^2 + pr + q = 0.$$

于是原来求二阶微分方程的解转化为求上述二次代数方程的解! 今后将后者称为原方程的**特征方程**, 将参数 r 称为方程的**特征根**. 下面分三种情况加以讨论.

7.4.1 特征方程有两个不等实根 $r_1 \neq r_2$

这时 $y_1 = e^{r_1 x}$ 和 $y_2 = e^{r_2 x}$ 均是原方程的解, 从而容易验证原微分方程的通解为

$$y = C_1 e^{r_1 x} + C_2 e^{r_2 x},$$

其中 C_1 和 C_2 为任意常数.

例 1 求方程 $y'' - 3y' - 10y = 0$ 的通解.

解 特征方程为 $r^2 - 3r - 10 = 0$, 即 $(r+2)(r-5) = 0$, 故特征方程有两个不相等的实特征根 $r_1 = -2, r_2 = 5$. 于是原方程的通解为

$$y = C_1 e^{-2x} + C_2 e^{5x}.$$

7.4.2 特征方程有两个相等实根 $r_1 = r_2 = r$

这时 $p^2 - 4q = 0$, 故

$$0 = r^2 + pr + q = \frac{1}{4}(2r+p)^2 - \frac{1}{4}p^2 + q = \frac{1}{4}(2r+p)^2,$$

于是

$$2r + p = 0.$$

现 $y_1 = C e^{rx}$ 是原方程的解, 其中 C 是任意常数. 若把这个 C 看成 x 的函数 $C(x)$, 则有可能得到另外一个解

$$y_2 = C(x) e^{rx}.$$

为此把它代入原方程, 得

$$[C(x) e^{rx}]'' + p [C(x) e^{rx}]' + q C(x) e^{rx} = 0,$$

整理后得

$$C''(x) + (2r+p) C'(x) = 0,$$

即 $C''(x) = 0$. 于是 $C(x) = C_1 + C_2 x$, 其中 C_1, C_2 是任意常数. 这样当特征方程有相等实根 r 时, 原方程的通解为

$$y = (C_1 + C_2 x)e^{rx}.$$

例 2 求方程 $y'' - 4y' + 4y = 0$ 的通解.

解 特征方程为 $r^2 - 4r + 4 = 0$, 即 $(r-2)^2 = 0$. 故有相等实特征根 2, 于是通解为

$$y = (C_1 + C_2 x) e^{2x}.$$

7.4.3 特征方程没有实根

这时 $p^2 - 4q < 0$, 而特征方程 $r^2 + pr + q = 0$ 有两个共轭复根 $\alpha \pm \beta \mathrm{i}$, 其中

$$\alpha = -\frac{p}{2}, \quad \beta = \frac{\sqrt{4q - p^2}}{2}.$$

可以验证此时原方程的通解为

$$y = \mathrm{e}^{\alpha x} \left(C_1 \cos \beta x + C_2 \sin \beta x \right).$$

例 3 求方程 $y'' + 4y' + 5y = 0$ 的通解.

解 特征方程为 $r^2 + 4r + 5 = 0$, $(r+2)^2 + 1 = 0$. 故原方程有两个共轭复特征根

$$r_{1,2} = -2 \pm \mathrm{i},$$

即 $\alpha = -2, \beta = 1$. 因此原方程的通解为

$$y = \mathrm{e}^{-2x} \left(C_1 \cos x + C_2 \sin x \right).$$

习 题 7

1. 说明下列各微分方程的阶数:

(1) $x^2 y'' - xy' + y^3 = 0$; (2) $x^3 y'^2 + x = 0$;

(3) $(3x^2 + 2y)\mathrm{d}x + (x+y)\mathrm{d}y = 0$; (4) $x^4 y^{(4)} + 6y'' + x^2 y = 0$.

2. 求下列可分离变量方程的通解:

(1) $(1+y^2)\mathrm{d}x - (1+x^2)\mathrm{d}y = 0$; (2) $xy\mathrm{d}x + \sqrt{1-x^2}\mathrm{d}y = 0$;

(3) $(x+xy^2)\mathrm{d}x + (y - x^2 y)\mathrm{d}y = 0$; (4) $x\mathrm{d}y + \mathrm{d}x = \mathrm{e}^y \mathrm{d}x$.

3. 求下列齐次方程的通解:

(1) $\dfrac{\mathrm{d}y}{\mathrm{d}x} = \dfrac{y}{y-x}$; (2) $xy' - y - \sqrt{y^2 - x^2} = 0 \, (x > 0)$;

(3) $x\dfrac{\mathrm{d}y}{\mathrm{d}x} = y \ln \dfrac{y}{x}$; (4) $(x^2 + y^2)\mathrm{d}x - xy\mathrm{d}y = 0$.

4. 求下列一阶线性方程的通解：

(1) $\dfrac{dy}{dx} + y = e^{-x}$;

(2) $xy' + y = x^2 + 3x + 2$;

(3) $(y^2 - 6x)y' + 2y = 0$;

(4) $y \ln y\, dx + (x - \ln y)\, dy = 0$.

5. 求下列高阶方程的通解：

(1) $\dfrac{d^2 y}{dx^2} - \dfrac{9}{4} x = 0$;

(2) $x^2 y^{(4)} + 1 = 0$;

(3) $y'' - 1 = x$;

(4) $y'' - \dfrac{2}{1-y} y'^2 = 0$.

6. 求下列二阶齐次线性方程的特解：

(1) $y'' - 4y' + 3y = 0,\ y|_{x=0} = 6,\ y'|_{x=0} = 10$;

(2) $4y'' + 4y' + y = 0,\ y|_{x=0} = 2,\ y'|_{x=0} = 0$;

(3) $y'' - 4y' + 13y = 0,\ y|_{x=0} = 0,\ y'|_{x=0} = 3$.

第8章 多元函数微分学

前面各章中讨论的函数都只有一个自变量，即一元函数. 但在许多实际问题中会出现一个变量依赖于多个变量的情形. 例如, 商品的需求不仅受商品价格的影响, 同时也受人们收入水平的影响. 这种现象反映在数学上, 就是下面将要讨论的多元函数.

本章在一元函数微分学的基础上, 重点讨论二元函数的微分学及其应用, 并将其推广到 n 元函数.

8.1 预备知识

8.1.1 空间直角坐标系

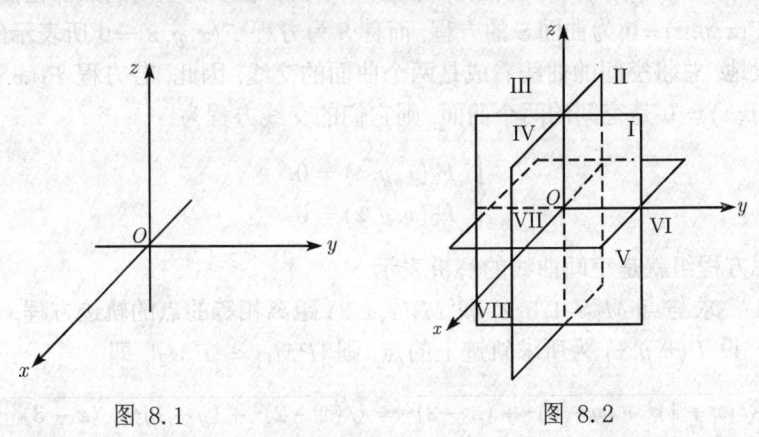

如图 8.1 所示, 在平面直角坐标系 xOy 的基础上, 从坐标原点 O 向上引出一条与原坐标平面垂直的数轴 z 轴, 这样就构成了一个空间直角坐标系. 图中的点 O 称为坐标原点, Ox, Oy, Oz 称为坐标轴. 每两条坐标轴确定一个平面, 称为坐标平面, 分别为 xOy 平面, yOz 平面和 xOz 平面. 三个坐标平面将空间分为 8 个部分, 每一部分称为一个卦限. 各卦限的位置如图 8.2 所示.

图 8.1 图 8.2

设 M 是空间一点. 过点 M 分别作垂直于三个坐标轴的平面, 它们与各坐标轴分别交于 P, Q, R 三点, 坐标分别为 x_0, y_0, z_0, 这样就得到一个三元有序数组 (x_0, y_0, z_0), 它与点 M 一一对应, 称为点 M 的坐标, 见图 8.3.

又如图 8.4 所示, 对于空间任意两点 $M_1(x_1, y_1, z_1)$, $M_2(x_2, y_2, z_2)$, 利用勾股定

理可知它们之间的距离为
$$d = |M_1M_2| = \sqrt{(x_1-x_2)^2 + (y_1-y_2)^2 + (z_1-z_2)^2}.$$

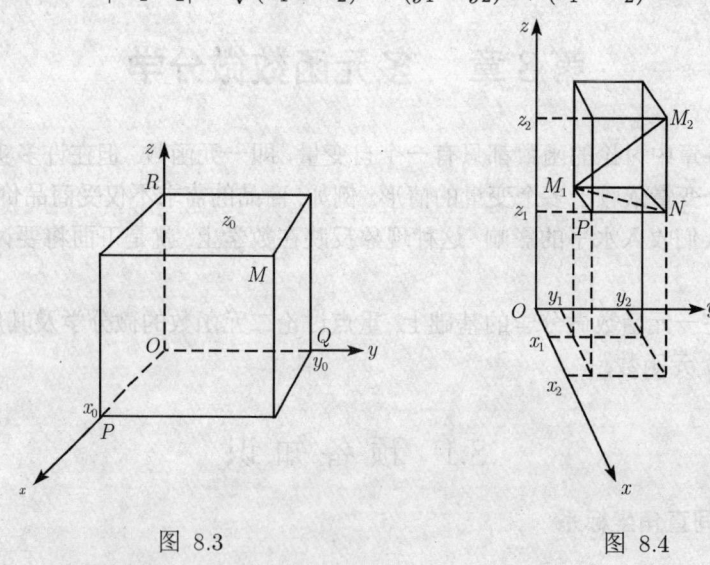

图 8.3

图 8.4

8.1.2 空间曲面与方程

在空间直角坐标系下, 空间的任何曲面都是点的几何轨迹. 对于空间曲面 S 和三元方程 $F(x,y,z)=0$, 如果 S 上的任意一点 M 的坐标 (x,y,z) 都满足 $F(x,y,z)=0$, 而且满足方程 $F(x,y,z)=0$ 的任何一组数 x,y,z 所表示的空间的点都在曲面 S 上, 那么称 $F(x,y,z)=0$ 为曲面 S 的方程, 而称 S 为方程 $F(x,y,z)=0$ 所表示的曲面.

一般地, 总将空间的曲线看成是两个曲面的交线. 因此, 若方程 $F_1(x,y,z)=0$ 和 $F_2(x,y,z)=0$ 是空间的两个曲面, 则它们的交线方程为

$$\begin{cases} F_1(x,y,z) = 0, \\ F_2(x,y,z) = 0. \end{cases}$$

这种三元方程组就是空间曲线的解析表示.

例 1 求与点 $M_1(-1,0,2)$ 和 $M_2(2,1,3)$ 距离相等的点的轨迹方程.

解 设 $P(x,y,z)$ 为所求轨迹上的点, 则 $|PM_1|=|PM_2|$, 即

$$\sqrt{(x+1)^2 + (y-0)^2 + (z-2)^2} = \sqrt{(x-2)^2 + (y-1)^2 + (z-3)^2},$$

化简得 $6x + 2y + 2z = 9$.

容易知道, 与点 M_1 和 M_2 距离相等的点的轨迹是线段 M_1M_2 的垂直平分面, 因此上述轨迹方程表示一个空间平面.

下面介绍几类常见的空间曲面.

8.1 预备知识

1. 平面

空间平面的一般方程为

$$ax + by + cz + d = 0,$$

其中 a, b, c, d 均为常数, 且 a, b, c 不全为零. 容易知道, 当 $a = 0$ 时, 平面平行于 x 轴, 当 $d = 0$ 时, 平面过原点, 而当 $a = b = 0$ 时, 平面平行于 xOy 坐标面.

2. 柱面

设 L_0 是空间一条给定的直线, C 是空间一条曲线. 此时平行于 L_0 的动直线 L 沿曲线 C 移动所形成的曲面称为**柱面**; 动直线 L 称为柱面的**母线**; 曲线 C 称为柱面的**准线**, 见图 8.5.

如果母线平行于 z 轴, 而准线为 xOy 平面上的曲线, 则柱面方程为

$$F(x, y) = 0.$$

同样可知, 仅含有 y, z 的方程 $F(y, z) = 0$ 表示母线平行于 x 轴的柱面, 而仅含有 x, z 的方程 $F(x, z) = 0$ 表示母线平行于 y 轴的柱面.

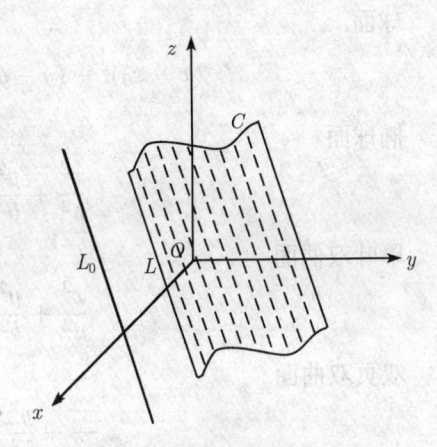

图 8.5

例如, $x^2 + y^2 = 1$ 表示空间中母线平行于 z 轴, 准线为 xOy 平面上的圆 $x^2 + y^2 = 1$ 的柱面方程, 它称为**圆柱面**. 类似地, $y^2 = 2x$ 表示母线平行于 z 轴, 准线为 xOy 平面上的抛物线 $y^2 = 2x$ 的柱面方程, 它称为**抛物柱面**. 它们的图形分别见图 8.6 和图 8.7.

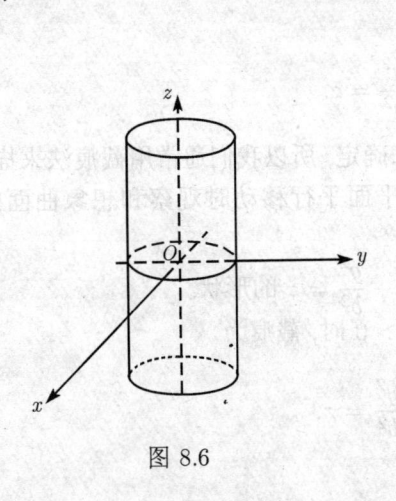

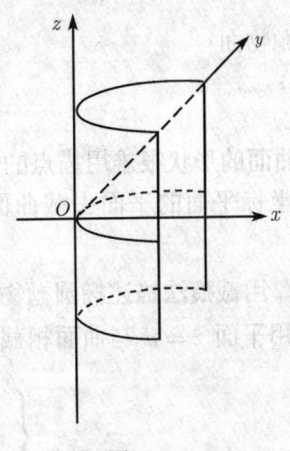

图 8.6

图 8.7

3. 二次曲面

三元二次方程

$$a_1x^2 + a_2y^2 + a_3z^2 + b_1xy + b_2yz + b_3xz + c_1x + c_2y + c_3z + d = 0$$

所表示的曲面称为二次曲面,其中 $a_i, b_i, c_i (i=1,2,3)$ 和 d 均为常数.

常见的二次曲面有

球面

$$(x-x_0)^2 + (y-y_0)^2 + (z-z_0)^2 = R^2.$$

椭球面

$$\frac{x^2}{a^2} + \frac{y^2}{b^2} + \frac{z^2}{c^2} = 1.$$

单叶双曲面

$$\frac{x^2}{a^2} + \frac{y^2}{b^2} - \frac{z^2}{c^2} = 1.$$

双页双曲面

$$\frac{x^2}{a^2} + \frac{y^2}{b^2} - \frac{z^2}{c^2} = -1.$$

椭圆锥面

$$\frac{x^2}{a^2} + \frac{y^2}{b^2} = z^2.$$

椭圆抛物面

$$\frac{x^2}{a^2} + \frac{y^2}{b^2} = z.$$

双曲抛物面

$$\frac{x^2}{a^2} - \frac{y^2}{b^2} = z.$$

二次曲面的形状很难用描点的方法来确定,所以我们通常用截痕法来描述,即用平行于坐标平面的平面去截曲面,当平面平行移动时观察和想象曲面的大致形状.

例 2 用截痕法描述椭圆抛物面 $\frac{x^2}{a^2} + \frac{y^2}{b^2} = z$ 的形状.

解 用平面 $z = d$ 与曲面相截,当 $d > 0$ 时,截痕为

$$\begin{cases} \frac{x^2}{a^2} + \frac{y^2}{b^2} = z, \\ z = d. \end{cases}$$

它是平面 $z = d$ 上的椭圆. 当 $d = 0$, 截痕为坐标原点. 当 $d < 0$ 时无截痕.

用 xOz 平面 (即 $y = 0$) 和 yOz 平面 (即 $x = 0$) 与曲面相截, 截痕分别为

$$\begin{cases} \dfrac{x^2}{a^2} = z, \\ y = 0 \end{cases}$$

和

$$\begin{cases} \dfrac{y^2}{b^2} = z, \\ x = 0. \end{cases}$$

它们分别为 xOz 平面和 yOz 平面上的抛物线.

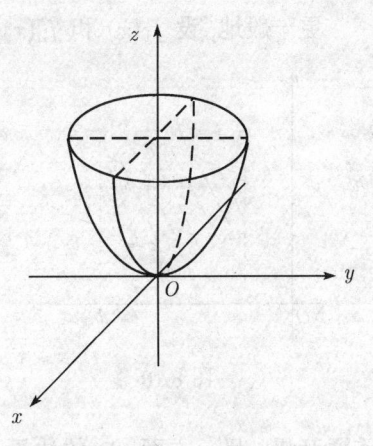

图 8.8

综合以上情形, 可以描出椭圆抛物面 $\dfrac{x^2}{a^2} + \dfrac{y^2}{b^2} = z$ 的形状, 见图 8.8.

8.1.3 平面区域

本部分的讨论仅限于 xOy 平面.

设 $P_0 = (x_0, y_0)$ 为 xOy 平面上的一点, δ 为一正数, 则以 P_0 为圆心, δ 为半径的圆的内部

$$\{(x, y) : (x - x_0)^2 + (y - y_0)^2 < \delta^2\}$$

称为点 P_0 的一个 δ **邻域**(有时也就称为邻域), 记为 $N(P_0, \delta)$, 如图 8.9 所示. 同时称去掉 P_0 后的 P_0 的 δ 邻域为 P_0 的**空心 δ 邻域**.

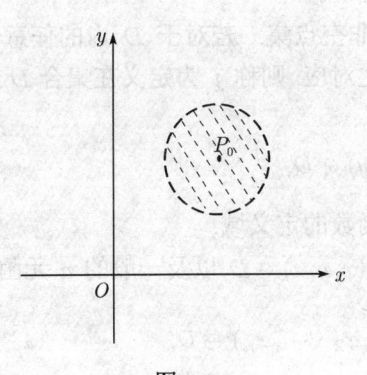

图 8.9

设 D 为一个平面点集, P_0 为平面上的一点. 若 D 包含 P_0 的一个邻域, 则称 P_0 为 D 的一个**内点**, 显然 D 的内点必属于 D; 若在 P_0 的任一邻域内, 既有 D 中的点, 也有不在 D 中的点, 则称 P_0 为 D 的**边界点**; 若 D 中的每一点都是 D 的内点, 则称 D 为**开集**; 若 D 的所有边界点都属于 D, 则称 D 为**闭集**; 若 D 内任意两点都可以由一条位于 D 中的折线相连接, 则称 D 为**连通的**; 连通的开集称为**开区域**, 或就称为**区域**; 连通的闭集称为**闭区域**; 又若存在正数 R, 使得 D 包含在以原点为中心, 以 R 为半径的圆中, 则称 D 为**有界区域**, 否则称为**无界区域**.

例如, 设 D 是原点的一个 δ 邻域, 则 D 是开区域. 它的边界点全体就是中心在原点, 半径为 δ 的圆周. D 当然是有界的.

更一般地, 设 $f_1(x)$ 和 $f_2(x)$ 是闭区间 $[a,b]$ 上的两个连续函数, 满足

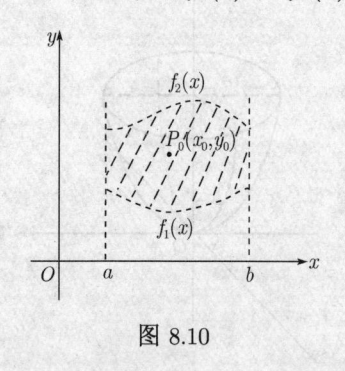

$$f_1(x) < f_2(x), \quad a < x < b.$$

令

$$D = \{(x,y) : a < x < b, f_1(x) < y < f_2(x)\},$$

见图 8.10. 此时若点 $P_0 = (x_0, y_0)$ 满足 $a < x_0 < b$ 及 $f_1(x_0) < y_0 < f_2(x_0)$, 则很明显 P_0 是 D 的内点. 从而 D 中的所有点都是 D 的内点, 这样 D 是开集, 而且容易得知 D 是一个开区域, 即连通开集. 另一方面, D 的边界点全体就是围成 D 的四条曲线 $x = a, x = b, y = f_1(x), y = f_2(x)$. 此外很明显, D 是有界的.

图 8.10

8.2 多元函数的极限与连续

8.2.1 多元函数的定义

定义 8.1 设 D 是 xOy 平面上的一个非空点集. 若对于 D 内的任意一点 (x,y), 通过对应法则 f, 都有唯一的实数 z 与之对应, 则称 f 为定义在集合 D 上的一个二元函数, 记为

$$z = f(x,y), \quad (x,y) \in D,$$

其中 x, y 称为自变量, z 称为因变量, D 称为函数的定义域.

类似地, 可以定义三元函数 $u = f(x,y,z), (x,y,z) \in D$ 以及一般的 n 元函数

$$u = f(x_1, x_2, \cdots, x_n), \quad (x_1, x_2, \cdots, x_n) \in D.$$

关于多元函数的定义域, 与一元函数类似, 我们约定: 在讨论用初等函数表达的多元函数时, 函数的定义域是指其自然定义域, 即使得函数有意义的自变量的取值范围.

例 1 求下列函数的定义域:

(1) $z = \arcsin(x+y)$;
(2) $z = \dfrac{1}{\sqrt{4-x^2-y^2}} + \ln(x^2+y^2-1)$.

解 (1) 函数的定义域为

$$D = \{(x,y) : -1 \leqslant x+y \leqslant 1\},$$

它是平面上的一个带形闭区域, 见图 8.11.

(2) 函数的定义域中的点满足

$$\begin{cases} 4-x^2-y^2>0, \\ x^2+y^2-1>0. \end{cases}$$

因此, 函数的定义域为

$$D=\{(x,y):1<x^2+y^2<4\},$$

它是平面上的一个环形区域, 见图 8.12.

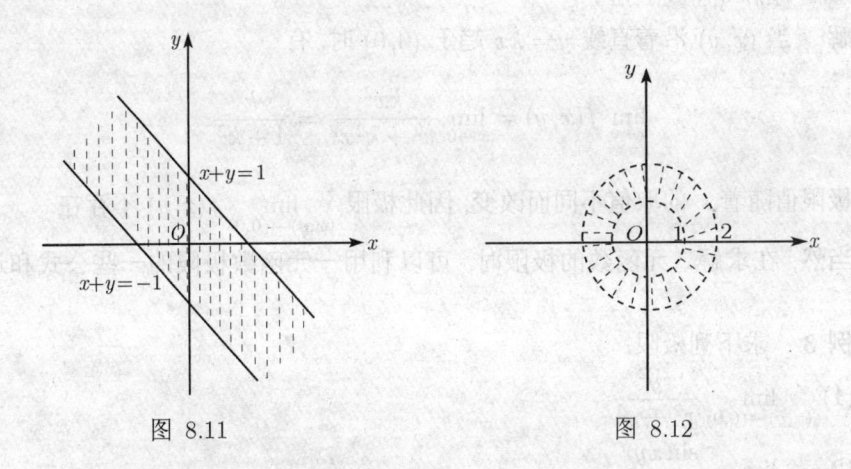

图 8.11

图 8.12

8.2.2　二元函数的极限

与一元函数类似, 二元函数的极限也是研究函数值随自变量变化而变化的趋势. 我们讨论二元函数 $z=f(x,y)$ 当 $(x,y)\to(x_0,y_0)$, 即 (x,y) 越来越接近 (x_0,y_0) 时的极限. 如果当 (x,y) 越来越接近 (x_0,y_0) 时, 对应的函数值 $f(x,y)$ 越来越接近于某个常数 A, 那么就称 A 是函数 $f(x,y)$ 当 $(x,y)\to(x_0,y_0)$ 时的极限. 具体的定义如下.

定义 8.2　设函数 $f(x,y)$ 在点 (x_0,y_0) 的某个空心邻域内有定义, A 为一个常数. 如果对于任意给定的正数 ε, 都存在一个正数 δ, 使对任何满足

$$0<\rho=\sqrt{(x-x_0)^2+(y-y_0)^2}<\delta$$

的点 (x,y), 都有

$$|f(x,y)-A|<\varepsilon,$$

则称当 $(x,y)\to(x_0,y_0)$ 时, 函数 $f(x,y)$ 以 A 为极限, 记为

$$\lim_{(x,y)\to(x_0,y_0)}f(x,y)=A.$$

从上面的极限定义可以看出，$(x,y) \to (x_0, y_0)$ 表示点 (x,y) 可以任何方式趋向于 (x_0, y_0)，也就是说，它们之间的距离趋于零. 因此，若当点 (x,y) 沿着不同的路径趋于 (x_0, y_0) 时，$f(x,y)$ 趋向于不同的值，则函数 $f(x,y)$ 在 $(x,y) \to (x_0, y_0)$ 时的极限就不存在.

例 2 设
$$f(x,y) = \begin{cases} \dfrac{xy}{x^2 + y^2}, & x^2 + y^2 \neq 0, \\ 0, & x^2 + y^2 = 0. \end{cases}$$

讨论极限 $\lim\limits_{(x,y) \to (0,0)} f(x,y)$ 的存在性.

解 当 (x,y) 沿着直线 $y = kx$ 趋于 $(0,0)$ 时，有

$$\lim_{\substack{x \to 0 \\ y = kx}} f(x,y) = \lim_{x \to 0} \frac{kx^2}{x^2 + k^2 x^2} = \frac{k}{1 + k^2},$$

可见极限值随着 k 的取值不同而改变，因此极限 $\lim\limits_{(x,y) \to (0,0)} f(x,y)$ 不存在.

当然，在求解二元函数的极限时，可以利用一元函数极限的一些公式和运算法则.

例 3 求下列极限：

(1) $\lim\limits_{(x,y) \to (0,0)} \dfrac{xy^2}{x^2 + y^2}$；

(2) $\lim\limits_{(x,y) \to (0,2)} \dfrac{\sin xy}{x}$.

解 (1) 因为 $0 \leqslant \left| \dfrac{xy}{x^2 + y^2} \right| \leqslant 1$，又 $\lim\limits_{y \to 0} y = 0$，所以，利用无穷小量与有界变量的乘积仍是无穷小量这个结论，可知

$$\lim_{(x,y) \to (0,0)} \frac{xy^2}{x^2 + y^2} = 0.$$

(2) 当 $(x,y) \to (0,2)$ 时，$xy \to 0$，因此，利用 $\lim\limits_{z \to 0} \dfrac{\sin z}{z} = 1$ 和极限的运算性质，可知

$$\lim_{(x,y) \to (0,2)} \frac{\sin xy}{x} = \lim_{(x,y) \to (0,2)} \frac{\sin xy}{xy} \cdot y = \lim_{(x,y) \to (0,2)} \frac{\sin xy}{xy} \lim_{(x,y) \to (0,2)} y = 2.$$

8.2.3 二元函数的连续

定义 8.3 设二元函数 $f(x,y)$ 在点 (x_0, y_0) 的某个邻域内有定义. 如果

$$\lim_{(x,y) \to (x_0, y_0)} f(x,y) = f(x_0, y_0),$$

则称二元函数 $f(x,y)$ 在点 (x_0,y_0) 处连续.

如果函数 $f(x,y)$ 在区域 D 的每一点处都连续, 则称函数 $f(x,y)$ 在区域 D 上连续, 或者称函数 $f(x,y)$ 为 D 上的连续函数. 再设 $f(x,y)$ 在闭区域 D 上有定义, (x_0,y_0) 是 D 的一个边界点, 并且当 D 中的点 $(x,y) \to (x_0,y_0)$ 时 $f(x,y) \to f(x_0,y_0)$, 则我们说 $f(x,y)$ 在边界点 (x_0,y_0) 处连续; 若 $f(x,y)$ 在闭区域 D 的所有内点及它的所有边界点上都连续, 则说 $f(x,y)$ 在闭区域 D 上连续.

与一元连续函数的性质相类似, 二元连续函数具有如下性质:

性质 8.1(最大值和最小值定理) 有界闭区域上的二元连续函数必取到它的最大值和最小值.

性质 8.2(介值定理) 设 $f(x,y)$ 为区域 (或闭区域)D 上的二元连续函数, (x_1,y_1) 和 (x_2,y_2) 是 D 中任意两点, 则 $f(x,y)$ 在 D 上可以取到 $f(x_1,y_1)$ 和 $f(x_2,y_2)$ 之间的任何值.

8.3 偏导数与全微分

8.3.1 偏导数的定义及其计算

在研究一元函数时, 我们通过研究函数的变化率引入了导数的概念. 对于多元函数, 由于是多个自变量, 因此因变量和自变量之间的关系要比一元函数复杂得多. 但是可以研究函数关于其中一个自变量的变化率, 进而引入偏导数的概念.

定义 8.4 设二元函数 $z = f(x,y)$ 在点 (x_0,y_0) 的某个邻域内有定义. 固定 $y = y_0$, 而让 x 在 x_0 处取得改变量 Δx, 则相应的 z 的改变量 $f(x_0 + \Delta x, y_0) - f(x_0, y_0)$ 称为 z 关于 x 的偏增量. 此时如果极限

$$\lim_{\Delta x \to 0} \frac{f(x_0 + \Delta x, y_0) - f(x_0, y_0)}{\Delta x}$$

存在, 则称此极限为函数 $z = f(x,y)$ 在点 (x_0,y_0) 处关于 x 的**偏导数**, 记为

$$\left.\frac{\partial z}{\partial x}\right|_{\substack{x=x_0 \\ y=y_0}}, \quad \left.\frac{\partial f}{\partial x}\right|_{\substack{x=x_0 \\ y=y_0}}, \quad z_x\big|_{\substack{x=x_0 \\ y=y_0}} \text{ 或 } f_x(x_0,y_0).$$

类似地, 函数 $z = f(x,y)$ 在点 (x_0,y_0) 处关于 y 的偏导数为

$$\lim_{\Delta y \to 0} \frac{f(x_0, y_0 + \Delta y) - f(x_0, y_0)}{\Delta y},$$

记为

$$\left.\frac{\partial z}{\partial y}\right|_{\substack{x=x_0 \\ y=y_0}}, \quad \left.\frac{\partial f}{\partial y}\right|_{\substack{x=x_0 \\ y=y_0}}, \quad z_y\big|_{\substack{x=x_0 \\ y=y_0}} \text{ 或 } f_y(x_0,y_0).$$

如果函数 $z = f(x, y)$ 在区域 D 内每一点 (x, y) 处对 x 的偏导数都存在, 那么这个偏导数就是 x, y 的函数, 称为 $z = f(x, y)$ 对自变量 x 的偏导函数, 记为

$$\frac{\partial z}{\partial x}, \quad \frac{\partial f}{\partial x}, \quad z_x \text{ 或 } f_x(x, y).$$

类似地, 可以定义 $z = f(x, y)$ 对自变量 y 的偏导函数, 记为

$$\frac{\partial z}{\partial y}, \quad \frac{\partial f}{\partial y}, \quad z_y \text{ 或 } f_y(x, y).$$

从上面的定义可以看出, 求 $z = f(x, y)$ 的偏导数, 实际上是一元函数微分法的问题. 也就是说在求 $\dfrac{\partial z}{\partial x}$ 时, 只要将 y 暂时看作常量而对 x 求导数; 在求 $\dfrac{\partial z}{\partial y}$ 时, 只要将 x 暂时看作常量而对 y 求导数.

偏导数的概念可以推广到二元以上的函数. 例如, 三元函数 $u = f(x, y, z)$ 在点 (x, y, z) 处对于 x 的偏导数定义为

$$f_x(x, y, z) = \lim_{\Delta x \to 0} \frac{f(x + \Delta x, y, z) - f(x, y, z)}{\Delta x}.$$

例 1 设 $z = \arctan \dfrac{y}{x}$, 求 z_x, z_y.

解 $z_x = \dfrac{1}{1 + (y/x)^2} \cdot \dfrac{-y}{x^2} = \dfrac{-y}{x^2 + y^2}, \quad z_y = \dfrac{1}{1 + (y/x)^2} \cdot \dfrac{1}{x} = \dfrac{x}{x^2 + y^2}.$

例 2 设

$$f(x, y) = \begin{cases} \dfrac{xy}{x^2 + y^2}, & x^2 + y^2 \neq 0, \\ 0, & x^2 + y^2 = 0. \end{cases}$$

求 $f_x(0, 0), f_y(0, 0)$.

解 $f_x(0, 0) = \lim\limits_{\Delta x \to 0} \dfrac{f(\Delta x, 0) - f(0, 0)}{\Delta x} = 0, \ f_y(0, 0) = \lim\limits_{\Delta y \to 0} \dfrac{f(0, \Delta y) - f(0, 0)}{\Delta y} = 0.$

8.3.2 高阶偏导数

一般来说, 二元函数 $z = f(x, y)$ 的两个偏导数 $\dfrac{\partial z}{\partial x}, \dfrac{\partial z}{\partial y}$ 还是 x, y 的二元函数. 如果这两个偏导数关于自变量 x 和 y 的偏导数也存在, 则称它们为函数 $z = f(x, y)$ 的**二阶偏导数**. 二阶偏导数有四个, 即为

$$\frac{\partial}{\partial x}\left(\frac{\partial z}{\partial x}\right) = \frac{\partial^2 z}{\partial x^2} = z_{xx} = f_{xx},$$
$$\frac{\partial}{\partial y}\left(\frac{\partial z}{\partial x}\right) = \frac{\partial^2 z}{\partial y \partial x} = z_{xy} = f_{xy},$$
$$\frac{\partial}{\partial x}\left(\frac{\partial z}{\partial y}\right) = \frac{\partial^2 z}{\partial x \partial y} = z_{yx} = f_{yx},$$
$$\frac{\partial}{\partial y}\left(\frac{\partial z}{\partial y}\right) = \frac{\partial^2 z}{\partial y^2} = z_{yy} = f_{yy},$$

其中 z_{xy}, z_{yx} 称为二阶混合偏导数.

例 3 设 $z = e^{x+y} + x^2y^3$, 求 $\dfrac{\partial^2 z}{\partial x^2}, \dfrac{\partial^2 z}{\partial x \partial y}, \dfrac{\partial^2 z}{\partial y \partial x}, \dfrac{\partial^2 z}{\partial y^2}$.

解 $\dfrac{\partial z}{\partial x} = e^{x+y} + 2xy^3, \quad \dfrac{\partial z}{\partial y} = e^{x+y} + 3x^2y^2.$

所以,
$$\frac{\partial^2 z}{\partial x^2} = e^{x+y} + 2y^3, \quad \frac{\partial^2 z}{\partial y \partial x} = e^{x+y} + 6xy^2,$$

$$\frac{\partial^2 z}{\partial x \partial y} = e^{x+y} + 6xy^2, \quad \frac{\partial^2 z}{\partial y^2} = e^{x+y} + 6x^2y.$$

从例 3 可以看出, 两个二阶混合偏导数相等. 这不是偶然的, 有如下的定理.

定理 8.1 如果函数 $z = f(x, y)$ 的两个二阶混合偏导数 $\dfrac{\partial^2 z}{\partial y \partial x}$ 和 $\dfrac{\partial^2 z}{\partial x \partial y}$ 在区域 D 内连续, 那么在该区域内这两个二阶混合偏导数相等.

证明从略.

例 4 验证函数 $z = \ln(x^2 + y^2)$ 满足方程
$$\frac{\partial^2 z}{\partial x^2} + \frac{\partial^2 z}{\partial y^2} = 0.$$

解 $\dfrac{\partial z}{\partial x} = \dfrac{2x}{x^2+y^2}, \dfrac{\partial^2 z}{\partial x^2} = \dfrac{2(x^2+y^2)-4x^2}{(x^2+y^2)^2} = \dfrac{2y^2-2x^2}{(x^2+y^2)^2}$, 类似地, $\dfrac{\partial^2 z}{\partial y^2} = \dfrac{2x^2 - 2y^2}{(x^2+y^2)^2}$, 所以
$$\frac{\partial^2 z}{\partial x^2} + \frac{\partial^2 z}{\partial y^2} = 0.$$

8.3.3 全微分

二元函数有类似于一元函数的微分概念.

定义 8.5 设二元函数 $z = f(x, y)$ 在点 (x, y) 的某个邻域内有定义, 对于自变量 x 和 y 的改变量 Δx 和 Δy, 如果函数值的改变量 Δz 可以表示为
$$\Delta z = f(x + \Delta x, y + \Delta y) - f(x, y) = A\Delta x + B\Delta y + o(\rho),$$

其中 A, B 与 $\Delta x, \Delta y$ 无关, $\rho = \sqrt{(\Delta x)^2 + (\Delta y)^2}$, $o(\rho)$ 表示 $(\Delta x, \Delta y) \to (0, 0)$ 时 ρ 的高阶无穷小量, 则称函数 $z = f(x, y)$ 在点 (x, y) 处**可微**, 并称 $A\Delta x + B\Delta y$ 为函数 $z = f(x, y)$ 在点 (x, y) 处的**全微分**, 记为 dz 或 $df(x, y)$, 即
$$dz = A\Delta x + B\Delta y.$$

如果函数 $z = f(x, y)$ 在区域 D 内每一点处都可微, 则称它在 D 内可微.

下面讨论函数可微和连续及偏导数的关系.

定理 8.2 如果函数 $z = f(x,y)$ 在点 (x,y) 处可微, 即 $dz = A\Delta x + B\Delta y$, 则

(1) $z = f(x,y)$ 在点 (x,y) 处连续;

(2) $z = f(x,y)$ 在点 (x,y) 处的两个偏导数存在, 且

$$A = \frac{\partial z}{\partial x}, \quad B = \frac{\partial z}{\partial y}.$$

证明 (1) 因为函数 $z = f(x,y)$ 在点 (x,y) 处可微, 故

$$\Delta z = f(x+\Delta x, y+\Delta y) - f(x,y) = A\Delta x + B\Delta y + o(\rho).$$

因此当 $(\Delta x, \Delta y) \to (0,0)$ 时 $\Delta z \to 0$, 即 $z = f(x,y)$ 在点 (x,y) 处连续.

(2) 由可微的定义知

$$\Delta z = A\Delta x + B\Delta y + o(\rho).$$

取 $\Delta y = 0$, 则 $\rho = |\Delta x|$. 故

$$\frac{\Delta z}{\Delta x} = A + \frac{o(|\Delta x|)}{\Delta x},$$

所以,

$$\frac{\partial z}{\partial x} = \lim_{\Delta x \to 0} \frac{\Delta z}{\Delta x} = A.$$

同理可证 $\frac{\partial z}{\partial y} = B$.

定理 8.2 的逆命题不成立. 也就是说, 函数 $z = f(x,y)$ 在点 (x,y) 处连续或两个偏导数存在不能保证函数在点 (x,y) 处可微.

关于可微的充分条件, 有下面的结论.

定理 8.3 如果函数 $z = f(x,y)$ 在点 (x,y) 的一个邻域中两个偏导数存在且在该点连续, 则函数在点 (x,y) 处可微.

证明从略.

8.4 多元复合函数与隐函数微分法

8.4.1 多元复合函数的求导法则

和一元函数相比, 多元函数的复合函数类型较多, 复合关系也比较复杂. 但是, 多元复合函数的偏导数法则和一元复合函数的求导法则有类似的地方.

8.4 多元复合函数与隐函数微分法

定理 8.4 若函数 $u = \phi(x,y), v = \psi(x,y)$ 在点 (x,y) 处的偏导数都存在, 且在对应于 (x,y) 的 (u,v) 处, 函数 $z = f(u,v)$ 可微. 则复合函数 $z = f(\phi(x,y), \psi(x,y))$ 对 x 和 y 的偏导数都存在, 且

$$\frac{\partial z}{\partial x} = \frac{\partial z}{\partial u}\frac{\partial u}{\partial x} + \frac{\partial z}{\partial v}\frac{\partial v}{\partial x},$$
$$\frac{\partial z}{\partial y} = \frac{\partial z}{\partial u}\frac{\partial u}{\partial y} + \frac{\partial z}{\partial v}\frac{\partial v}{\partial y}.$$

证明 只证其中一个等式, 另一个等式可类似证明.

固定 y, 给 x 一个增量 Δx, 则得到 u 和 v 的改变量 Δu 和 Δv 为

$$\Delta u = \phi(x + \Delta x, y) - \phi(x, y),$$
$$\Delta v = \psi(x + \Delta x, y) - \psi(x, y).$$

从而得到 $z = f(u,v)$ 的改变量 Δz. 由于 $f(u,v)$ 在 (u,v) 处可微, 因此

$$\Delta z = \frac{\partial z}{\partial u}\Delta u + \frac{\partial z}{\partial v}\Delta v + o(\sqrt{(\Delta u)^2 + (\Delta v)^2}).$$

于是

$$\frac{\Delta z}{\Delta x} = \frac{\partial z}{\partial u}\frac{\Delta u}{\Delta x} + \frac{\partial z}{\partial v}\frac{\Delta v}{\Delta x} + \frac{o(\sqrt{(\Delta u)^2 + (\Delta v)^2})}{\Delta x}.$$

由函数 u, v 的连续性可知, 当 $\Delta x \to 0$ 时, $\Delta u \to 0, \Delta v \to 0$. 因此,

$$\lim_{\Delta x \to 0}\left|\frac{o(\sqrt{(\Delta u)^2 + (\Delta v)^2})}{\Delta x}\right| = \lim_{\Delta x \to 0}\left|\frac{o(\sqrt{(\Delta u)^2 + (\Delta v)^2})}{\sqrt{(\Delta u)^2 + (\Delta v)^2}}\right|\sqrt{\left(\frac{\Delta u}{\Delta x}\right)^2 + \left(\frac{\Delta v}{\Delta x}\right)^2} = 0.$$

所以

$$\frac{\partial z}{\partial x} = \lim_{\Delta x \to 0}\frac{\Delta z}{\Delta x} = \frac{\partial z}{\partial u}\frac{\partial u}{\partial x} + \frac{\partial z}{\partial v}\frac{\partial v}{\partial x}.$$

例 1 设 $z = (xy)e^{x+y}$, 求 $\frac{\partial z}{\partial x}, \frac{\partial z}{\partial y}$.

解 令 $u = xy, v = x+y$, 则 $z = ue^v$, 故

$$\frac{\partial z}{\partial x} = \frac{\partial z}{\partial u}\frac{\partial u}{\partial x} + \frac{\partial z}{\partial v}\frac{\partial v}{\partial x} = ye^v + ue^v = (1+x)ye^{x+y},$$
$$\frac{\partial z}{\partial y} = \frac{\partial z}{\partial u}\frac{\partial u}{\partial y} + \frac{\partial z}{\partial v}\frac{\partial v}{\partial y} = xe^v + ue^v = (1+y)xe^{x+y}.$$

对于多元复合函数, 只要搞清楚变量的相互依赖关系, 利用链式法则就能够比较容易地求出偏导数.

例 2 设 $z = f(x^2 + y^2)$, 其中 f 可导, 求 $\frac{\partial z}{\partial x}, \frac{\partial z}{\partial y}$.

解 令 $u = x^2 + y^2$, 则函数的变量关系为

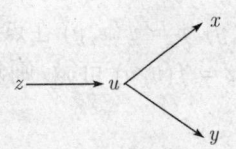

因此,
$$\frac{\partial z}{\partial x}=f'(u)\frac{\partial u}{\partial x}=2xf'(x^2+y^2), \quad \frac{\partial z}{\partial y}=f'(u)\frac{\partial u}{\partial y}=2yf'(x^2+y^2).$$

例 3 设函数 $u=\mathrm{e}^{ax}\ln(y^2+z^2), y=\sin x, z=\arctan x$, 求 $\dfrac{\mathrm{d}u}{\mathrm{d}x}$.

解 函数的变量关系为

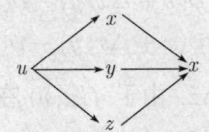

因此
$$\frac{\mathrm{d}u}{\mathrm{d}x}=\frac{\partial u}{\partial x}+\frac{\partial u}{\partial y}\frac{\mathrm{d}y}{\mathrm{d}x}+\frac{\partial u}{\partial z}\frac{\mathrm{d}z}{\mathrm{d}x}$$
$$=a\mathrm{e}^{ax}\ln(y^2+z^2)+\mathrm{e}^{ax}\frac{2y\cos x}{y^2+z^2}+\mathrm{e}^{ax}\frac{2z}{(y^2+z^2)(1+x^2)}.$$

例 4 $z=f(u,x,y)$, 其中 f 可微, $u=x^2+y^2$, 求 $\dfrac{\partial z}{\partial x},\dfrac{\partial z}{\partial y}$.

解 此时, 函数的变量关系为

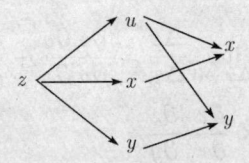

因此
$$\frac{\partial z}{\partial x}=f_u\frac{\partial u}{\partial x}+f_x=2xf_u+f_x, \quad \frac{\partial z}{\partial y}=f_u\frac{\partial u}{\partial y}+f_y=2yf_u+f_y.$$

例 5 设函数 $u=f(x-y,y-z,z-x)$, 其中 f 可微, 求 $\dfrac{\partial u}{\partial x}$.

解 令 $r=x-y, s=y-z, t=z-x$, 则函数的变量关系为

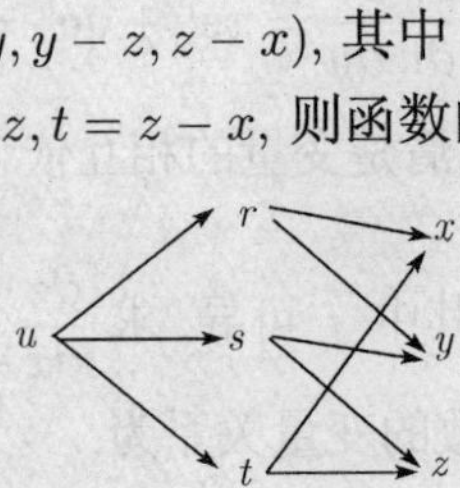

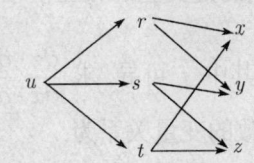

8.4 多元复合函数与隐函数微分法

引入记号 $f_1 = \dfrac{\partial f(r,s,t)}{\partial r}, f_2 = \dfrac{\partial f(r,s,t)}{\partial s}, f_3 = \dfrac{\partial f(r,s,t)}{\partial t}$，则

$$\frac{\partial u}{\partial x} = f_1 \cdot \frac{\partial r}{\partial x} + f_2 \cdot \frac{\partial s}{\partial x} + f_3 \cdot \frac{\partial t}{\partial x} = f_1 - f_3.$$

从上面的例子可以看出，多元复合函数的偏导数仍然是一个多元复合函数，因此，可以求多元复合函数的二阶偏导数以及更高阶的偏导数.

例 6 设函数 $z = f(x+y, xy)$，其中 f 具有连续的二阶偏导数，求 $\dfrac{\partial^2 z}{\partial x^2}, \dfrac{\partial^2 z}{\partial y \partial x}$.

解 令 $u = x+y, v = xy$，则 $z = f(u,v)$. 由复合函数求导法则，有

$$\frac{\partial z}{\partial x} = \frac{\partial f}{\partial u}\frac{\partial u}{\partial x} + \frac{\partial f}{\partial v}\frac{\partial v}{\partial x} = f_u + y f_v.$$

所以

$$\frac{\partial^2 z}{\partial x^2} = \frac{\partial}{\partial x}(f_u + y f_v) = \frac{\partial f_u}{\partial x} + \frac{\partial(y f_v)}{\partial x}$$

$$= \frac{\partial f_u}{\partial u}\frac{\partial u}{\partial x} + \frac{\partial f_u}{\partial v}\frac{\partial v}{\partial x} + \frac{\partial(y f_v)}{\partial u}\frac{\partial u}{\partial x} + \frac{\partial(y f_v)}{\partial v}\frac{\partial v}{\partial x}$$

$$= f_{uu} + y f_{uv} + y f_{vu} + y^2 f_{vv} = f_{uu} + 2y f_{uv} + y^2 f_{vv},$$

$$\frac{\partial^2 z}{\partial y \partial x} = \frac{\partial}{\partial y}(f_u + y f_v) = \frac{\partial f_u}{\partial y} + \frac{\partial(y f_v)}{\partial y}$$

$$= \frac{\partial f_u}{\partial u}\frac{\partial u}{\partial y} + \frac{\partial f_u}{\partial v}\frac{\partial v}{\partial y} + f_v + y\left(\frac{\partial f_v}{\partial u}\frac{\partial u}{\partial y} + \frac{\partial f_v}{\partial v}\frac{\partial v}{\partial y}\right)$$

$$= f_{uu} + x f_{uv} + f_v + y f_{vu} + xy f_{vv}$$

$$= f_v + f_{uu} + (x+y) f_{uv} + xy f_{vv}.$$

8.4.2 一阶微分的形式不变

我们知道一元函数的一阶微分具有形式不变性. 对于二元函数的一阶微分也有类似的性质.

设 $z = f(u,v)$，当 u, v 是自变量时，有

$$\mathrm{d}z = f_u \mathrm{d}u + f_v \mathrm{d}v.$$

又若 u, v 是 x, y 的函数，则 u, v 为中间变量，于是

$$\mathrm{d}u = u_x \mathrm{d}x + u_y \mathrm{d}y, \quad \mathrm{d}v = v_x \mathrm{d}x + v_y \mathrm{d}y,$$

$$\mathrm{d}z = z_x \mathrm{d}x + z_y \mathrm{d}y = (f_u(u,v) u_x + f_v(u,v) v_x)\mathrm{d}x + (f_u(u,v) u_y + f_v(u,v) v_y)\mathrm{d}y$$

$$= f_u(u_x \mathrm{d}x + u_y \mathrm{d}y) + f_v(v_x \mathrm{d}x + v_y \mathrm{d}y) = f_u \mathrm{d}u + f_v \mathrm{d}v.$$

因此,用最终变量表示的微分和用中间变量表示的微分形式一致.

掌握这一规律对于我们求函数的偏导数和全微分会带来一定的方便.

例 7 求 $z = (x-y)e^{xy}$ 的偏导数与全微分.

解 由一阶微分的形式不变性可知

$$\begin{aligned}dz &= d((x-y)e^{xy}) = e^{xy}d(x-y) + (x-y)de^{xy} \\ &= e^{xy}(dx - dy) + (x-y)e^{xy}(ydx + xdy) \\ &= e^{xy}(1 + xy - y^2)dx + e^{xy}(x^2 - xy - 1)dy.\end{aligned}$$

因此

$$\frac{\partial z}{\partial x} = e^{xy}(1 + xy - y^2), \quad \frac{\partial z}{\partial y} = e^{xy}(x^2 - xy - 1).$$

8.4.3 隐函数的微分法

在第 3 章我们讨论了由具体方程 $F(x,y) = 0$ 所确定的一元隐函数 $y = f(x)$ 的求导问题. 下面我们利用二元复合函数的偏导数法则给出由方程 $F(x,y) = 0$ 所确定的一元隐函数 $y = f(x)$ 的一般求导数公式.

设由方程 $F(x,y) = 0$ 确定的 y 是 x 的函数 $y = f(x)$, 于是得到恒等式

$$F(x, f(x)) \equiv 0.$$

若函数 F 具有连续的偏导数且 $F_y \neq 0$, 则将上恒等式两端对 x 求导得

$$F_x + F_y \frac{dy}{dx} = 0,$$

于是

$$\frac{dy}{dx} = -\frac{F_x}{F_y}.$$

类似地, 对于由三元方程 $F(x,y,z) = 0$ 确定的 z 是 x,y 的二元函数 $z = f(x,y)$, 此时有恒等式

$$F(x, y, f(x,y)) \equiv 0,$$

因此当 F 具有连续偏导数且 $F_z \neq 0$ 时, 对上式两边求关于 x 和 y 的偏导数, 即得

$$\frac{\partial z}{\partial x} = -\frac{F_x}{F_z}, \quad \frac{\partial z}{\partial y} = -\frac{F_y}{F_z}.$$

例 8 设方程 $\sin(x-y) + y^2 - x^2 = 0$ 确定 y 是 x 的函数, 求 y'.

解 设 $F(x,y) = \sin(x-y) + y^2 - x^2$, 则

$$F_x = \cos(x-y) - 2x, \quad F_y = -\cos(x-y) + 2y.$$

所以
$$y' = -\frac{F_x}{F_y} = \frac{\cos(x-y) - 2x}{\cos(x-y) - 2y}.$$

例 9 设 $z = z(x,y)$ 由方程 $\dfrac{x}{z} = \ln\dfrac{z}{y}$ 所确定, 求 $\dfrac{\partial z}{\partial x}, \dfrac{\partial z}{\partial y}$.

解 令 $F(x,y,z) = \dfrac{x}{z} - \ln\dfrac{z}{y}$, 则 $F_x = \dfrac{1}{z}, F_y = \dfrac{1}{y}, F_z = -\dfrac{x}{z^2} - \dfrac{1}{z}$, 所以

$$\frac{\partial z}{\partial x} = -\frac{F_x}{F_z} = \frac{z}{x+z}, \quad \frac{\partial z}{\partial y} = -\frac{F_y}{F_z} = \frac{z^2}{y(x+z)}.$$

在求隐函数的偏导数或微分时, 利用一阶微分的形式不变性会使得过程更加简捷.

例 10 设 $z = z(x,y)$ 由方程 $x + y - z + e^{z+x-y} = 0$ 所确定, 求 dz.

解 对方程 $x + y - z + e^{z+x-y} = 0$ 两端取微分得

$$dx + dy - dz + e^{z+x-y}(dz + dx - dy) = 0.$$

整理得

$$dz = \frac{(1 + e^{z+x-y})dx + (1 - e^{z+x-y})dy}{1 - e^{z+x-y}} = \frac{1 + e^{z+x-y}}{1 - e^{z+x-y}}dx + dy.$$

8.5 多元函数的极值

在许多实际问题中需要求多元函数的极值和最大、最小值. 与一元函数相类似, 多元函数的微分法提供了解决这类问题的方法.

8.5.1 多元函数的极值

定义 8.6 设函数 $z = f(x,y)$ 在点 (x_0, y_0) 的某个邻域内有定义. 如果对于该邻域内的任意一点 (x,y), 都成立

$$f(x,y) \leqslant f(x_0, y_0),$$

则称 $f(x_0, y_0)$ 是函数 $f(x,y)$ 的一个极大值, 这时也称点 (x_0, y_0) 是函数 $f(x,y)$ 的一个极大点; 若对该邻域内的任意一点 (x,y) 都成立

$$f(x,y) \geqslant f(x_0, y_0),$$

则称 $f(x_0, y_0)$ 是函数 $f(x,y)$ 的一个极小值, 这时也称点 (x_0, y_0) 是函数 $f(x,y)$ 的一个极小点.

例如, 函数 $z = x^2 + y^2$ 在 $(0,0)$ 点处取得极小值, 而函数 $z = xy$ 在 $(0,0)$ 点处不取极值.

若二元函数 $z = f(x,y)$ 在 (x_0, y_0) 点取得极值, 那么固定 $y = y_0$, 一元函数 $z = f(x, y_0)$ 在 x_0 点必取得相同的极值; 同理, 固定 $x = x_0$, 一元函数 $z = f(x_0, y)$ 在 y_0 点也取得相同的极值. 因此, 由一元函数极值的必要条件和偏导数的定义可以得到下面二元函数极值的必要条件.

定理 8.5 设二元函数 $z = f(x,y)$ 在点 (x_0, y_0) 处取得极值且偏导数 $f_x(x_0, y_0)$, $f_y(x_0, y_0)$ 存在, 则
$$f_x(x_0, y_0) = 0, \quad f_y(x_0, y_0) = 0.$$

称满足条件 $f_x(x,y) = 0$ 且 $f_y(x,y) = 0$ 的点 (x,y) 为函数 $z = f(x,y)$ 的**驻点**.

由定理 8.5 可知, 可微函数的极值点一定是驻点. 但是驻点未必是极值点, 例如, 上面提到的点 $(0,0)$ 不是函数 $z = xy$ 的极值点, 但它是函数的驻点. 下面给出判定驻点是极值点的条件.

定理 8.6 设函数 $z = f(x,y)$ 在点 (x_0, y_0) 的某个邻域内有二阶连续偏导数, 且 (x_0, y_0) 为 $f(x,y)$ 的驻点. 记
$$A = f_{xx}(x_0, y_0), \quad B = f_{xy}(x_0, y_0), \quad C = f_{yy}(x_0, y_0),$$

则有下列结论:

(1) 当 $B^2 - AC < 0$ 时, (x_0, y_0) 是 $f(x,y)$ 的极值点. 而且当 $A > 0$ 时, $f(x_0, y_0)$ 是极小值; 当 $A < 0$ 时, $f(x_0, y_0)$ 是极大值.

(2) 当 $B^2 - AC > 0$ 时, (x_0, y_0) 不是 $f(x,y)$ 的极值点.

证明从略.

例 1 求函数 $f(x,y) = \dfrac{1}{2}x^2 - 4xy + 9y^2 + 3x - 14y$ 的极值.

解 解方程组
$$\begin{cases} f_x(x,y) = x - 4y + 3 = 0, \\ f_y(x,y) = -4x + 18y - 14 = 0, \end{cases}$$

得驻点 $(1,1)$.

又
$$f_{xx}(x,y) = 1, \quad f_{xy}(x,y) = -4, \quad f_{yy}(x,y) = 18,$$

于是 $A = 1, B = -4, C = 18$. 由于
$$B^2 - AC = -2 < 0, \quad A = 1 > 0,$$

所以点 $(1,1)$ 为函数的极小值点, 且极小值 $f(1,1) = -\dfrac{11}{2}$.

8.5 多元函数的极值

我们知道, 当 $f(x,y)$ 为有界闭区域 D 上的连续函数时, $f(x,y)$ 在 D 上可以取到最大值和最小值. 平面有界闭区域上的连续函数的最大值和最小值的求法和闭区间上连续函数的最大值和最小值的求法类似. 对于实际问题, 如果根据问题知道函数的最大值或最小值一定在区域内部取得, 而函数在该区域内只有一个驻点, 那么可以断定该驻点处的值就是函数在该区域内的最大值或最小值.

例 2 求函数 $f(x,y) = x^2y(4-x-y)$ 在闭区域

$$D = \{(x,y) : x \geqslant 0, y \geqslant 0, x+y \leqslant 6\}$$

上的最大值和最小值.

解 先求函数在 D 内的驻点, 解方程组

$$\begin{cases} f_x = 2xy(4-x-y) - x^2y = 0, \\ f_y = x^2(4-x-y) - x^2y = 0, \end{cases}$$

得函数在 D 内有唯一驻点 $(2,1)$, 且 $f(2,1) = 4$.

下面再求函数在 D 的边界上的最大 (小) 值.

在边界 $x = 0 (0 \leqslant y \leqslant 6)$ 和 $y = 0 (0 \leqslant x \leqslant 6)$ 上, $f(x,y) = 0$. 在边界 $x+y = 6 (x \geqslant 0, y \geqslant 0)$ 上, 将 $y = 6-x$ 代入函数 $f(x,y)$ 中, 得

$$f(x,y) = 2x^2(x-6).$$

利用一元函数极值的求法可知 $x = 0, x = 4$ 是两个驻点, 且 $x = 4$ 时 $y = 2$. 故 $f(4,2) = -64$.

比较各种情形可知, 函数的最大值为 $f(2,1) = 4$, 最小值为 $f(4,2) = -64$.

例 3 某公司可以通过电台和报纸两种方式做某种商品的销售广告. 根据统计资料, 销售收入 R(万元) 与电台广告费用 x_1(万元) 及报纸广告费用 x_2(万元) 之间的关系有如下的经验公式:

$$R = 15 + 14x_1 + 32x_2 - 8x_1x_2 - 2x_1^2 - 10x_2^2.$$

求在广告费用不限的情况下的最优广告策略.

解 解方程组

$$\begin{cases} R_{x_1} = 14 - 8x_2 - 4x_1 = 0, \\ R_{x_2} = 32 - 8x_1 - 20x_2 = 0, \end{cases}$$

得 $x_1 = 1.5, x_2 = 1$. 因此 $(1.5, 1)$ 为函数的唯一驻点, 也是唯一的可能极值点. 又因为问题的最优广告策略存在, 所以当电台费用为 1.5 万元和报纸费用为 1 万元时, 广告策略最优.

8.5.2 条件极值

在实际中常常遇到这样的问题：求 $f(x,y)$ 在条件 $\phi(x,y)=0$ 下的极值. 例如，求给定周长为 a 的面积最大的矩形. 称这样的极值问题为条件极值，而称以前的极值问题为无条件极值.

若由 $\phi(x,y)=0$ 能解出显函数 $y=y(x)$ 或 $x=x(y)$，则将其代入 $f(x,y)$ 中就变成了一元函数，从而化成一元函数的无条件极值. 不然，我们可以利用下面的**拉格朗日乘数法**，其基本步骤如下：

(1) 构造拉格朗日函数
$$L(x,y)=f(x,y)+\lambda\phi(x,y),$$
其中 λ 为参数.

(2) 解下述三个未知量 x,y,λ 的方程组：
$$\begin{cases} f_x(x,y)+\lambda\phi_x(x,y)=0, \\ f_y(x,y)+\lambda\phi_y(x,y)=0, \\ \phi(x,y)=0. \end{cases}$$

由这个方程组解得的 (x,y) 就是函数 $f(x,y)$ 在条件 $\phi(x,y)=0$ 下的可能极值点.

拉格朗日乘数法可以推广到自变量多于两个而条件多于一个的情形. 如求函数
$$u=f(x,y,z)$$
在条件
$$\phi(x,y,z)=0, \quad \psi(x,y,z)=0$$
下的极值. 可以构造拉格朗日函数
$$L(x,y,z)=f(x,y,z)+\lambda\phi(x,y,z)+\mu\psi(x,y,z),$$
然后解有五个未知量 x,y,z,λ,μ 的方程组：
$$\begin{cases} f_x(x,y,z)+\lambda\phi_x(x,y,z)+\mu\psi_x(x,y,z)=0, \\ f_y(x,y,z)+\lambda\phi_y(x,y,z)+\mu\psi_y(x,y,z)=0, \\ f_z(x,y,z)+\lambda\phi_z(x,y,z)+\mu\psi_z(x,y,z)=0, \\ \phi(x,y,z)=0, \\ \psi(x,y,z)=0. \end{cases}$$

由这个方程组解得的 (x,y,z) 就是可能的极值点.

例 4 某厂生产甲、乙两种产品. 当两种产品的产量分别为 x 和 y(单位: 吨)时，总的收益 (单位: 万元) 函数为

8.5 多元函数的极值

$$R(x,y) = 27x + 42y - x^2 - 2xy - 4y^2,$$

成本 (单位: 万元) 函数为

$$C(x,y) = 36 + 12x + 8y.$$

除此之外, 生产每吨甲种产品还需支付排污费 1 万元, 生产每吨乙种产品需支付排污费 2 万元. 在限制排污费支出总额为 6 万元的情况下, 两种产品各生产多少时利润最大?

解 利润函数为

$$L(x,y) = R(x,y) - C(x,y) - (x+2y) = 14x + 32y - x^2 - 2xy - 4y^2 - 36.$$

因此问题就是求函数 $L(x,y)$ 在条件 $x + 2y = 6$ 下的最大值.

作拉格朗日函数

$$F(x,y) = 14x + 32y - x^2 - 2xy - 4y^2 - 36 + \lambda(x + 2y - 6).$$

解方程组

$$\begin{cases} F_x = 14 - 2x - 2y + \lambda = 0, \\ F_y = 32 - 2x - 8y + 2\lambda = 0, \\ x + 2y = 6, \end{cases}$$

可得唯一可能的极值点 $(2,2)$. 又实际问题存在最大利润, 因此当 $x=2, y=2$ 时利润最大, 最大利润为

$$L(2,2) = 28 \text{万元}.$$

例 5 求表面积为 a^2 而体积最大的长方体的体积.

解 设长方体的三棱长为 x, y, z, 则问题就是在条件

$$\phi(x,y,z) = 2xy + 2yz + 2zx - a^2 = 0$$

下求函数

$$V = xyz, \quad x > 0, y > 0, z > 0$$

的最大值.

构造拉格朗日函数

$$L(x,y,z) = xyz + \lambda(2xy + 2yz + 2zx - a^2).$$

求解方程组

$$\begin{cases} L_x = yz + 2\lambda(y+z) = 0, \\ L_y = xz + 2\lambda(x+z) = 0, \\ L_z = xy + 2\lambda(y+x) = 0, \\ 2xy + 2yz + 2zx = a^2, \end{cases}$$

可得
$$\frac{x}{y} = \frac{x+z}{y+z}, \quad \frac{y}{z} = \frac{x+y}{x+z},$$

因此
$$x = y = z = \frac{\sqrt{6}}{6}a,$$

这是唯一的可能极值点，又问题本身的最大值一定存在，因此最大值就在这个点处取得. 故表面积为 a^2 的长方体中，以棱长为 $\frac{\sqrt{6}}{6}a$ 的正方体的体积最大，最大体积为 $\frac{\sqrt{6}}{36}a^3$.

习 题 8

1. 求下列函数的定义域并画出定义域的示意图:

(1) $z = \sqrt{x - \sqrt{y}}$;

(2) $z = \ln(y - x^2) + \sqrt{1 - x^2 - y^2}$;

(3) $z = \arcsin \frac{y}{x}$;

(4) $u = \sqrt{4 - x^2 - y^2 - z^2} + \frac{1}{\sqrt{x^2 + y^2 + z^2 - 1}}$.

2. 求下列二元函数的极限:

(1) $\lim\limits_{(x,y)\to(0,1)} \frac{1 - xy}{x^2 + y^2}$;

(2) $\lim\limits_{(x,y)\to(0,0)} (x^2 + y^2) \sin \frac{3}{x^2 + y^2}$;

(3) $\lim\limits_{(x,y)\to(0,0)} \frac{2 - \sqrt{xy + 4}}{xy}$;

(4) $\lim\limits_{(x,y)\to(0,0)} \frac{1 - \cos(x^2 + y^2)}{x^2 + y^2}$.

3. 设 $f\left(x+y, \frac{y}{x}\right) = x^2 - y^2$，求 $f(x, y)$.

4. 验证函数
$$f(x, y) = \begin{cases} \dfrac{xy}{\sqrt{x^2 + y^2}}, & x^2 + y^2 \neq 0, \\ 0, & x^2 + y^2 = 0 \end{cases}$$

在点 $(0, 0)$ 处连续且两个偏导数存在，但它在该点不可微.

5. 讨论极限 $\lim\limits_{(x,y)\to(0,0)} \dfrac{x^2 y^2}{x^2 y^2 + (x-y)^2}$ 的存在性.

6. 求下列函数的偏导数:

(1) $z = x^4 + y^4 - 4x^2 y$;

(2) $z = x^2 \ln(x^2 + y^2)$;

(3) $z = e^x (\cos y + x \sin y)$;

(4) $z = (1 + xy)^y$;

(5) $u = x^{\frac{y}{z}}$;

(6) $u = \dfrac{1}{\sqrt{x^2 + y^2 + z^2}}$.

7. 设 $f(x, y) = x + y^2 - \sqrt{x^2 + y^2}$，求 $f_x(3, 4)$ 和 $f_y(3, 4)$.

8. 求下列函数的各个二阶偏导数:

(1) $z = x e^{xy}$;

(2) $z = x \sin(x + y) + y \cos(x + y)$;

(3) $z = x \ln(x + y)$;

(4) $z = y^x$.

9. 求下列函数的全微分:

习题 8

(1) $z = \dfrac{x+y}{x-y}$; (2) $z = e^{\frac{y}{x}}$;

(3) $z = e^x \cos(xy)$; (4) $u = \sqrt{x^2 + y^2 + z^2}$.

10. 求函数 $z = \ln(1 + x^2 + y^2)$ 当 $x = 1, y = 2$ 时的全微分.

11. 求函数 $z = e^{xy}$ 当 $x = 1, y = 1, \Delta x = 0.2, \Delta y = 0.1$ 时的全微分.

12. 设 $z = u^2 + v^2$, $u = x + y$, $v = x - y$, 求 $\dfrac{\partial z}{\partial x}, \dfrac{\partial z}{\partial y}$.

13. 设 $z = e^{x-y^2}$, $x = \sin t, y = t^3$, 求 $\dfrac{dz}{dt}$.

14. 设 $u = e^{x^2+y^2+z^2}$, $z = y^2 \sin x$, 求 $\dfrac{\partial u}{\partial x}, \dfrac{\partial u}{\partial y}$.

15. 求下列函数的 $\dfrac{\partial^2 f}{\partial x^2}, \dfrac{\partial^2 f}{\partial y \partial x}, \dfrac{\partial^2 f}{\partial y^2}$:

(1) $z = f\left(xy, \dfrac{x}{y}\right)$; (2) $z = f(\sin x + \cos y)$.

16. 设 $z = x^3 f(x+y, e^{xy})$, 其中 f 具有二阶连续偏导数, 求 $\dfrac{\partial^2 z}{\partial x \partial y}$.

17. 设 $f(u,v)$ 具有二阶连续偏导数, 且满足 $\dfrac{\partial^2 f}{\partial u^2} + \dfrac{\partial^2 f}{\partial v^2} = 1$, 又 $g(x,y) = f\left(xy, \dfrac{1}{2}(x^2 - y^2)\right)$, 求 $\dfrac{\partial^2 g}{\partial x^2} + \dfrac{\partial^2 g}{\partial y^2}$.

18. 设 $\sin \dfrac{z}{x} + \cos \dfrac{z}{y} = 1$, 求 $\dfrac{\partial z}{\partial x}, \dfrac{\partial z}{\partial y}$.

19. 设 $e^z - xyz = 0$, 求 $\dfrac{\partial^2 z}{\partial x^2}$.

20. 设 $u = f(x, y, z)$ 有连续的偏导数, $y = y(x), z = z(x)$ 分别由 $e^{xy} - y = 0$ 和 $e^z - xz = 0$ 所确定, 求 $\dfrac{du}{dx}$.

21. 已知 $F\left(x + \dfrac{z}{y}, y + \dfrac{z}{x}\right) = 0$ 确定函数 $z = z(x, y)$, 其中 F 可微, 证明

$$x \dfrac{\partial z}{\partial x} + y \dfrac{\partial z}{\partial y} = z - xy.$$

22. 某养殖场饲养两种鱼, 若甲种鱼放养 x(万尾), 乙种鱼放养 y(万尾), 收获时两种鱼的收获量分别为 $(3 - \alpha x - \beta y)x$ 和 $(4 - \beta x - 2\alpha y)y$ $(\alpha > \beta > 0)$. 求使产鱼总量最大的放养数.

23. 某化肥厂生产两种化肥, 两种化肥的需求函数分别为 $Q_1 = 26 - p_1, Q_2 = 10 - \dfrac{1}{4} p_2$, 其中 p_1, p_2 分别表示两种化肥每单位的价格. 总成本函数为 $C = Q_1^2 + 2Q_1 Q_2 + Q_2^2 + 5$. 试问当两种化肥的产量分别为多少时, 该厂获得的利润最大? 并求出最大利润.

24. 设生产某种产品必须投入两种要素, x_1 和 x_2 分别为两种要素的投入量, Q 为产出量. 若生产函数为 $Q = 2x_1^\alpha x_2^\beta$, 其中 α, β 为正常数, 且 $\alpha + \beta = 1$. 假定两种要素的价格分别为 p_1 和 p_2, 试问当产出量为 12 时, 两种要素各投入多少可以使得投入总费用最小.

25. 抛物面 $z = x^2 + y^2$ 被平面 $x + y + z = 1$ 截成一椭圆, 求原点到此椭圆的最长和最短距离.

第 9 章　二重积分

本章讲述二重积分的概念、计算方法及应用,从概念上来说它是定积分 (也称为单积分) 的推广.

9.1　二重积分的概念

在实际中经常会遇到面积和体积的计算问题. 对于平面图形的面积, 可以利用定积分的方法来解决. 但对于立体的体积, 用定积分只能计算一些比较简单且具有一定规则的立体的体积 (如旋转体、平行截面已知的立体等). 下面我们讨论一般的曲顶柱体的体积计算问题, 并由此引入二重积分的概念.

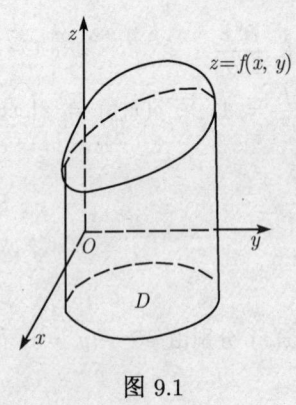

设 $z = f(x,y)$ 是定义在 xOy 平面中的有界闭区域 D 上的非负连续函数. 以曲面 $z = f(x,y)$ 为顶, D 为底, 侧面以 D 的边界曲线为准线而母线平行于 z 轴的柱面的立体称为**曲顶柱体**(图 9.1). 下面要计算这个立体的体积 V.

图 9.1

首先, 如果曲顶柱体是一个平顶柱体, 即它的顶与 xOy 平面平行 (即高度不变), 则该立体的体积就等于底面面积乘高. 而现在曲顶柱体的顶是曲面, 即当点 (x,y) 在 D 中变化时, 其高度 $z = f(x,y)$ 也随之变化, 因此我们需要仿照求曲边梯形面积的方法来求该曲顶柱体的体积.

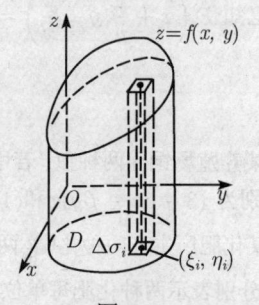

图 9.2

首先, 将区域 D 分成 n 个小闭区域: $\Delta\sigma_1, \Delta\sigma_2, \cdots, \Delta\sigma_n$(第 i 个小区域的面积也表示为 $\Delta\sigma_i$). 以这些小闭区域的边界曲线为准线, 作母线平行于 z 轴的柱面, 则这些柱面把原来的曲顶柱体分成 n 个小曲顶柱体 $\Delta V_1, \Delta V_2, \cdots, \Delta V_n$. 当 $\Delta\sigma_i$ 的直径 (即 $\Delta\sigma_i$ 上任意两点间距离的最大者) 很小时, 由于 $f(x,y)$ 在 $\Delta\sigma_i$ 上连续, 其值变化很小, 因此以 $\Delta\sigma_i$ 为底的小曲顶柱体 ΔV_i 可近似地看作以 $f(\xi_i, \eta_i)$ 为高的平顶柱体, 其中 (ξ_i, η_i) 是 $\Delta\sigma_i$ 中任意一点

(图 9.2), 于是
$$\Delta V_i \approx f(\xi_i, \eta_i)\Delta\sigma_i, \quad i = 1, 2, \cdots, n.$$

从而所求立体的体积 V 近似地为
$$V = \sum_{i=1}^{n} \Delta V_i \approx \sum_{i=1}^{n} f(\xi_i, \eta_i)\Delta\sigma_i.$$

随着分割越来越细, 和式 $\sum_{i=1}^{n} f(\xi_i, \eta_i)\Delta\sigma_i$ 与 V 越来越接近. 若令所有小闭区域的直径中的最大值 λ 趋于零, 则极限 $\lim_{\lambda \to 0} \sum_{i=1}^{n} f(\xi_i, \eta_i)\Delta\sigma_i$ 就是所求的曲顶柱体的体积 V.

可以看到, 与引进定积分的概念时一样, 上述求曲顶柱体的体积, 也是通过分割、取近似, 求和、取极限这个过程得到的. 由此, 抽象出下述二重积分的定义.

定义 9.1 设 $f(x,y)$ 是 xOy 平面中有界闭区域 D 上的函数. 将 D 任意分成 n 个小区域 $\Delta\sigma_1, \Delta\sigma_2, \cdots, \Delta\sigma_n$. 在每个 $\Delta\sigma_i$ 中任取一点 (ξ_i, η_i), 作和式 $\sum_{i=1}^{n} f(\xi_i, \eta_i)\Delta\sigma_i$. 如果当各小闭区域的直径中的最大值 λ 趋于零时, 这个和的极限存在, 且极限值与区域 D 的分法无关, 也与每个小区域 $\Delta\sigma_i$ 中点 (ξ_i, η_i) 的取法无关, 则称此极限为函数 $f(x,y)$ 在闭区域 D 上的**二重积分**, 记作 $\iint\limits_{D} f(x,y)\mathrm{d}\sigma$, 即

$$\iint\limits_{D} f(x,y)\mathrm{d}\sigma = \lim_{\lambda \to 0} \sum_{i=1}^{n} f(\xi_i, \eta_i)\Delta\sigma_i.$$

此时也称 $f(x,y)$ 在 D 上**可积**. 在上述等式中, $f(x,y)$ 称为**被积函数**, $f(x,y)\mathrm{d}\sigma$ 称为**被积表达式**, $\mathrm{d}\sigma$ 称为**面积元素**, x, y 称为**积分变量**, D 称为**积分区域**, $\sum_{i=1}^{n} f(\xi_i, \eta_i)\Delta\sigma_i$ 称为**积分和**.

在上述二重积分的定义中, 对闭区域 D 的划分是任意的. 如果在直角坐标系中用平行于坐标轴的直线网来划分 D, 那么除了少数包含有闭区域 D 的边界点的一些小区域外, 大部分的小闭区域都是矩形闭区域, 其面积为 $\Delta x \Delta y$. 因此在直角坐标系中, 有时也把面积元素 $\mathrm{d}\sigma$ 记作 $\mathrm{d}x\mathrm{d}y$, 相应地把二重积分记作

$$\iint\limits_{D} f(x,y)\mathrm{d}\sigma = \iint\limits_{D} f(x,y)\mathrm{d}x\mathrm{d}y.$$

再从二重积分的定义可知, 如果 $f(x,y) \geqslant 0$, 则二重积分 $\iint\limits_{D} f(x,y)\mathrm{d}\sigma$ 就是底

为 D, 顶为曲面 $z = f(x,y)$ 的曲顶柱体的体积, 即

$$V = \iint\limits_{D} f(x,y)\mathrm{d}\sigma.$$

特别地, 如果在区域 D 上 $f(x,y) \equiv 1$, 则

$$\iint\limits_{D} 1 \cdot \mathrm{d}\sigma = |D|,$$

其中 $|D|$ 表示 D 的面积. 此等式的几何意义很明显: 高为 1 的平顶柱体的体积在数值上就等于柱体的底面积.

9.2 二重积分的性质

由于在概念上二重积分与定积分极为相似, 因而它们有许多相同的性质.

定理 9.1 若函数 $f(x,y)$ 在有界闭区域 D 上连续, 则它在 D 上可积.

定理 9.2 设函数 $f(x,y)$ 与 $g(x,y)$ 都在区域 D 上可积.

(1) 若 k 是一个常数, 则 $kf(x,y)$ 在 D 上可积, 且

$$\iint\limits_{D} kf(x,y)\mathrm{d}\sigma = k\iint\limits_{D} f(x,y)\mathrm{d}\sigma.$$

(2) $f(x,y) \pm g(x,y)$ 在 D 上可积, 且

$$\iint\limits_{D} [f(x,y) \pm g(x,y)]\mathrm{d}\sigma = \iint\limits_{D} f(x,y)\mathrm{d}\sigma \pm \iint\limits_{D} g(x,y)\mathrm{d}\sigma.$$

(3) 若 D 被分割成两个没有公共内点的有界闭区域 D_1 和 D_2, $D = D_1 \cup D_2$, 则

$$\iint\limits_{D} f(x,y)\mathrm{d}\sigma = \iint\limits_{D_1} f(x,y)\mathrm{d}\sigma + \iint\limits_{D_2} f(x,y)\mathrm{d}\sigma.$$

(4) 若在 D 上 $f(x,y) \leqslant g(x,y)$, 则

$$\iint\limits_{D} f(x,y)\mathrm{d}\sigma \leqslant \iint\limits_{D} g(x,y)\mathrm{d}\sigma.$$

特别地, 由于

$$-|f(x,y)| \leqslant f(x,y) \leqslant |f(x,y)|,$$

9.2 二重积分的性质

因此
$$\left|\iint\limits_D f(x,y)\mathrm{d}\sigma\right| \leqslant \iint\limits_D |f(x,y)|\mathrm{d}\sigma.$$

(5) 若在 D 上 $m \leqslant f(x,y) \leqslant M$, 则
$$m|D| \leqslant \iint\limits_D f(x,y)\mathrm{d}\sigma \leqslant M|D|.$$

定理 9.3(二重积分的中值定理)　设函数 $f(x,y)$ 在有界闭区域 D 上连续, $|D|$ 是 D 的面积, 则在 D 上存在一点 (ξ,η), 使
$$\iint\limits_D f(x,y)\mathrm{d}\sigma = f(\xi,\eta)|D|.$$

证明　用 M 和 m 分别表示 $f(x,y)$ 在有界闭区域 D 上的最大值和最小值, 则由定理 9.2(5) 得知
$$m \leqslant \frac{1}{|D|}\iint\limits_D f(x,y)\mathrm{d}\sigma \leqslant M.$$

这说明数值 $\dfrac{1}{|D|}\iint\limits_D f(x,y)\mathrm{d}\sigma$ 介于函数 $f(x,y)$ 的最大值 M 与最小值 m 之间. 根据二元连续函数的介值定理, 在 D 上至少存在一点 (ξ,η) 使得
$$f(\xi,\eta) = \frac{1}{|D|}\iint\limits_D f(x,y)\mathrm{d}\sigma,$$

由此得本定理.

例 1　判断 $I = \iint\limits_{0.5 \leqslant |x|+|y| \leqslant 1} \ln(x^2+y^2)\mathrm{d}x\mathrm{d}y$ 的符号.

解　由于当 $|x|+|y| \leqslant 1$ 时 $x^2+y^2 \leqslant (|x|+|y|)^2 \leqslant 1$, 因此 $\ln(x^2+y^2) \leqslant 0$. 故 $I \leqslant 0$.

例 2　估计二重积分 $\iint\limits_D (x^2+4y^2+9)\mathrm{d}\sigma$ 的值, 其中 $D = \{(x,y): x^2+y^2 \leqslant 4\}$.

解　因为在积分区域 D 上有 $0 \leqslant x^2+y^2 \leqslant 4$, 所以
$$9 \leqslant x^2+4y^2+9 \leqslant 4(x^2+y^2)+9 \leqslant 4\cdot 4+9 \leqslant 25.$$

又圆 D 的面积等于 4π, 所以
$$36\pi \leqslant \iint\limits_D (x^2+4y^2+9)\mathrm{d}\sigma \leqslant 100\pi.$$

9.3 直角坐标下二重积分的计算

按照二重积分的定义来计算二重积分是比较困难的. 为此, 需要寻找一种切实可行的方法, 以方便地计算二重积分. 下面介绍的有关二重积分的计算方法是把二重积分化为两个单积分 (也就是定积分).

设 $I = \iint\limits_{D} f(x,y)\mathrm{d}x\mathrm{d}y$ 的积分区域为 X 型 (见 6.4 节):

$$D = \{(x,y) : a \leqslant x \leqslant b, \varphi_1(x) \leqslant y \leqslant \varphi_2(x)\}$$

(图 9.3), 被积函数 $f(x,y) \geqslant 0$, 且在 D 上连续. 此时 I 的值就是以 D 为底, 以曲面 $z = f(x,y)$ 为顶的曲顶柱体的体积 (图 9.4).

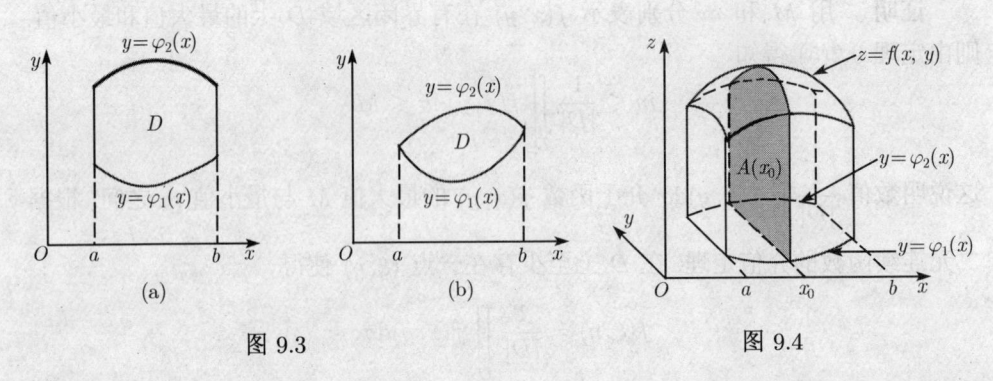

图 9.3

图 9.4

另一方面, 在区间 $[a,b]$ 上任取一定点 x_0, 作垂直于 x 轴的平面 $x = x_0$, 该平面截曲顶柱体所得截面为 $A(x_0)$. 显然 $A(x_0)$ 正是以区间 $[\varphi_1(x_0), \varphi_2(x_0)]$ 为底, 以 $z = f(x_0, y)$ 为曲边的曲边梯形的面积, 所以

$$A(x_0) = \int_{\varphi_1(x_0)}^{\varphi_2(x_0)} f(x_0, y)\mathrm{d}y.$$

一般地, 过区间 $[a,b]$ 上任一点 x, 并且垂直于 x 轴的平面截曲顶柱体得到的截面面积为

$$A(x) = \int_{\varphi_1(x)}^{\varphi_2(x)} f(x,y)\mathrm{d}y.$$

而按照平行截面为已知的情形下立体体积的计算方法, 所求曲顶柱体的体积为

$$\int_a^b A(x)\mathrm{d}x = \int_a^b \left[\int_{\varphi_1(x)}^{\varphi_2(x)} f(x,y)\mathrm{d}y\right]\mathrm{d}x,$$

9.3 直角坐标下二重积分的计算

所以
$$I = \iint\limits_D f(x,y)\mathrm{d}x\mathrm{d}y = \int_a^b \left[\int_{\varphi_1(x)}^{\varphi_2(x)} f(x,y)\mathrm{d}y\right]\mathrm{d}x,$$

通常也把它记为
$$\iint\limits_D f(x,y)\mathrm{d}x\mathrm{d}y = \int_a^b \mathrm{d}x \int_{\varphi_1(x)}^{\varphi_2(x)} f(x,y)\mathrm{d}y. \tag{9.1}$$

式 (9.1) 右端的积分也叫**累次积分**, 也就是说此时二重积分 $\iint\limits_D f(x,y)\mathrm{d}x\mathrm{d}y$ 的计算可化为两个单积分的计算: 先把 x 看成常量, 对 y 计算单积分 $A(x) = \int_{\varphi_1(x)}^{\varphi_2(x)} f(x,y)\mathrm{d}y$; 再对 x 计算单积分 $\int_a^b A(x)\mathrm{d}x$.

在上述讨论中, 我们假定 $f(x,y) \geqslant 0$. 但实际上, 去掉这一条件限制, 公式 (9.1) 仍然成立.

另一方面, 如果积分区域 D 可表示为 Y 型
$$D = \{(x,y) : c \leqslant y \leqslant d, \psi_1(y) \leqslant x \leqslant \psi_2(y)\}$$

(图 9.5), 那么完全类似地有
$$\iint\limits_D f(x,y)\mathrm{d}x\mathrm{d}y = \int_c^d \mathrm{d}y \int_{\psi_1(y)}^{\psi_2(y)} f(x,y)\mathrm{d}x. \tag{9.2}$$

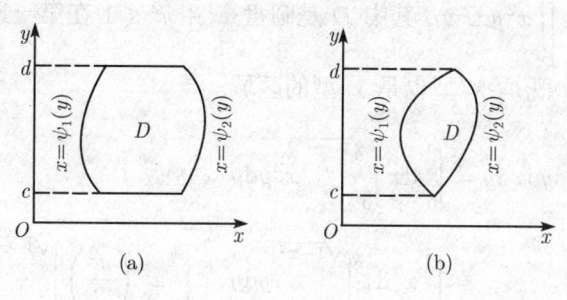

图 9.5

式 (9.2) 右方也是一个累次积分: 先把 y 看成常量, 对 x 计算单积分, 然后再对 y 计算单积分.

注 9.1

(1) 若区域 D 是矩形:
$$D = \{(x,y) : a \leqslant x \leqslant b, c \leqslant y \leqslant d\},$$

则 D 既是 X 型, 也是 Y 型. 此时

$$\iint\limits_{D} f(x,y)\mathrm{d}x\mathrm{d}y = \int_a^b \mathrm{d}x \int_c^d f(x,y)\mathrm{d}y = \int_c^d \mathrm{d}y \int_a^b f(x,y)\mathrm{d}x,$$

也可记为

$$\iint\limits_{D} f(x,y)\mathrm{d}x\mathrm{d}y = \int_c^d \int_a^b f(x,y)\mathrm{d}x\mathrm{d}y = \int_a^b \int_c^d f(x,y)\mathrm{d}y\mathrm{d}x.$$

(2) 若 $f(x,y) = f_1(x)f_2(y)$, 且 D 为 (1) 中的矩形, 则

$$\iint\limits_{D} f(x,y)\mathrm{d}x\mathrm{d}y = \int_a^b f_1(x)\mathrm{d}x \int_c^d f_2(y)\mathrm{d}y.$$

例 1 计算 $\iint\limits_{D} \mathrm{e}^{x+y}\mathrm{d}x\mathrm{d}y$, 其中 $D = \{(x,y) : 0 \leqslant x \leqslant 1, 1 \leqslant y \leqslant 2\}$.

解 此时 D 是矩形, 故

$$\iint\limits_{D} \mathrm{e}^{x+y}\mathrm{d}x\mathrm{d}y = \iint\limits_{D} \mathrm{e}^x \cdot \mathrm{e}^y \mathrm{d}x\mathrm{d}y = \int_0^1 \mathrm{e}^x \mathrm{d}x \int_1^2 \mathrm{e}^y \mathrm{d}y$$

$$= (\mathrm{e} - 1) \cdot (\mathrm{e}^2 - \mathrm{e}) = \mathrm{e}(\mathrm{e} - 1)^2.$$

例 2 计算 $\iint\limits_{D} x^2 y \mathrm{d}x\mathrm{d}y$, 其中 D 是圆盘 $x^2 + y^2 \leqslant 1$ 在第一象限的闭区域.

解 此时 D 既是 X 型也是 Y 型的区域.

$$\iint\limits_{D} x^2 y \mathrm{d}x\mathrm{d}y = \int_0^1 \mathrm{d}x \int_0^{\sqrt{1-x^2}} x^2 y \mathrm{d}y$$

$$= \int_0^1 x^2 \mathrm{d}x \int_0^{\sqrt{1-x^2}} y \mathrm{d}y = \int_0^1 x^2 \left(\frac{y^2}{2}\right)\Bigg|_0^{\sqrt{1-x^2}} \mathrm{d}x$$

$$= \frac{1}{2}\int_0^1 x^2(1-x^2)\mathrm{d}x = \frac{1}{2}\left(\frac{1}{3} - \frac{1}{5}\right) = \frac{1}{15}.$$

例 3 计算 $\iint\limits_{D} xy \mathrm{d}\sigma$, 其中 D 是由 $y^2 = x$ 及 $y = x - 2$ 所围成的闭区域 (图 9.6).

9.3 直角坐标下二重积分的计算

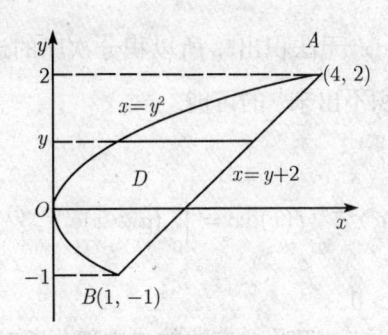

图 9.6

解 由 $y^2 = x, y = x - 2$ 解得交点为 $(4, 2)$ 及 $(1, -1)$. 此时 D 为

$$D = \{(x,y) : -1 \leqslant y \leqslant 2, y^2 \leqslant x \leqslant y+2\},$$

这是 Y 型区域, 故

$$\iint\limits_{D} xy d\sigma = \int_{-1}^{2} dy \int_{y^2}^{y+2} xy dx = \int_{-1}^{2} \left(y \cdot \frac{1}{2}x^2\right)\bigg|_{y^2}^{y+2} dy = \frac{1}{2}\int_{-1}^{2} y[(y+2)^2 - y^4]dy$$

$$= \frac{1}{2}\int_{-1}^{2}(y^3 + 4y^2 + 4y - y^5)dy = \frac{1}{2}\left(\frac{1}{4}y^4 + \frac{4}{3}y^3 + 2y^2 - \frac{1}{6}y^6\right)\bigg|_{-1}^{2} = \frac{45}{8}.$$

例 4 计算 $\iint\limits_{D} \dfrac{\sin x}{x} d\sigma$, 其中

$$D = \{(x,y) : 0 \leqslant x \leqslant 1, 0 \leqslant y \leqslant x\}.$$

解 D 是 X 型区域, 但也是 Y 型区域 (图 9.7), 即

$$D = \{(x,y) : 0 \leqslant y \leqslant 1, y \leqslant x \leqslant 1\}.$$

于是按照 X 型的公式 (9.1),

$$\iint\limits_{D} \frac{\sin x}{x} d\sigma = \int_{0}^{1} dx \int_{0}^{x} \frac{\sin x}{x} dy = \int_{0}^{1} \left(\frac{\sin x}{x} \cdot y\right)\bigg|_{0}^{x} dx$$

$$= \int_{0}^{1} \sin x dx = -\cos x \bigg|_{0}^{1} = 1 - \cos 1.$$

但若按照 Y 型的公式 (9.2),

$$\iint\limits_{D} \frac{\sin x}{x} d\sigma = \int_{0}^{1} dy \int_{y}^{1} \frac{\sin x}{x} dx,$$

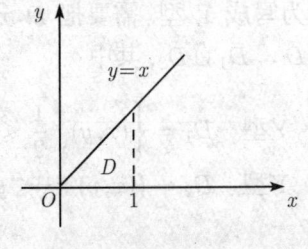

图 9.7

上式右方的积分 $\int_y^1 \frac{\sin x}{x} \mathrm{d}x$ "无法积出". 所以积分次序的选择, 不仅牵涉到积分计算的难易, 有时甚至有 "积不出来" 的可能.

例 5 试证
$$\int_0^a \mathrm{d}y \int_0^y \mathrm{e}^{b(x-a)} f(x) \mathrm{d}x = \int_0^a (a-x) \mathrm{e}^{b(x-a)} f(x) \mathrm{d}x,$$
其中 a, b 均为常数, 且 $a > 0$.

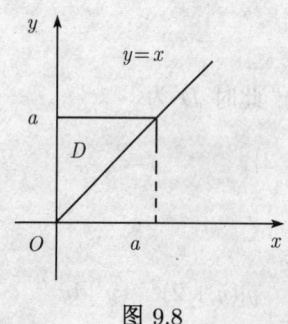

证明 左边的二次积分所对应的积分区域 D(图 9.8) 为 Y 型:
$$D = \{(x, y) : 0 \leqslant y \leqslant a, 0 \leqslant x \leqslant y\},$$
也可写成 X 型:
$$D = \{(x, y) : 0 \leqslant x \leqslant a, x \leqslant y \leqslant a\}.$$

图 9.8

故
$$\int_0^a \mathrm{d}y \int_0^y \mathrm{e}^{b(x-a)} f(x) \mathrm{d}x = \int_0^a \mathrm{d}x \int_x^a \mathrm{e}^{b(x-a)} f(x) \mathrm{d}y = \int_0^a (a-x) \mathrm{e}^{b(x-a)} f(x) \mathrm{d}x.$$

例 6 试把由 $y = x$, $x = 2$ 及 $y = \frac{1}{x}$ 所围成的闭区域 D 写成 X 型和 Y 型.

解 先画出积分区域, 算出曲线交点 (图 9.9). 于是先有

X 型 $\quad D = \left\{(x, y) : 1 \leqslant x \leqslant 2, \frac{1}{x} \leqslant y \leqslant x\right\}$.

为写成 Y 型, 需要把 D 分成两个区域 D_1, D_2, $D = D_1 \cup D_2$, 其中

Y 型 $\quad D_1 = \left\{(x, y) : \frac{1}{2} \leqslant y \leqslant 1, \frac{1}{y} \leqslant x \leqslant 2\right\}$,

Y 型 $\quad D_2 = \{(x, y) : 1 \leqslant y \leqslant 2, y \leqslant x \leqslant 2\}$.

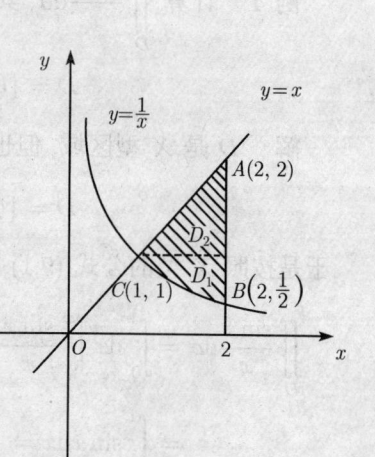

图 9.9

例 7 更换积分次序 $\int_0^1 \mathrm{d}y \int_0^{2y} f(x, y) \mathrm{d}x + \int_1^3 \mathrm{d}y \int_0^{3-y} f(x, y) \mathrm{d}x$.

解 画出积分区域 D, 算出曲线交点 (图 9.10). 原式中两个积分都是 Y 型.

而写成 X 型时，这两个积分和就合并成一个积分，即

$$原式 = \iint\limits_{D_1 \cup D_2} f(x,y)\mathrm{d}\sigma = \int_0^2 \mathrm{d}x \int_{x/2}^{3-x} f(x,y)\mathrm{d}y.$$

例 8　求方程分别为：$x^2 + y^2 = R^2$ 及 $x^2 + z^2 = R^2$ 的两个直交圆柱面所围成的立体的体积 V.

解　利用该立体关于坐标平面的对称性，只需求出它在第一卦限的体积 V_1（图 9.11），然后乘以 8 即得所求立体的体积.

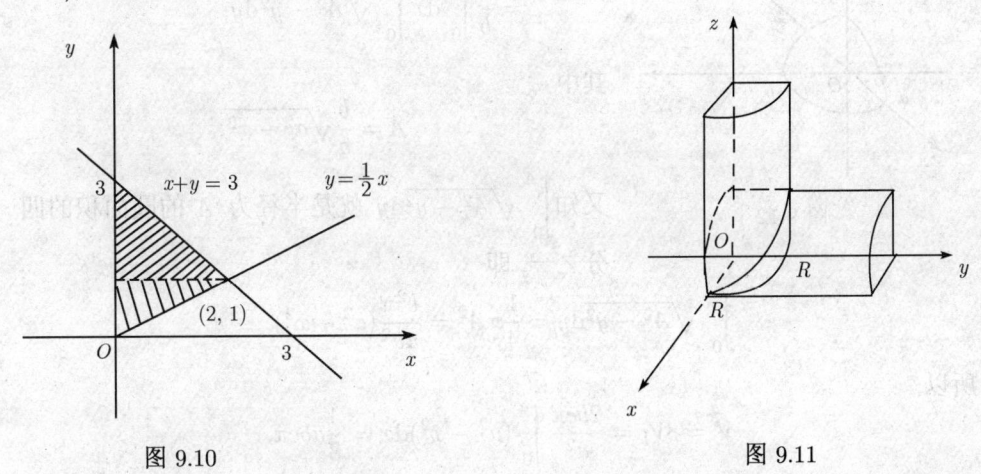

图 9.10　　　　　图 9.11

所求立体在第一卦限的部分 V_1 可以看成是这样一个曲顶柱体：其底为

$$D = \{(x,y) : 0 \leqslant x \leqslant R, 0 \leqslant y \leqslant \sqrt{R^2 - x^2}\},$$

顶为柱面 $z = \sqrt{R^2 - x^2}$. 所以

$$V_1 = \iint\limits_D \sqrt{R^2 - x^2}\mathrm{d}\sigma = \int_0^R \left(\int_0^{\sqrt{R^2-x^2}} \sqrt{R^2 - x^2}\mathrm{d}y\right)\mathrm{d}x$$

$$= \int_0^R \left(\sqrt{R^2 - x^2}\,y\right)\bigg|_0^{\sqrt{R^2-x^2}} \mathrm{d}x = \int_0^R (R^2 - x^2)\mathrm{d}x = \frac{2}{3}R^3.$$

故 $V = 8V_1 = \dfrac{16}{3}R^3$.

例 9　求椭球 $\dfrac{x^2}{a^2} + \dfrac{y^2}{b^2} + \dfrac{z^2}{c^2} = 1$ 的体积 V.

解　设该椭球在第一卦限部分为 V_1（图 9.12），则由对称性知 $V = 8V_1$. 而 V_1 是一个曲顶柱体，其曲顶为

$$z = c\sqrt{1 - \left(\frac{x^2}{a^2} + \frac{y^2}{b^2}\right)},$$

底为
$$D = \left\{(x,y): 0 \leqslant x \leqslant a,\ 0 \leqslant y \leqslant b\sqrt{1-\frac{x^2}{a^2}} = \frac{b}{a}\sqrt{a^2-x^2}\right\},$$

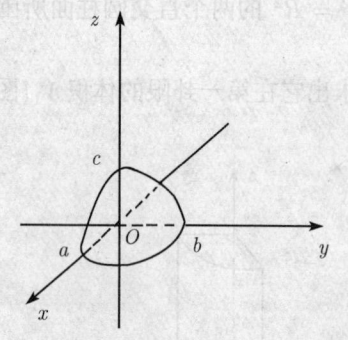

因此
$$V_1 = \int_0^a \mathrm{d}x \int_0^{\frac{b}{a}\sqrt{a^2-x^2}} c\sqrt{1-\left(\frac{x^2}{a^2}+\frac{y^2}{b^2}\right)}\mathrm{d}y$$
$$= \frac{c}{b}\int_0^a \mathrm{d}x \int_0^A \sqrt{A^2-y^2}\mathrm{d}y,$$

其中
$$A = \frac{b}{a}\sqrt{a^2-x^2}.$$

又知 $\int_0^A \sqrt{A^2-y^2}\mathrm{d}y$ 就是半径为 A 的圆面积的四分之一, 即
$$\int_0^A \sqrt{A^2-y^2}\mathrm{d}y = \frac{1}{4}\pi A^2 = \frac{b^2\pi}{4a^2}(a^2-x^2).$$

所以
$$V = 8V_1 = \frac{2bc\pi}{a^2}\int_0^a (a^2-x^2)\mathrm{d}x = \frac{4}{3}abc\pi.$$

特别地, 若 $a=b=c=R$, 椭球变为半径为 R 的球, 其体积为 $V = \frac{4}{3}\pi R^3$.

9.4 极坐标下二重积分的计算

有些二重积分, 其积分区域 D 的边界曲线用极坐标方程表示比较方便, 且被积函数用极坐标变量 ρ,θ 表示也较为简单, 这时可以考虑利用极坐标来计算二重积分.

设通过极点的射线与闭区域 D 的边界线至多交于两点 (落在射线上的边界线段除外). 此时取以极点为圆心的一族同心圆 ($\rho=$ 常数) 和从极点出发的一族射线 ($\theta=$ 常数) 来划分积分区域 D(图 9.13). 由扇形面积公式, 每一小区域 $\Delta\sigma$ 的面积为

$$\Delta\sigma = \frac{1}{2}(\rho+\Delta\rho)^2\Delta\theta - \frac{1}{2}\rho^2\Delta\theta = \rho\Delta\rho\Delta\theta + \frac{1}{2}(\Delta\rho)^2\Delta\theta,$$

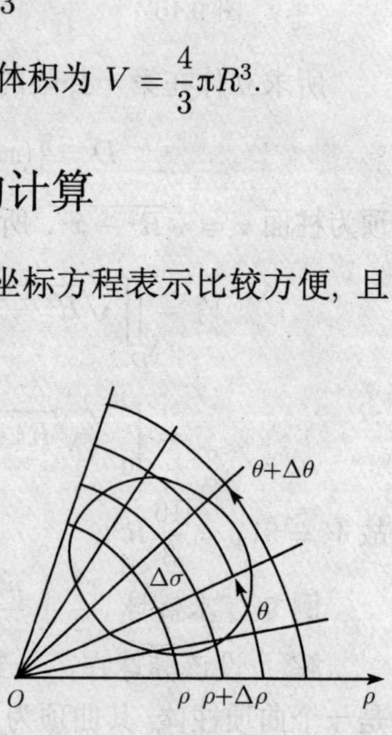

略去高阶无穷小 $\frac{1}{2}(\Delta\rho)^2\Delta\theta$, 即得 $\Delta\sigma \approx \rho\Delta\rho\Delta\theta$. 所以

9.4 极坐标下二重积分的计算

极坐标系中面积元素 $d\sigma = \rho d\rho d\theta$. 利用直角坐标与极坐标的变换公式 $x = \rho\cos\theta$, $y = \rho\sin\theta$, 可得被积函数 $f(x,y) = f(\rho\cos\theta, \rho\sin\theta)$. 于是

$$\iint\limits_D f(x,y)d\sigma = \iint\limits_D f(x,y)dxdy = \iint\limits_D f(\rho\cos\theta, \rho\sin\theta)\rho d\rho d\theta.$$

以上公式表明, 要把二重积分中的变量从直角坐标变换为极坐标, 只要把被积函数中的 x, y 分别换成 $\rho\cos\theta, \rho\sin\theta$, 并把直角坐标系中的面积元素 $dxdy$ 换成极坐标系中的面积元素 $\rho d\rho d\theta$. 此外极坐标系中的二重积分, 同样可以化为两个单积分来计算, 即若

$$D = \{(\theta, \rho) : \alpha \leqslant \theta \leqslant \beta, \varphi_1(\theta) \leqslant \rho \leqslant \varphi_2(\theta)\},$$

则和直角坐标时类似分析可得

$$\iint\limits_D f(\rho\cos\theta, \rho\sin\theta)\rho d\rho d\theta$$
$$= \int_\alpha^\beta d\theta \int_{\varphi_1(\theta)}^{\varphi_2(\theta)} f(\rho\cos\theta, \rho\sin\theta)\rho d\rho. \quad (9.3)$$

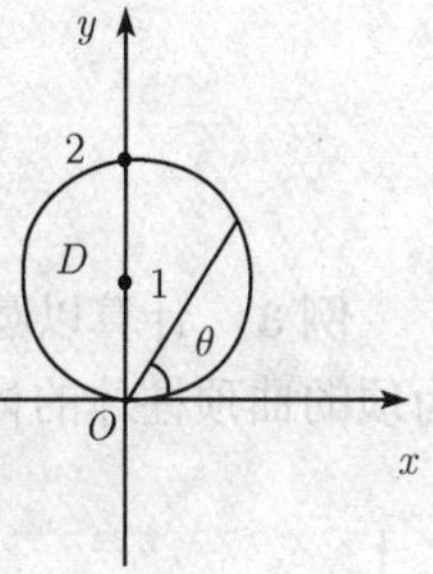

图 9.14

例 1 计算 $\iint\limits_D \sqrt{x^2+y^2}dxdy$, 其中 D 由曲线 $x^2+y^2 = 2y$ 围成 (图 9.14).

解 圆 $x^2+y^2 = 2y$ 在极坐标系下的方程为

$$\rho = 2\sin\theta, \quad 0 \leqslant \theta \leqslant \pi,$$

所以

$$\iint\limits_D \sqrt{x^2+y^2}dxdy = \int_0^\pi d\theta \int_0^{2\sin\theta} \rho \cdot \rho d\rho = \int_0^\pi \frac{1}{3}\rho^3 \bigg|_0^{2\sin\theta} d\theta = \frac{8}{3}\int_0^\pi \sin^3\theta d\theta$$

$$= -\frac{8}{3}\int_0^\pi (1-\cos^2\theta)d\cos\theta = -\frac{8}{3}\left(\cos\theta - \frac{1}{3}\cos^3\theta\right)\bigg|_0^\pi = \frac{32}{9}.$$

例 2 计算 $\iint\limits_D \sqrt{\dfrac{1-x^2-y^2}{1+x^2+y^2}}d\sigma$, 其中 D 是圆盘 $x^2+y^2 \leqslant 1$ 在第一限内的闭区域.

解 此时

$$D = \left\{(\theta, \rho) : 0 \leqslant \theta \leqslant \frac{\pi}{2}, 0 \leqslant \rho \leqslant 1\right\},$$

故

$$\iint\limits_{D}\sqrt{\frac{1-x^2-y^2}{1+x^2+y^2}}\mathrm{d}\sigma = \int_0^{\pi/2}\mathrm{d}\theta\int_0^1\sqrt{\frac{1-\rho^2}{1+\rho^2}}\cdot\rho\mathrm{d}\rho = \frac{\pi}{2}\int_0^1\frac{1-\rho^2}{\sqrt{1-\rho^4}}\rho\mathrm{d}\rho$$

$$= \frac{\pi}{2}\left(\int_0^1\frac{\rho\mathrm{d}\rho}{\sqrt{1-\rho^4}} - \int_0^1\frac{\rho^3\mathrm{d}\rho}{\sqrt{1-\rho^4}}\right)$$

$$= \frac{\pi}{2}\left[\frac{1}{2}\int_0^1\frac{1}{\sqrt{1-\rho^4}}\mathrm{d}\rho^2 + \frac{1}{4}\int_0^1\frac{1}{\sqrt{1-\rho^4}}\mathrm{d}\left(1-\rho^4\right)\right]$$

$$= \frac{\pi}{4}\left(\arcsin\rho^2 + \sqrt{1-\rho^4}\right)\bigg|_0^1 = \frac{\pi}{8}(\pi-2).$$

例 3 计算以圆周 $x^2+y^2=ax$ 围成的闭区域为底, 而以旋转抛物面 $z=x^2+y^2$ 为顶的曲顶柱体的体积 V, 其中 $a>0$(图 9.15).

解 由于曲顶柱体关于 xOz 平面对称, 所以此时

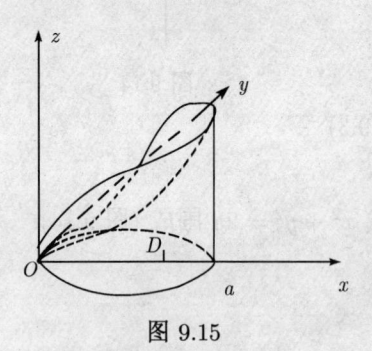

$$V = 2\iint\limits_{D_1}(x^2+y^2)\mathrm{d}x\mathrm{d}y,$$

其中

$$D_1 = \left\{(x,y): 0\leqslant x\leqslant a, 0\leqslant y\leqslant \sqrt{ax-x^2}\right\}$$
$$= \left\{(\theta,\rho): 0\leqslant \theta\leqslant \frac{\pi}{2}, 0\leqslant \rho\leqslant a\cos\theta\right\}.$$

图 9.15

因此

$$V = 2\iint\limits_{D_1}(x^2+y^2)\mathrm{d}x\mathrm{d}y = 2\iint\limits_{D_1}\rho^2\cdot\rho\mathrm{d}\rho\mathrm{d}\theta$$
$$= 2\int_0^{\pi/2}\mathrm{d}\theta\int_0^{a\cos\theta}\rho^3\mathrm{d}\rho = \frac{a^4}{2}\int_0^{\pi/2}\cos^4\theta\mathrm{d}\theta = \frac{a^4}{2}\cdot\frac{3}{4}\cdot\frac{1}{2}\cdot\frac{\pi}{2} = \frac{3}{32}\pi a^4,$$

其中利用了沃利斯积分公式 (见 6.3 节例 9):

$$\int_0^{\pi/2}\sin^{2n}x\mathrm{d}x = \int_0^{\pi/2}\cos^{2n}x\mathrm{d}x = \frac{(2n-1)!!}{(2n)!!}\frac{\pi}{2}.$$

例 4 计算泊松积分 $I = \int_0^{+\infty}\mathrm{e}^{-x^2}\mathrm{d}x = \lim\limits_{R\to+\infty}\int_0^R\mathrm{e}^{-x^2}\mathrm{d}x.$

9.4 极坐标下二重积分的计算

解 此时考虑下列三个区域 (图 9.16):

$$D_R = \left\{(\theta,\rho): 0 \leqslant \theta \leqslant \frac{\pi}{2}, 0 \leqslant \rho \leqslant R\right\}$$

(即半径为 R 的圆盘在第一象限部分),

$$E_R = \{(x,y): 0 \leqslant x \leqslant R, 0 \leqslant y \leqslant R\}$$

(即边长为 R 的正方形),

$$D_{\sqrt{2}R} = \left\{(\theta,\rho): 0 \leqslant \theta \leqslant \frac{\pi}{2}, 0 \leqslant \rho \leqslant \sqrt{2}R\right\}$$

(即半径为 $\sqrt{2}R$ 的圆盘在第一象限部分).

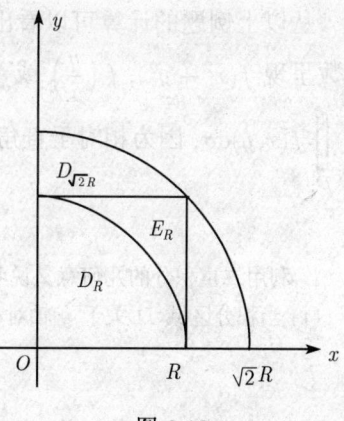

图 9.16

现在

$$\lim_{R\to+\infty}\iint_{D_R} e^{-(x^2+y^2)}dxdy = \lim_{R\to+\infty}\int_0^{\pi/2}d\theta\int_0^R e^{-\rho^2}\rho d\rho = \lim_{R\to+\infty}\frac{\pi}{4}\int_0^{R^2}e^{-u}du = \frac{\pi}{4}.$$

同理,

$$\lim_{R\to+\infty}\iint_{D_{\sqrt{2}R}} e^{-(x^2+y^2)}dxdy = \frac{\pi}{4}.$$

但 $D_R \subset E_R \subset D_{\sqrt{2}R}$, 因此

$$\iint_{D_R} e^{-(x^2+y^2)}dxdy \leqslant \iint_{E_R} e^{-(x^2+y^2)}dxdy \leqslant \iint_{D_{\sqrt{2}R}} e^{-(x^2+y^2)}dxdy.$$

令 $R \to +\infty$, 由两边夹定理得

$$\lim_{R\to+\infty}\iint_{E_R} e^{-(x^2+y^2)}dxdy = \frac{\pi}{4}.$$

但

$$\iint_{E_R} e^{-(x^2+y^2)}dxdy = \int_0^R\int_0^R e^{-(x^2+y^2)}dxdy = \left(\int_0^R e^{-x^2}dx\right)^2,$$

从而

$$\int_0^{+\infty} e^{-x^2}dx = \frac{\sqrt{\pi}}{2}.$$

泊松积分 $I = \int_0^{+\infty} e^{-x^2}dx$ 也称为**概率积分**, 它在概率论与数理统计学科中最为常见.

从以上例题的计算可以看出：当积分区域 D 为圆域、环域、扇形区域或被积函数呈现 $f(x^2+y^2)$, $f\left(\dfrac{y}{x}\right)$ 或 $f\left(\dfrac{x}{y}\right)$ 形式时, 通常考虑选择极坐标来计算二重积分 $\iint\limits_D f(x,y)\mathrm{d}\sigma$, 因为相对于直角坐系的计算, 它更为简捷.

习 题 9

1. 利用二重积分的几何意义说明:

(1) 当积分区域 D 关于 y 轴对称, 并且 $f(-x,y) = -f(x,y)$ 时, 有
$$\iint\limits_D f(x,y)\mathrm{d}\sigma = 0;$$

(2) 当积分区域 D 关于 y 轴对称, 并且 $f(-x,y) = f(x,y)$ 时,
$$\iint\limits_D f(x,y)\mathrm{d}\sigma = 2\iint\limits_{D_1} f(x,y)\mathrm{d}\sigma,$$

其中 D_1 为 D 在 $x \geqslant 0$ 的部分.

2. 利用二重积分的性质, 比较下列二重积分的大小:

(1) $\iint\limits_D \ln(x+y)\mathrm{d}\sigma$ 与 $\iint\limits_D \ln^2(x+y)\mathrm{d}\sigma$, 其中 D 是以 $A(1,0), B(1,1) C(2,0)$ 为顶点的三角形区域;

(2) $\iint\limits_D (x+y)^2\mathrm{d}\sigma$ 与 $\iint\limits_D (x+y)^3\mathrm{d}\sigma$, 其中 D 是由圆 $(x-2)^2+(y-1)^2 = 2$ 所围成的闭区域.

3. 将二重积分 $I = \iint\limits_D f(x,y)\mathrm{d}\sigma$ 化为累次积分形式 (分别列出对两个变量先后次序不同的两个累次积分), 其中积分区域 D 分别是

(1) 由曲线 $y = x^2, y = 4x - x^2$ 所围成的闭区域;

(2) 由直线 $2x - y + 3 = 0, y = 1, x + y - 3 = 0$ 所围成的闭区域;

(3) 环形区域 $1 \leqslant x^2 + y^2 \leqslant 4$.

4. 交换下列累次积分的顺序:

(1) $\int_0^1 \mathrm{d}x \int_{x-1}^{1-x} f(x,y)\mathrm{d}y$;

(2) $\int_0^{\sqrt{2}/2} \mathrm{d}y \int_y^{\sqrt{1-y^2}} f(x,y)\mathrm{d}x$;

(3) $\int_{1/2}^1 \mathrm{d}y \int_{1/y}^2 f(x,y)\mathrm{d}x + \int_1^2 \mathrm{d}y \int_y^2 f(x,y)\mathrm{d}x$;

(4) $\int_0^2 \mathrm{d}x \int_0^{x^2/2} f(x,y)\mathrm{d}y + \int_0^{2\sqrt{2}} \mathrm{d}x \int_0^{\sqrt{8-x^2}} f(x,y)\mathrm{d}y$.

习 题 9

5. 将二重积分 $\iint\limits_{D} f(x,y)\mathrm{d}\sigma$ 变换成极坐标形式，其中

(1) 积分区域 D 由曲线：$x^2+y^2=ax(a>0)$ 所围成；

(2) 积分区域 $D=\{(x,y):0\leqslant x\leqslant 1 且 0\leqslant y\leqslant 1\}$.

6. 计算下列二重积分：

(1) $\iint\limits_{D} xy\mathrm{d}x\mathrm{d}y$，其中 D 由直线：$x=0,x=1,y=0,y=1$ 所围成；

(2) $\iint\limits_{\substack{|x|\leqslant 1 \\ 0\leqslant y\leqslant 1}} |y-x^2|\mathrm{d}x\mathrm{d}y$；

(3) $\iint\limits_{|x|+|y|\leqslant 1} (x+y)^2 \mathrm{d}x\mathrm{d}y$；

(4) $\iint\limits_{D} y\mathrm{d}\sigma$，其中 D 是圆 $x^2+y^2=a^2(a>0)$ 所围成的上半部分；

(5) $\iint\limits_{D} (x+y)\mathrm{d}\sigma$，其中 D 由曲线：$x^2+y^2=x+y$ 所围成；

(6) $\iint\limits_{D} \ln(1+\sqrt{x^2+y^2})\mathrm{d}x\mathrm{d}y$，其中 $D=\{(x,y):-1\leqslant x\leqslant 1, 0\leqslant y\leqslant \sqrt{1-x^2}\}$；

(7) $\iint\limits_{D} \left(1-\dfrac{x^2}{a^2}-\dfrac{y^2}{b^2}\right)\mathrm{d}x\mathrm{d}y$，其中 D 是第一象限内的椭圆 $\dfrac{x^2}{a^2}+\dfrac{y^2}{b^2}\leqslant 1$；

(8) $\iint\limits_{D} x\sin\dfrac{y}{x}\mathrm{d}\sigma$，其中 D 由直线：$y=x,y=0,x=1$ 所围成.

7. 求曲线：$(x^2+y^2)^2=2a^2(x^2-y^2)$ 所围成的面积 S.

8. 计算由曲面 $x^2+y^2=8-z$ 与平面 $z=2y$ 所围成的立体的体积.

9. 设函数 $f(x)$ 在 $[0,1]$ 上连续，证明：$\int_0^1 \mathrm{e}^{f(x)}\mathrm{d}x \int_0^1 \mathrm{e}^{-f(y)}\mathrm{d}y \geqslant 1$.

第10章 无穷级数

级数是微积分学的重要组成部分,是对已知函数表示、逼近的有效方法.

10.1 常数项级数的概念和性质

10.1.1 常数项级数的概念

设已给数列 $\{u_n\}_{n\geqslant 1}$. 对每一 $n \geqslant 1$, 令

$$s_n = u_1 + u_2 + \cdots + u_n = \sum_{k=1}^{n} u_k.$$

若极限 $\lim\limits_{n\to\infty} s_n = s$ 存在有限, 则称无穷数值级数 $\sum\limits_{n=1}^{\infty} u_n = u_1 + u_2 + \cdots + u_n + \cdots$ **收敛**, 并把极限值 s 称为该级数的**和**. 上述事实通常就写成

$$\lim_{n\to\infty} s_n = \lim_{n\to\infty} \sum_{k=1}^{n} u_k = s = \sum_{n=1}^{\infty} u_n,$$

u_n 称为该级数的**通项**, s_n 称为该级数的**部分和**. 这样, 一个无穷数值级数收敛等价于它的部分和数列收敛. 而当它不收敛时, 就说该级数发散.

例 1 讨论等比级数 $\sum\limits_{n=1}^{\infty} aq^{n-1} = a + aq + aq^2 + \cdots + aq^{n-1} + \cdots$ 的敛散性, 其中 $a \neq 0$.

解 级数的部分和为

$$s_n = a + aq + aq^2 + \cdots + aq^{n-1} = a \cdot \frac{1-q^n}{1-q}, \quad q \neq 1.$$

(1) 当 $|q| < 1$ 时, 由于 $\lim\limits_{n\to\infty} q^n = 0$, 故 $\lim\limits_{n\to\infty} s_n = \dfrac{a}{1-q}$, 这时级数收敛, 其和为 $\dfrac{a}{1-q}$.

(2) 当 $|q| > 1$ 时, 由于 $\lim\limits_{n\to\infty} q^n = \infty$, 故 $\lim\limits_{n\to\infty} s_n = \infty$, 这时级数发散.

(3) 当 $q = 1$ 时, $s_n = na \to \infty (n \to \infty)$, 故级数发散.

(4) 当 $q = -1$ 时, 级数为 $a - a + a - a + \cdots$, 故

$$s_n = \begin{cases} a, & n\text{为奇数}, \\ 0, & n\text{为偶数}, \end{cases}$$

显然 $\lim\limits_{n\to\infty} s_n$ 不存在，从而级数发散.

综上所述，当且仅当 $|q| < 1$ 时，等比级数 $\sum\limits_{n=1}^{\infty} aq^{n-1}$ 收敛，其和为 $\dfrac{a}{1-q}$.

例 2 判别级数 $\sum\limits_{n=1}^{\infty} \dfrac{1}{n(n+1)}$ 的敛散性.

解 由于 $u_n = \dfrac{1}{n(n+1)} = \dfrac{1}{n} - \dfrac{1}{n+1}$，故

$$s_n = \frac{1}{1\cdot 2} + \frac{1}{2\cdot 3} + \cdots + \frac{1}{n(n+1)}$$

$$= \left(1 - \frac{1}{2}\right) + \left(\frac{1}{2} - \frac{1}{3}\right) + \cdots + \left(\frac{1}{n} - \frac{1}{n+1}\right)$$

$$= 1 - \frac{1}{n+1} \to 1, \quad n \to \infty,$$

所以该级数收敛，且 $\sum\limits_{n=1}^{\infty} \dfrac{1}{n(n+1)} = 1$.

例 3 判别级数 $\sum\limits_{n=1}^{\infty} \ln\dfrac{n+1}{n}$ 的敛散性.

解 由于

$$s_n = \ln\frac{2}{1} + \ln\frac{3}{2} + \cdots + \ln\frac{n+1}{n}$$

$$= (\ln 2 - \ln 1) + (\ln 3 - \ln 2) + \cdots + [\ln(n+1) - \ln n]$$

$$= \ln(n+1) \to +\infty, \quad n \to \infty,$$

所以该级数发散.

例 4 判别调和级数 $\sum\limits_{n=1}^{\infty} \dfrac{1}{n}$ 的敛散性.

解 利用导数容易得知当 $x > 0$ 时 $\ln(1+x) < x$. 特别 $\dfrac{1}{n} > \ln\left(1 + \dfrac{1}{n}\right) = \ln(n+1) - \ln n$. 故

$$s_n = 1 + \frac{1}{2} + \frac{1}{3} + \cdots + \frac{1}{n}$$

$$> (\ln 2 - \ln 1) + (\ln 3 - \ln 2) + \cdots + [\ln(n+1) - \ln n]$$

$$= \ln(n+1) \to +\infty, \quad n \to \infty,$$

所以 $\lim\limits_{n\to\infty} s_n = +\infty$，因此该级数发散.

10.1.2 级数的基本性质

利用级数收敛的定义，我们首先有以下两个基本结果 (请读者证明).

定理 10.1 若级数 $\sum\limits_{n=1}^{\infty} u_n$ 与级数 $\sum\limits_{n=1}^{\infty} v_n$ 都收敛，则级数 $\sum\limits_{n=1}^{\infty} (u_n \pm v_n)$ 也收敛，并且

$$\sum_{n=1}^{\infty} (u_n \pm v_n) = \sum_{n=1}^{\infty} u_n \pm \sum_{n=1}^{\infty} v_n.$$

定理 10.2 级数 $\sum\limits_{n=1}^{\infty} u_n$ 与级数 $\sum\limits_{n=1}^{\infty} k u_n\,(k \neq 0)$ 有相同的敛散性，并且当收敛时，

$$\sum_{n=1}^{\infty} k u_n = k \sum_{n=1}^{\infty} u_n.$$

例 5 判别级数 $\sum\limits_{n=1}^{\infty} \dfrac{3^{n-1} - 5 \cdot 2^n}{4^n}$ 的敛散性，若收敛，求出它的和.

解 因为等比级数 $\sum\limits_{n=1}^{\infty} \left(\dfrac{3}{4}\right)^{n-1}$ 与 $\sum\limits_{n=1}^{\infty} \left(\dfrac{2}{4}\right)^n$ 都收敛，所以级数 $\sum\limits_{n=1}^{\infty} \dfrac{3^{n-1} - 5 \cdot 2^n}{4^n}$ 也收敛，并且

$$\sum_{n=1}^{\infty} \frac{3^{n-1} - 5 \cdot 2^n}{4^n} = \frac{1}{4} \sum_{n=1}^{\infty} \left(\frac{3}{4}\right)^{n-1} - 5 \sum_{n=1}^{\infty} \left(\frac{2}{4}\right)^n = \frac{1}{4} \cdot \frac{1}{1-3/4} - 5 \cdot \frac{1/2}{1-1/2} = 1 - 5 = -4.$$

定理 10.3 在一个级数的前面加上 (或去掉) 有限项，级数的敛散性不变.

证明 设有以下两个级数：

$$u_1 + u_2 + \cdots + u_k + u_{k+1} + \cdots + u_{k+n} + \cdots, \tag{10.1}$$

$$u_{k+1} + \cdots + u_{k+n} + \cdots, \tag{10.2}$$

其中 k 为任意给定的正整数. 此时级数 (10.1) 的前 k 项部分和为 $s_k = u_1 + u_2 + \cdots + u_k$，前 $k+n$ 项部分和为 $s_{k+n} = u_1 + u_2 + \cdots + u_k + u_{k+1} + \cdots + u_{k+n}$. 而级数 (10.2) 的前 n 项部分和就是 $t_n = s_{k+n} - s_k$. 因此当 $n \to \infty$ 时 t_n 与 s_{k+n} 的极限同时存在或同时不存在. 定理证毕.

定理 10.4 对一个收敛级数 $\sum\limits_{n=1}^{\infty} u_n$ 的各项任意加括号后所得级数仍收敛于原级数的和.

证明 设加括号后的级数为

$$(u_1 + \cdots + u_{k_1}) + (u_{k_1+1} + \cdots + u_{k_2}) + \cdots + (u_{k_{n-1}+1} + \cdots + u_{k_n}) + \cdots.$$

再设原级数与加括号后的级数的部分和数列分别为 $\{s_n\}$ 与 $\{t_n\}$. 于是有

$$t_1 = u_1 + u_2 + \cdots + u_{k_1} = s_{k_1},$$
$$t_2 = (u_1 + u_2 + \cdots + u_{k_1}) + (u_{k_1+1} + u_{k_1+2} + \cdots + u_{k_2}) = s_{k_2},$$

······
$$t_n = (u_1 + u_2 + \cdots + u_{k_1}) + (u_{k_1+1} + u_{k_1+2} + \cdots + u_{k_2}) + \cdots$$
$$+ (u_{k_{n-1}+1} + u_{k_{n-1}+2} + \cdots + u_{k_n}) = s_{k_n},$$
······

亦即 $\{t_n\}$ 是 $\{s_n\}$ 的一个子列. 故由 $\{s_n\}$ 的收敛性即可得到 $\{t_n\}$ 的收敛性并有相同的极限值 (见定理 2.3). 定理证毕.

需要注意的是, 定理 10.4 的逆命题不一定成立, 即加括号的级数收敛时, 原级数不一定收敛. 如级数 $(1-1) + (1-1) + \cdots$ 收敛于 0. 而级数 $1-1+1-1+\cdots$ 是发散的, 这是因为它的部分和数列 $1,0,1,0,1,0,\cdots$ 不收敛.

定理 10.5(级数收敛的必要条件) 若级数 $\sum\limits_{n=1}^{\infty} u_n$ 收敛, 则 $\lim\limits_{n\to\infty} u_n = 0$.

证明 设 $\sum\limits_{n=1}^{\infty} u_n$ 的部分和为 s_n, $\lim\limits_{n\to\infty} s_n = s$. 于是

$$\lim_{n\to\infty} u_n = \lim_{n\to\infty} (s_n - s_{n-1}) = s - s = 0.$$

定理证毕.

定理 10.5 说明, 判别一个级数是否收敛, 可先判别通项 u_n 是否以零为极限. 若不以零为极限, 则级数发散. 如级数 $\sum\limits_{n=1}^{\infty} \dfrac{n}{n+1}$ 的通项 $u_n = \dfrac{n}{n+1} \to 1 \ (n\to\infty)$, 所以该级数发散. 但是需要注意的是, u_n 以零为极限只是级数 $\sum\limits_{n=1}^{\infty} u_n$ 收敛的必要条件, 而不是充分条件. 如调和级数 $\sum\limits_{n=1}^{\infty} \dfrac{1}{n}$ 的通项 $\dfrac{1}{n} \to 0 (n\to\infty)$, 但是由例 4 可以得知该级数是发散的.

10.2 正 项 级 数

本节我们讨论正项级数, 即级数 $\sum\limits_{n=1}^{\infty} u_n$ 的通项 $u_n \geqslant 0$.

设 $\sum\limits_{n=1}^{\infty} u_n$ 为一个正项级数, 于是它的部分和数列 $\{s_n\}$ 单增, 故由数列极限定理 2.1 得知下述定理.

定理 10.6 正项级数收敛的充分必要条件是它的部分和数列有上界.

由定理 10.6, 我们先给出判别正项级数敛散性的**比较判别法**, 然后再由此判别法给出更方便的**比值判别法**, **根值判别法和积分判别法**.

定理 10.7(比较判别法) 设 $0 \leqslant u_n \leqslant v_n (n=1,2,\cdots)$, 则

(1) 当 $\sum\limits_{n=1}^{\infty} v_n$ 收敛时, $\sum\limits_{n=1}^{\infty} u_n$ 也收敛;

(2) 当 $\sum\limits_{n=1}^{\infty} u_n$ 发散时, $\sum\limits_{n=1}^{\infty} v_n$ 也发散.

证明 设 $s_n = \sum\limits_{k=1}^{n} u_k, t_n = \sum\limits_{k=1}^{n} v_k$. 因为 $u_n \leqslant v_n \ (n = 1, 2, \cdots)$, 所以 $s_n \leqslant t_n$.

(1) 当 $\sum\limits_{n=1}^{\infty} v_n$ 收敛时, 由定理 10.6 知 $\{t_n\}$ 有上界, 于是 $\{s_n\}$ 也有上界, 故 $\sum\limits_{n=1}^{\infty} u_n$ 收敛;

(2) 当 $\sum\limits_{n=1}^{\infty} u_n$ 发散时, 由定理 10.6 知 $\{s_n\}$ 无上界, 于是 $\{t_n\}$ 也无上界, 故 $\sum\limits_{n=1}^{\infty} v_n$ 发散. 定理证毕.

例 1 讨论广义调和级数 $\sum\limits_{n=1}^{\infty} \dfrac{1}{n^p}$ (也称 p 级数) 的敛散性.

解 当 $p \leqslant 1$ 时, $\dfrac{1}{n^p} \geqslant \dfrac{1}{n}$, 由于 $\sum\limits_{n=1}^{\infty} \dfrac{1}{n}$ 发散, 故由比较判别法得 $\sum\limits_{n=1}^{\infty} \dfrac{1}{n^p}$ 发散.

当 $p > 1$ 时, 由于 $\dfrac{1}{x^p}$ 在 $[k-1, k]$ 上单减, $k \geqslant 2$, 因此 $\dfrac{1}{k^p} < \int_{k-1}^{k} \dfrac{\mathrm{d}x}{x^p}$. 所以

$$\dfrac{1}{2^p} + \dfrac{1}{3^p} + \cdots + \dfrac{1}{n^p} < \int_1^2 \dfrac{\mathrm{d}x}{x^p} + \int_2^3 \dfrac{\mathrm{d}x}{x^p} + \cdots + \int_{n-1}^n \dfrac{\mathrm{d}x}{x^p}$$
$$= \int_1^n \dfrac{1}{x^p} \mathrm{d}x = \dfrac{1 - n^{1-p}}{p-1} < \dfrac{1}{p-1},$$

于是原级数的部分和 $s_n < 1 + \dfrac{1}{p-1}$, 即 $\{s_n\}$ 有上界, 故 $\sum\limits_{n=1}^{\infty} \dfrac{1}{n^p}$ 收敛.

综上讨论, 当且仅当 $p > 1$ 时广义调和级数 $\sum\limits_{n=1}^{\infty} \dfrac{1}{n^p}$ 收敛.

注意, 利用比较判别法时, 经常会与等比级数或广义调和级数比较, 因此要记住这两种级数的敛散性.

例 2 判别级数 $\sum\limits_{n=1}^{\infty} 3^n \sin \dfrac{\pi}{4^n}$ 的敛散性.

解 由于 $\sin \dfrac{\pi}{4^n} < \dfrac{\pi}{4^n}$, 所以 $3^n \sin \dfrac{\pi}{4^n} < 3^n \cdot \dfrac{\pi}{4^n} = \pi \left(\dfrac{3}{4}\right)^n$, 而级数 $\sum\limits_{n=1}^{\infty} \left(\dfrac{3}{4}\right)^n$ 收敛, 故原级数也收敛.

10.2 正项级数

例 3 判别级数 $\sum_{n=1}^{\infty} \dfrac{1}{\sqrt{n^2+1}}$ 的敛散性.

解 由于 $\dfrac{1}{\sqrt{n^2+1}} > \dfrac{1}{\sqrt{(n+1)^2}} = \dfrac{1}{n+1}$, 而级数 $\sum_{n=1}^{\infty} \dfrac{1}{n+1}$ 发散, 所以原级数也发散.

下面给出比较判别法的极限形式, 它在使用时更为方便.

定理 10.8(比较判别法的极限形式) 设 $\sum_{n=1}^{\infty} u_n, \sum_{n=1}^{\infty} v_n$ 为两个正项级数, 且 $\lim\limits_{n\to\infty} \dfrac{u_n}{v_n} = l$.

(1) 若 $0 < l < +\infty$, 则这两个级数的敛散性相同;

(2) 若 $l = 0$, 则当 $\sum_{n=1}^{\infty} v_n$ 收敛时, $\sum_{n=1}^{\infty} u_n$ 也收敛;

(3) 若 $l = +\infty$, 则当 $\sum_{n=1}^{\infty} v_n$ 发散时, $\sum_{n=1}^{\infty} u_n$ 也发散.

证明 这里只给出 (1) 的证明, (2)、(3) 可类似来证 (请读者证明). 设 $0 < l < +\infty$. 由数列极限定义, 对 $\varepsilon = \dfrac{l}{2}$, 存在 N, 使当 $n > N$ 时, $\left|\dfrac{u_n}{v_n} - l\right| < \dfrac{l}{2}$, 即 $\dfrac{l}{2} v_n < u_n < \dfrac{3l}{2} v_n$. 因此由比较判别法即可得到这两个级数的敛散性相同. 定理证毕.

例 4 判别级数 $\sum_{n=1}^{\infty} \sin\dfrac{1}{n}$ 的敛散性.

解 由于 $\sin\dfrac{1}{n}$ 与 $\dfrac{1}{n}$ 是等价无穷小, 而 $\sum_{n=1}^{\infty} \dfrac{1}{n}$ 发散, 所以 $\sum_{n=1}^{\infty} \sin\dfrac{1}{n}$ 也发散.

例 5 判别级数 $\sum_{n=1}^{\infty} \left(1 - \cos\dfrac{1}{n}\right)$ 的敛散性.

解 由于 $1-\cos\dfrac{1}{n}$ 与 $\dfrac{1}{2n^2}$ 是等价无穷小, 而 $\sum_{n=1}^{\infty} \dfrac{1}{n^2}$ 收敛, 所以 $\sum_{n=1}^{\infty} \left(1 - \cos\dfrac{1}{n}\right)$ 也收敛.

定理 10.9(比值判别法) 设 $\sum_{n=1}^{\infty} u_n$ 为正项级数, 且 $\lim\limits_{n\to\infty} \dfrac{u_{n+1}}{u_n} = l$, 则

(1) 当 $l < 1$ 时, 级数收敛;

(2) 当 $l > 1$ 时, 级数发散;

(3) 当 $l = 1$ 时, 级数的敛散性需另行判别.

证明 (1) 当 $l < 1$ 时, 由极限性质, 对 $\varepsilon = \dfrac{1-l}{2}$, 存在 N, 使当 $n > N$ 时,

$$\dfrac{u_{n+1}}{u_n} < l + \varepsilon = \dfrac{1+l}{2} = q < 1.$$

于是
$$u_n < qu_{n-1} < q^2 u_{n-2} < \cdots < q^{n-N} u_N, \quad n = N+1, N+2, \cdots.$$

由于 $\sum_{n=N+1}^{\infty} q^{n-N} u_N$ 收敛, 所以由比较判别法知 $\sum_{n=N+1}^{\infty} u_n$ 收敛. 又由于原级数 $\sum_{n=1}^{\infty} u_n$ 只比 $\sum_{n=N+1}^{\infty} u_n$ 多了前 N 项, 所以原级数收敛.

(2) 当 $l > 1$ 时, 对 $\varepsilon = \dfrac{l-1}{2}$, 存在 N, 使当 $n > N$ 时, $\dfrac{u_{n+1}}{u_n} > l - \varepsilon = \dfrac{l+1}{2} > 1$, 于是 $u_{n+1} > u_n$, 故 $\lim\limits_{n \to \infty} u_n \neq 0$, 因此级数 $\sum_{n=1}^{\infty} u_n$ 发散.

(3) 当 $l = 1$ 时, 推不出级数的敛散性. 例如, $\sum_{n=1}^{\infty} \dfrac{1}{n}, \sum_{n=1}^{\infty} \dfrac{1}{n^2}$ 都满足 $l = \lim\limits_{n \to \infty} \dfrac{u_{n+1}}{u_n} = 1$, 但前者发散, 后者收敛. 因此当 $l = 1$ 时级数的敛散性需另行判别. 定理证毕.

例 6 判别级数 $\sum_{n=1}^{\infty} \dfrac{3^n n!}{n^n}$ 的敛散性.

解 由于
$$l = \lim_{n \to \infty} \frac{u_{n+1}}{u_n} = \lim_{n \to \infty} \frac{3^{n+1}(n+1)!}{(n+1)^{n+1}} \cdot \frac{n^n}{3^n n!} = \lim_{n \to \infty} \frac{3}{(1+1/n)^n} = \frac{3}{\mathrm{e}} > 1,$$

所以级数 $\sum_{n=1}^{\infty} \dfrac{3^n n!}{n^n}$ 发散.

例 7 判别级数 $\sum_{n=1}^{\infty} \dfrac{n \cos^2 \dfrac{n}{3}\pi}{2^n}$ 的敛散性.

解 由于 $\dfrac{n \cos^2 \dfrac{n}{3}\pi}{2^n} \leqslant \dfrac{n}{2^n}$, 而级数 $\sum_{n=1}^{\infty} \dfrac{n}{2^n}$ 满足
$$l = \lim_{n \to \infty} \frac{u_{n+1}}{u_n} = \lim_{n \to \infty} \frac{n+1}{2^{n+1}} \cdot \frac{2^n}{n} = \frac{1}{2} < 1,$$

所以级数 $\sum_{n=1}^{\infty} \dfrac{n}{2^n}$ 收敛, 从而级数 $\sum_{n=1}^{\infty} \dfrac{n \cos^2 \dfrac{n}{3}\pi}{2^n}$ 也收敛.

定理 10.10(根值判别法) 设 $\sum_{n=1}^{\infty} u_n$ 为正项级数, 且 $\lim\limits_{n \to \infty} \sqrt[n]{u_n} = l$, 则

(1) 当 $l < 1$ 时, 级数收敛;
(2) 当 $l > 1$ 时, 级数发散;
(3) 当 $l = 1$ 时, 级数的敛散性需另行判别.

定理 10.10 的证明与定理 10.9 的证明类似 (请读者证明).

例 8 判别级数 $\sum_{n=1}^{\infty}\left(\dfrac{nx}{n+1}\right)^n$ 的敛散性, $x > 0$.

解 由于 $l = \lim_{n\to\infty} \sqrt[n]{u_n} = \lim_{n\to\infty} \dfrac{nx}{n+1} = x$, 于是当 $0 < x < 1$ 时级数收敛; 当 $x > 1$ 时级数发散; 当 $x = 1$ 时, $\lim_{n\to\infty} u_n = \dfrac{1}{e} \neq 0$, 故级数发散.

定理 10.11(积分判别法) 设 $f(x)$ 为 $[1, +\infty)$ 上的非负连续单减函数, $u_n = f(n)$, 则级数 $\sum_{n=1}^{\infty} u_n$ 与广义积分 $\int_1^{+\infty} f(x)\mathrm{d}x$ 同时收敛或同时发散.

证明 因为 $f(x)$ 在 $[1, +\infty)$ 上单减, 故当 $k-1 \leqslant x \leqslant k$ 时 $f(k) \leqslant f(x) \leqslant f(k-1)$. 于是

$$u_k = f(k) \leqslant \int_{k-1}^{k} f(x)\mathrm{d}x \leqslant f(k-1) = u_{k-1},$$

$$s_n - u_1 = \sum_{k=2}^{n} u_k \leqslant \sum_{k=2}^{n} \int_{k-1}^{k} f(x)\mathrm{d}x \leqslant \sum_{k=2}^{n} u_{k-1} = s_n - u_n.$$

因此

$$s_n - u_1 \leqslant \int_1^n f(x)\mathrm{d}x \leqslant s_n.$$

若 $\int_1^{+\infty} f(x)\mathrm{d}x$ 收敛, 则由第一个不等式知 $\{s_n\}$ 有上界, 从而级数 $\sum_{n=1}^{\infty} u_n$ 收敛;

若 $\int_1^{+\infty} f(x)\mathrm{d}x$ 发散, 则由第二个不等式知 $\lim_{n\to\infty} s_n = +\infty$, 从而级数 $\sum_{n=1}^{\infty} u_n$ 发散.

例 9 判别级数 $\sum_{n=2}^{\infty} \dfrac{1}{n\ln^p n}$ 的敛散性.

解 设 $f(x) = \dfrac{1}{x\ln^p x}$, 则 $f(x)$ 为 $[2, +\infty)$ 上单减的非负连续函数. 由于

$$\int_2^{+\infty} \dfrac{\mathrm{d}x}{x\ln^p x} = \begin{cases} (\ln x)^{-p+1}/(1-p)\big|_2^{+\infty}, & p \neq 1 \\ \ln\ln x \big|_2^{+\infty}, & p = 1 \end{cases} = \begin{cases} (\ln 2)^{1-p}/(p-1), & p > 1, \\ +\infty, & p \leqslant 1, \end{cases}$$

故积分 $\int_2^{+\infty} f(x)\mathrm{d}x$ 当且仅当 $p > 1$ 时收敛. 从而级数 $\sum_{n=2}^{\infty} \dfrac{1}{n\ln^p n}$ 当且仅当 $p > 1$ 时收敛.

10.3 任意项级数

我们先讨论正、负项相间出现的级数 $\sum_{n=1}^{\infty} (-1)^{n-1} u_n$, 其中 $u_n > 0 \, (n = 1, 2, \cdots)$.

这种级数称为**交错级数**.

定理 10.12(莱布尼茨判别法) 若交错级数 $\sum_{n=1}^{\infty}(-1)^{n-1}u_n$ 满足下面条件:

(1) $u_n \geqslant u_{n+1}$ $(n=1,2,\cdots)$;

(2) $\lim\limits_{n\to\infty} u_n = 0$,

则级数收敛, 且其和 $s \leqslant u_1$.

证明 首先, 由条件 (1) 有

$$s_{2n} = (u_1 - u_2) + (u_3 - u_4) + \cdots + (u_{2n-1} - u_{2n}) \geqslant s_{2n-2} \geqslant 0,$$
$$s_{2n} = u_1 - (u_2 - u_3) - (u_4 - u_5) - \cdots - (u_{2n-2} - u_{2n-1}) - u_{2n} \leqslant u_1.$$

因此 $\{s_{2n}\}$ 单增有上界, 于是 $\lim\limits_{n\to\infty} s_{2n}$ 存在, 设其极限值为 s, 于是 $\lim\limits_{n\to\infty} s_{2n} = s \leqslant u_1$.

其次由条件 (2) 得知 $\lim\limits_{n\to\infty} s_{2n+1} = \lim\limits_{n\to\infty}(s_{2n} + u_{2n+1}) = s$. 这样, s_n 的偶数项子列和奇数项子列有相同的极限 s, 于是 $\lim\limits_{n\to\infty} s_n = s \leqslant u_1$. 定理证毕.

例 1 判别级数 $\sum_{n=1}^{\infty}(-1)^{n-1}\dfrac{1}{n^p}(0 < p \leqslant 1)$ 的敛散性.

解 由于 $u_n = \dfrac{1}{n^p} > \dfrac{1}{(n+1)^p} = u_{n+1}(n=1,2,\cdots)$, 且 $\lim\limits_{n\to\infty} u_n = \lim\limits_{n\to\infty} \dfrac{1}{n^p} = 0(0 < p \leqslant 1)$, 故由莱布尼茨判别法知级数 $\sum_{n=1}^{\infty}(-1)^{n-1}\dfrac{1}{n^p}(0 < p \leqslant 1)$ 收敛.

例 2 判别级数 $\sum_{n=1}^{\infty}(-1)^{n-1}\ln\dfrac{n+1}{n}$ 的敛散性.

解 显然 $\ln\dfrac{n+1}{n} = \ln\left(1 + \dfrac{1}{n}\right)$ 关于 n 单减而且有极限 0, 故由莱布尼茨判别法知级数收敛.

下面讨论任意项级数的敛散性.

定理 10.13 若级数 $\sum_{n=1}^{\infty}|u_n|$ 收敛, 则级数 $\sum_{n=1}^{\infty}u_n$ 也收敛.

证明 设 $v_n = \dfrac{1}{2}(|u_n| + u_n)$, 则 $0 \leqslant v_n \leqslant |u_n|$. 于是由正项级数 $\sum_{n=1}^{\infty}|u_n|$ 收敛可得正项级数 $\sum_{n=1}^{\infty}v_n$ 也收敛. 再由 $u_n = 2v_n - |u_n|$ 及定理 10.1, 定理 10.2 得原级数 $\sum_{n=1}^{\infty}u_n$ 收敛. 定理证毕.

注意: 若 $\sum_{n=1}^{\infty}|u_n|$ 发散, 则级数 $\sum_{n=1}^{\infty}u_n$ 不一定发散. 例如, 交错级数 $\sum_{n=1}^{\infty}(-1)^{n-1}\dfrac{1}{n}$

收敛, 但其各项取绝对值后所得级数 $\sum\limits_{n=1}^{\infty} \dfrac{1}{n}$ 发散.

若级数 $\sum\limits_{n=1}^{\infty} |u_n|$ 收敛, 则称级数 $\sum\limits_{n=1}^{\infty} u_n$ **绝对收敛**; 如果级数 $\sum\limits_{n=1}^{\infty} u_n$ 收敛, 而级数 $\sum\limits_{n=1}^{\infty} |u_n|$ 发散, 则称级数 $\sum\limits_{n=1}^{\infty} u_n$ **条件收敛**.

例如, 对级数 $\sum\limits_{n=1}^{\infty} \dfrac{\sin n\alpha}{n^2}$, 由于 $\left|\dfrac{\sin n\alpha}{n^2}\right| \leqslant \dfrac{1}{n^2}$, 而 $\sum\limits_{n=1}^{\infty} \dfrac{1}{n^2}$ 收敛, 所以 $\sum\limits_{n=1}^{\infty} \left|\dfrac{\sin n\alpha}{n^2}\right|$ 也收敛, 故 $\sum\limits_{n=1}^{\infty} \dfrac{\sin n\alpha}{n^2}$ 绝对收敛; 而级数 $\sum\limits_{n=1}^{\infty} (-1)^{n-1} \dfrac{1}{n}$ 条件收敛.

例 3 判别级数 $\sum\limits_{n=1}^{\infty} (-1)^n \dfrac{n!}{n^n}$ 是绝对收敛? 还是条件收敛?

解 由于

$$l = \lim_{n\to\infty} \left|\dfrac{u_{n+1}}{u_n}\right| = \lim_{n\to\infty} \left|\dfrac{(-1)^{n+1}\dfrac{(n+1)!}{(n+1)^{n+1}}}{(-1)^n \dfrac{n!}{n^n}}\right| = \lim_{n\to\infty} \left(\dfrac{n}{n+1}\right)^n = \dfrac{1}{\mathrm{e}} < 1,$$

故级数绝对收敛.

例 4 判别级数 $\sum\limits_{n=1}^{\infty} \dfrac{x^n}{n}$ 的敛散性.

解 由于

$$l = \lim_{n\to\infty} \left|\dfrac{u_{n+1}}{u_n}\right| = \lim_{n\to\infty} \left|\dfrac{\dfrac{x^{n+1}}{n+1}}{\dfrac{x^n}{n}}\right| = \lim_{n\to\infty} \dfrac{n}{n+1}|x| = |x|,$$

所以当 $|x| < 1$ 时, 原级数绝对收敛; 当 $|x| > 1$ 时, 原级数发散; 当 $x = 1$ 时为调和级数, 发散; 当 $x = -1$ 时, 级数为 $\sum\limits_{n=1}^{\infty} (-1)^n \dfrac{1}{n}$, 条件收敛.

10.4 幂 级 数

10.4.1 函数项级数的概念

设 $\{u_n(x)\}_{n\geqslant 1}$ 是定义在某区间 D 上的函数列, 则称 $u_1(x) + u_2(x) + \cdots + u_n(x) + \cdots$ 为定义在 D 上的函数项级数, 简记为 $\sum\limits_{n=1}^{\infty} u_n(x)$. 现若 $x_0 \in D$ 使数项

级数 $\sum_{n=1}^{\infty} u_n(x_0)$ 收敛, 则称函数项级数 $\sum_{n=1}^{\infty} u_n(x)$ **在点 x_0 处收敛**, 也称 x_0 为该函数项级数的**收敛点**. 函数项级数 $\sum_{n=1}^{\infty} u_n(x)$ 的收敛点全体构成的集合称为它的**收敛域**. 对收敛域中的每个 x, 令

$$s(x) = \sum_{n=1}^{\infty} u_n(x),$$

则 $s(x)$ 称为 $\sum_{n=1}^{\infty} u_n(x)$ 的**和函数**, 它是收敛域上的一个函数. 若函数项级数 $\sum_{n=1}^{\infty} u_n(x)$ 的前 n 项部分和为 $s_n(x)$, 则在收敛域上有

$$\lim_{n \to \infty} s_n(x) = s(x).$$

例如, 对函数项级数 $s(x) = \sum_{n=1}^{\infty} \dfrac{x^n}{n}$, 由 10.3 节例 4 知其收敛域为 $[-1, 1)$.

10.4.2 幂级数及其敛散性

本节讨论一类特殊函数项级数, 即它有形状

$$\sum_{n=0}^{\infty} a_n(x-x_0)^n = a_0 + a_1(x-x_0) + a_2(x-x_0)^2 + \cdots + a_n(x-x_0)^n + \cdots,$$

其中 x_0 和 a_n 都是常数. 这样的级数称为**幂级数**. 为简单起见, 先讨论 $x_0 = 0$ 的情形, 即

$$\sum_{n=0}^{\infty} a_n x^n = a_0 + a_1 x + \cdots + a_n x^n + \cdots.$$

很明显, 上级数在 $x = 0$ 收敛. 下面讨论在 $x \neq 0$ 处的敛散性.

定理 10.14(阿贝尔定理) 若幂级数 $\sum_{n=0}^{\infty} a_n x^n$ 在某点 $x_0 \neq 0$ 处收敛, 则当 $|x| < |x_0|$ 时该幂级数绝对收敛; 若该幂级数在某点 $x_0 \neq 0$ 处发散, 则当 $|x| > |x_0|$ 时该幂级数发散.

证明 若级数在 $x_0 \neq 0$ 点收敛, 则由级数收敛的必要条件, 有 $\lim\limits_{n \to \infty} a_n x_0^n = 0$. 于是数列 $\{a_n x_0^n\}$ 有界, 即存在 $M > 0$, 使 $|a_n x_0^n| \leqslant M$ 对一切 $n \geqslant 1$ 成立. 于是当 $|x| < |x_0|$ 时,

$$|a_n x^n| = |a_n x_0^n| \cdot \left|\dfrac{x}{x_0}\right|^n \leqslant M \left|\dfrac{x}{x_0}\right|^n = M q^n,$$

其中 $q = \left|\dfrac{x}{x_0}\right| < 1$. 由于等比级数 $\sum_{n=0}^{\infty} M q^n$ 收敛, 所以级数 $\sum_{n=0}^{\infty} a_n x^n$ 绝对收敛.

10.4 幂级数

若幂级数 $\sum_{n=0}^{\infty} a_n x^n$ 在 $x_0 \neq 0$ 点处发散,则由前面的结果知道,对任何满足 $|x| > |x_0|$ 的 x,级数 $\sum_{n=0}^{\infty} a_n x^n$ 发散. 定理证毕.

由定理 10.14 可以得到一个重要结论: 幂级数 $\sum_{n=0}^{\infty} a_n x^n$ 的收敛域是一个关于原点对称的区间 I(开区间、闭区间或半开区间): 若级数仅在 $x = 0$ 处收敛, 则收敛域只有一点 $x = 0$; 若级数在整个数轴上都收敛, 则收敛域为 $(-\infty, +\infty)$; 否则必存在一个正数 R, 使当 $|x| < R$ 时, 级数绝对收敛; 当 $|x| > R$ 时, 级数发散; 而在区间的端点 $x = \pm R$, 幂级数的敛散性需另行判别.

同样, 幂级数 $\sum_{n=0}^{\infty} a_n(x-x_0)^n$ 的收敛域是一个关于点 $x = x_0$ 对称的区间 I(开区间, 闭区间或半开区间): 若级数仅在 $x = x_0$ 处收敛, 则收敛域只有一点 $x = x_0$; 若级数在整个数轴上都收敛, 则收敛域为 $(-\infty, +\infty)$; 否则必存在一个正数 R, 使当 $|x - x_0| < R$ 时, 级数绝对收敛; 当 $|x - x_0| > R$ 时, 级数发散; 而在区间的端点 $x = x_0 \pm R$, 幂级数的敛散性需另行判别. 这个 R 称为该幂级数的**收敛半径**.

由正项级数的比值判别法, 可得到求幂级数的收敛半径的方法.

例 1 求幂级数 $\sum_{n=0}^{\infty}(-1)^n(n+1)!x^n$ 的收敛半径及收敛域.

解 由于对任何 $x \neq 0$,

$$\left|\frac{(-1)^{n+1}(n+2)!x^{n+1}}{(-1)^n(n+1)!x^n}\right| = (n+2)|x| \stackrel{n \to \infty}{\longrightarrow} \infty,$$

故由比值判别法知级数仅对 $x = 0$ 收敛. 因此收敛半径 $R = 0$.

例 2 求幂级数 $\sum_{n=1}^{\infty} \frac{1}{(2n)!} x^n$ 的收敛半径及收敛域.

解 由于对任何 $x \neq 0$,

$$\left|\frac{x^{n+1}}{[2(n+1)]!} \cdot \frac{(2n)!}{x^n}\right| = \frac{|x|}{(2n+2)(2n+1)} \stackrel{n \to \infty}{\longrightarrow} 0,$$

故由比值判别法知幂级数对一切 x 收敛, 因此收敛半径 $R = +\infty$, 收敛域为 $(-\infty, +\infty)$.

例 3 求幂级数 $\sum_{n=0}^{\infty} \frac{(-2)^n}{n+1} x^n$ 的收敛半径及收敛域.

解 由于

$$\left|\frac{(-2)^{n+1}x^{n+1}}{n+2} \cdot \frac{n+1}{(-2)^n x^n}\right| = \frac{2(n+1)}{n+2}|x| \stackrel{n \to \infty}{\longrightarrow} 2|x|,$$

故由比值判别法知当 $2|x|<1$, 即 $|x|<\dfrac{1}{2}$ 时幂级数收敛; 当 $2|x|>1$, 即 $|x|>\dfrac{1}{2}$ 时幂级数发散. 因此收敛半径 $R=\dfrac{1}{2}$. 又当 $x=-\dfrac{1}{2}$ 时, 级数 $\sum\limits_{n=0}^{\infty}\dfrac{1}{n+1}$ 发散; 当 $x=\dfrac{1}{2}$ 时, 级数 $\sum\limits_{n=1}^{\infty}(-1)^{n}\dfrac{1}{n+1}$ 收敛, 于是收敛域为 $\left(-\dfrac{1}{2},\dfrac{1}{2}\right]$(这是一个半开区间).

例 4 求幂级数 $\sum\limits_{n=1}^{\infty}n(x+1)^{n}$ 的收敛半径及收敛域.

解 由于
$$\left|\dfrac{(n+1)(x+1)^{n+1}}{n(x+1)^{n}}\right|=\dfrac{n+1}{n}|x+1|\xrightarrow{n\to\infty}|x+1|,$$
故由比值判别法知当 $|x+1|<1$, 即 $-2<x<0$ 时幂级数收敛; 当 $|x+1|>1$ 时幂级数发散. 因此收敛半径 $R=1$. 又当 $x=-2$ 时, 级数 $\sum\limits_{n=1}^{\infty}(-1)^{n}n$ 发散; 当 $x=0$ 时, 级数 $\sum\limits_{n=1}^{\infty}n$ 发散, 于是收敛域为 $(-2,0)$(这是一个开区间).

例 5 求幂级数 $\sum\limits_{n=1}^{\infty}\dfrac{(2x-1)^{n}}{n^{2}}$ 的收敛域.

解 令 $2x-1=y$, 则级数变为幂级数 $\sum\limits_{n=1}^{\infty}\dfrac{y^{n}}{n^{2}}$. 此时由于
$$\left|\dfrac{y^{n+1}}{(n+1)^{2}}\cdot\dfrac{n^{2}}{y^{n}}\right|=\dfrac{n^{2}|y|}{(n+1)^{2}}\xrightarrow{n\to\infty}|y|,$$
故由比值判别法知当 $|y|<1$ 时级数收敛; 当 $|y|>1$ 是级数发散. 从而原级数在 $|2x-1|<1$, 即 $0<x<1$ 时收敛. 又当 $x=0$ 时, 级数 $\sum\limits_{n=1}^{\infty}\dfrac{(-1)^{n}}{n^{2}}$ 收敛; 当 $x=1$ 时, 级数 $\sum\limits_{n=1}^{\infty}\dfrac{1}{n^{2}}$ 也收敛, 于是收敛域为 $[0,1]$(这是一个闭区间).

例 6 求幂级数 $\sum\limits_{n=1}^{\infty}x^{n!}$ 的收敛半径及收敛域.

解 由于
$$\left|\dfrac{x^{(n+1)!}}{x^{n!}}\right|=|x|^{n!n}\xrightarrow{n\to\infty}\begin{cases}0,&|x|<1,\\1,&|x|=1,\\\infty,&|x|>1,\end{cases}$$
因此由比值判别法知收敛半径为 1, 收敛域为 $(-1,1)$(这是一个开区间).

10.4.3 幂级数的其他性质

下面给出幂级数运算的一些性质 (证明从略).

定理 10.15 设幂级数 $\sum_{n=0}^{\infty} a_n(x-x_0)^n$ 和 $\sum_{n=0}^{\infty} b_n(x-x_0)^n$ 的收敛半径分别为 R_1 和 R_2, 则对任何 $|x-x_0| < \min\{R_1, R_2\}$,

$$\sum_{n=0}^{\infty} [a_n \pm b_n](x-x_0)^n = \sum_{n=0}^{\infty} a_n(x-x_0)^n \pm \sum_{n=0}^{\infty} b_n(x-x_0)^n.$$

定理 10.16 若幂级数 $\sum_{n=0}^{\infty} a_n(x-x_0)^n$ 的收敛半径为 R, 收敛区域为 I, 和函数为 $s(x)$, 则

(1) $s(x)$ 在收敛区域 I 上连续;

(2) $s(x)$ 在开区间 $(x_0 - R, x_0 + R)$ 内可导, 并且有下面的**逐项求导公式**:

$$s'(x) = \left[\sum_{n=0}^{\infty} a_n(x-x_0)^n\right]' = \sum_{n=0}^{\infty} [a_n(x-x_0)^n]' = \sum_{n=0}^{\infty} n a_n(x-x_0)^{n-1};$$

(3) 对任何 $x \in I$, $s(x)$ 在区间 $[x_0, x]$ 上黎曼可积, 而且有下面的**逐项积分公式**:

$$\int_{x_0}^{x} s(t)\mathrm{d}t = \int_{x_0}^{x} \sum_{n=0}^{\infty} a_n(t-x_0)^n \mathrm{d}t = \sum_{n=0}^{\infty} \int_{x_0}^{x} a_n(t-x_0)^n \mathrm{d}t = \sum_{n=0}^{\infty} \frac{a_n}{n+1}(x-x_0)^{n+1}.$$

此外逐项求导后的级数及逐项积分后的级数与原级数有相同的收敛半径 R.

例 7 求幂级数 $s(x) = \sum_{n=1}^{\infty} nx^{n-1}$ 的和函数及数项级数 $\sum_{n=1}^{\infty} \frac{2n}{3^n}$ 的和.

解 由于

$$\left|\frac{(n+1)x^n}{nx^{n-1}}\right| = \frac{n+1}{n}|x| \xrightarrow{n\to\infty} |x|,$$

故由比值判别法易知收敛半径 $R = 1$. 当 $x = \pm 1$ 时幂级数都发散, 故收敛域为 $(-1, 1)$.

在 $s(x) = \sum_{n=1}^{\infty} nx^{n-1} (-1 < x < 1)$ 两边在 $[0, x]$ 上积分得

$$\int_0^x s(t)\mathrm{d}t = \int_0^x \left(\sum_{n=1}^{\infty} nt^{n-1}\right)\mathrm{d}t = \sum_{n=1}^{\infty} \int_0^x nt^{n-1}\mathrm{d}t = \sum_{n=1}^{\infty} x^n = \frac{x}{1-x}.$$

两边再求导得

$$s(x) = \left(\frac{x}{1-x}\right)' = \frac{1}{(1-x)^2}, \quad -1 < x < 1.$$

将 $x=\dfrac{1}{3}$ 代入上式得 $s\left(\dfrac{1}{3}\right)=\sum\limits_{n=1}^{\infty}n\left(\dfrac{1}{3}\right)^{n-1}=\dfrac{9}{4}$, 于是

$$\sum_{n=1}^{\infty}\frac{2n}{3^n}=\frac{2}{3}\sum_{n=1}^{\infty}n\left(\frac{1}{3}\right)^{n-1}=\frac{3}{2}.$$

例 8 求幂级数 $s(x)=\sum\limits_{n=0}^{\infty}\dfrac{x^{2n}}{2n+1}$ 的和函数.

解 由于

$$\left|\frac{x^{2n+2}}{2n+3}\cdot\frac{2n+1}{x^{2n}}\right|=\frac{2n+1}{2n+3}|x|^2\stackrel{n\to\infty}{\longrightarrow}|x|^2,$$

故由比值判别法易知收敛半径 $R=1$. 当 $x=\pm 1$ 时幂级数都发散, 故收敛域为 $(-1,1)$. 此时

$$xs(x)=\sum_{n=0}^{\infty}\frac{x^{2n+1}}{2n+1},\quad -1<x<1.$$

在上式两边求导得

$$[xs(x)]'=\sum_{n=0}^{\infty}x^{2n}=\frac{1}{1-x^2},\quad -1<x<1.$$

两边在 $[0,x]$ 上积分得

$$xs(x)=\int_0^x\frac{\mathrm{d}t}{1-t^2}=\frac{1}{2}\ln\frac{1+x}{1-x},\quad -1<x<1.$$

于是

$$s(x)=\sum_{n=0}^{\infty}\frac{x^{2n}}{2n+1}=\begin{cases}\dfrac{1}{2x}\ln\dfrac{1+x}{1-x},&0<|x|<1,\\ 1,&x=0.\end{cases}$$

10.5 函数的幂级数展开

本节讨论一个函数能否表示成一个幂级数的问题.

定理 10.17 若函数 $f(x)$ 在 x_0 点的某邻域 $N(x_0,\delta)=(x_0-\delta,x_0+\delta)$ 中能表示为幂级数

$$f(x)=\sum_{n=0}^{\infty}a_n(x-x_0)^n,$$

则 $f(x)$ 在 $N(x_0,\delta)$ 中无穷次可导, 并且

$$a_n=\frac{f^{(n)}(x_0)}{n!},\quad n=0,1,\cdots.$$

证明 $f(x)$ 在 $N(x_0,\delta)$ 中无穷次可导可由定理 10.16(2) 得到. 其次在上展开式两边在 x_0 点求 k 次导数, 得

$$f^{(k)}(x_0) = \left(\sum_{n=0}^{\infty} a_n(x-x_0)^n\right)^{(k)}\bigg|_{x=x_0}$$
$$= \left(\sum_{n=k}^{\infty} n(n-1)\cdots(n-k+1)a_n(x-x_0)^{n-k}\right)\bigg|_{x=x_0} = k!a_k,$$

定理得证.

这样, $f(x)$ 能在 $N(x_0,\delta)$ 中表示为一个幂级数的必要条件是 $f(x)$ 在 $N(x_0,\delta)$ 中无穷次可导. 反之若 $f(x)$ 在 $N(x_0,\delta)$ 中无穷次可导, 则 $f(x)$ 在 $N(x_0,\delta)$ 中不一定能表示为一个幂级数. 例如, 容易证明函数

$$f(x) = \begin{cases} \mathrm{e}^{-1/x^2}, & x \neq 0, \\ 0, & x = 0 \end{cases}$$

在 $\mathbb{R}$ 上无穷次可导, 并且

$$f^{(n)}(0) = 0, \quad n = 0,1,\cdots.$$

假若 $f(x)$ 能在 0 的某邻域 $N(0,\delta)$ 中表示为一个幂级数 $f(x) = \sum_{n=0}^{\infty} a_n x^n$, 则由定理 10.17, 对一切 $n \geqslant 0$ 有 $a_n = \dfrac{f^{(n)}(0)}{n!} = 0$, 于是当 $x \neq 0$ 时 $\mathrm{e}^{-1/x^2} = 0$, 此为矛盾!

因此需要研究, 一个函数 $f(x)$ 除了无穷次可导外, 还应该具备什么样的条件才能表示为一个幂级数.

首先回顾一下第 4 章中讲述的拉格朗日中值定理: 若 $f(x)$ 在 x_0 的一个邻域中可微, 则对该邻域中任何一点 x, 必有介于 x_0 和 x 之间的 ξ, 使 $f(x) - f(x_0) = f'(\xi)(x-x_0)$, 或写成

$$f(x) = f(x_0) + \frac{f'(\xi)}{1!}(x-x_0).$$

现设 $f(x)$ 在 x_0 的一个邻域中二次可导. 令

$$F(x) = f(x) - f(x_0) - \frac{f'(x_0)}{1!}(x-x_0), \quad G(x) = \frac{(x-x_0)^2}{2!},$$

则

$$F(x_0) = F'(x_0) = G(x_0) = G'(x_0) = 0, \quad F''(x) = f''(x), \quad G''(x) \equiv 1.$$

于是对 x_0 邻域中的任何 x, 利用柯西中值定理两次, 得

$$\frac{F(x)}{G(x)} = \frac{F(x) - F(x_0)}{G(x) - G(x_0)} = \frac{F'(\eta)}{G'(\eta)} = \frac{F'(\eta) - F'(x_0)}{G'(\eta) - G'(x_0)} = \frac{F''(\xi)}{G''(\xi)} = F''(\xi) = f''(\xi),$$

其中 η, ξ 都在 x_0 和 x 之间. 从而 $F(x) = G(x)f''(\xi)$, 即

$$f(x) = f(x_0) + \frac{f'(x_0)}{1!}(x - x_0) + \frac{f''(\xi)}{2!}(x - x_0)^2.$$

一般地, 有下面的 (读者可自证) 定理.

定理 10.18(泰勒公式)   设 $f(x)$ 在 x_0 点的某邻域 $N(x_0, \delta) = (x_0 - \delta, x_0 + \delta)$ 中有 $n+1$ 阶导数, 则对任何 $x \in (x_0 - \delta, x_0 + \delta)$, 有下面的**泰勒公式**:

$$\begin{aligned} f(x) =& f(x_0) + \frac{f'(x_0)}{1!}(x - x_0) + \cdots + \frac{f^{(n)}(x_0)}{n!}(x - x_0)^n \\ &+ \frac{f^{(n+1)}(\xi)}{(n+1)!}(x - x_0)^{n+1}, \end{aligned} \tag{10.3}$$

其中 ξ 介于 x_0 和 x 之间.

式 (10.3) 说明, 当 $f(x)$ 在 x_0 附近 $n+1$ 阶可导的条件下, $f(x)$ 可用多项式

$$f(x_0) + \frac{f'(x_0)}{1!}(x - x_0) + \cdots + \frac{f^{(n)}(x_0)}{n!}(x - x_0)^n \quad (\boldsymbol{n}\textbf{阶泰勒多项式})$$

来近似, 它们的误差是

$$R_n(x) = \frac{f^{(n+1)}(\xi)}{(n+1)!}(x - x_0)^{n+1} \quad (\textbf{拉格朗日余项}).$$

通常若 $f(x)$ 在 $N(x_0, \delta)$ 中无穷次可导, 则把 $\sum_{n=0}^{\infty} \frac{f^{(n)}(x_0)}{n!}(x - x_0)^n$ 称为 $f(x)$ 在 x_0 的**泰勒级数**(当 $x_0 = 0$ 时又称为**麦克劳林级数**). 现在由定理 10.18 就得到下列定理.

定理 10.19(函数展开成泰勒级数)   若 $f(x)$ 在 x_0 点的某邻域 $N(x_0, \delta) = (x_0 - \delta, x_0 + \delta)$ 中无穷次可导, 并且导函数列 $\{f^{(n)}(x)\}_{n \geqslant 0}$ 在 $N(x_0, \delta)$ 中**一致有界**, 即有常数 $M > 0$, 使对一切 $x \in N(x_0, \delta)$ 及 $n \geqslant 0$ 有

$$\left| f^{(n)}(x) \right| \leqslant M,$$

则在 $N(x_0, \delta)$ 中 $f(x)$ 与它的泰勒级数相等, 即

$$\begin{aligned} f(x) &= \sum_{n=0}^{\infty} \frac{f^{(n)}(x_0)}{n!}(x - x_0)^n \\ &= f(x_0) + \frac{f'(x_0)}{1!}(x - x_0) + \cdots + \frac{f^{(n)}(x_0)}{n!}(x - x_0)^n + \cdots. \end{aligned}$$

证明   事实上此时对任何固定的 $x \in N(x_0, \delta)$, 当 $n \to \infty$ 时,

$$\left| \frac{f^{(n+1)}(\xi)}{(n+1)!}(x - x_0)^{n+1} \right| \leqslant M \frac{|x - x_0|^{n+1}}{(n+1)!} \to 0$$

(见 2.6 节例 5), 从而在定理 10.18 的泰勒公式 (10.3) 中令 $n \to \infty$ 得本定理. 定理证毕.

例 1 设 $f(x) = \sin x$. 我们知道 (见 3.4 节例 3), 对任何 $n \geqslant 0$,

$$f^{(n)}(x) = (\sin x)^{(n)} = \sin\left(x + \frac{n\pi}{2}\right),$$

$$f^{(n)}(0) = (\sin x)^{(n)}|_{x=0} = \sin\left(\frac{n\pi}{2}\right) = \begin{cases} 0, & n = 2k, \\ (-1)^k, & n = 2k+1. \end{cases}$$

这样, 对一切 $n \geqslant 0$ 及 x 皆有 $|(\sin x)^{(n)}| \leqslant 1$. 因此由定理 10.19 知 $\sin x$ 的麦克劳林级数为

$$\sin x = \sum_{n=0}^{\infty} (-1)^n \frac{x^{2n+1}}{(2n+1)!} = x - \frac{x^3}{3!} + \frac{x^5}{5!} - \frac{x^7}{7!} + \cdots, \quad -\infty < x < \infty.$$

若在上等式两边对 x 求导, 则得到 $\cos x$ 的麦克劳林级数

$$\cos x = \sum_{n=0}^{\infty} (-1)^n \frac{x^{2n}}{(2n)!} = 1 - \frac{x^2}{2!} + \frac{x^4}{4!} - \frac{x^6}{6!} + \cdots, \quad -\infty < x < \infty.$$

例 2 设 $f(x) = e^x$. 此时对任何 $n \geqslant 0$, $(e^x)^{(n)} = e^x$, $(e^x)^{(n)}|_{x=0} = e^x|_{x=0} = 1$. 又 e^x 在任何有界区间上是有界的, 因此由定理 10.19 知 e^x 的麦克劳林级数为

$$e^x = \sum_{n=0}^{\infty} \frac{x^n}{n!} = 1 + \frac{x}{1!} + \frac{x^2}{2!} + \frac{x^3}{3!} + \cdots, \quad -\infty < x < \infty.$$

例 3 已知等比级数 $\sum_{n=0}^{\infty} x^n$ 的和函数为 $\frac{1}{1-x}$, $-1 < x < 1$. 故 $\frac{1}{1-x}$ 的麦克劳林级数为

$$\frac{1}{1-x} = \sum_{n=0}^{\infty} x^n = 1 + x + x^2 + x^3 + \cdots, \quad -1 < x < 1.$$

类似地,

$$\frac{1}{1+x} = \sum_{n=0}^{\infty} (-x)^n = 1 - x + x^2 - x^3 + \cdots, \quad -1 < x < 1.$$

现对每一 $-1 < x < 1$, 在上式两边在 $[0, x]$ 上积分, 得

$$\ln(1+x) = \int_0^x \frac{\mathrm{d}t}{1+t} = \int_0^x \sum_{n=0}^{\infty} (-1)^n t^n \mathrm{d}t = \sum_{n=0}^{\infty} (-1)^n \int_0^x t^n \mathrm{d}t$$

$$= \sum_{n=0}^{\infty} \frac{(-1)^n}{n+1} x^{n+1} = \sum_{n=1}^{\infty} \frac{(-1)^{n-1}}{n} x^n,$$

上式最后一个级数的收敛区域是 $(-1,1]$, 它在 $x=1$ 这点是左连续的, 这样就得到 $\ln(1+x)$ 的麦克劳林级数为

$$\ln(1+x) = \sum_{n=1}^{\infty} \frac{(-1)^{n-1}}{n} x^n = x - \frac{x^2}{2} + \frac{x^3}{3} - \frac{x^4}{4} + \cdots, \quad -1 < x \leqslant 1.$$

特别地, 将 $x=1$ 代入上式, 得

$$\ln 2 = 1 - \frac{1}{2} + \frac{1}{3} - \frac{1}{4} + \cdots.$$

例 4 由于 $\dfrac{1}{1+x} = \sum_{n=0}^{\infty} (-1)^n x^n$, 因此

$$\frac{1}{1+x^2} = \sum_{n=0}^{\infty} (-1)^n x^{2n} = 1 - x^2 + x^4 - x^6 + \cdots, \quad -1 < x < 1.$$

对每一 $-1 < x < 1$, 在上式两边在 $[0, x]$ 上积分, 得

$$\arctan x = \int_0^x \frac{\mathrm{d}t}{1+t^2} = \int_0^x \sum_{n=0}^{\infty} (-1)^n t^{2n} \mathrm{d}t = \sum_{n=0}^{\infty} (-1)^n \int_0^x t^{2n} \mathrm{d}t = \sum_{n=0}^{\infty} (-1)^n \frac{x^{2n+1}}{2n+1},$$

上式最后一个级数的收敛区域是 $[-1,1]$, 它在 $x=-1$ 这点右连续, 在 $x=1$ 这点左连续, 从而我们得到 $\arctan x$ 的麦克劳林级数

$$\arctan x = \sum_{n=0}^{\infty} (-1)^n \frac{x^{2n+1}}{2n+1} = x - \frac{x^3}{3} + \frac{x^5}{5} - \frac{x^7}{7} + \cdots, \quad -1 \leqslant x \leqslant 1.$$

特别地, 将 $x=1$ 代入上式, 得

$$\frac{\pi}{4} = 1 - \frac{1}{3} + \frac{1}{5} - \frac{1}{7} + \cdots.$$

例 5 设 $\alpha \neq 0, 1, 2, \cdots$, 则有 $(1+x)^\alpha$ 的麦克劳林级数为 (证明从略)

$$(1+x)^\alpha = \sum_{n=0}^{\infty} \frac{\alpha(\alpha-1)\cdots(\alpha-n+1)}{n!} x^n, \quad -1 < x < 1.$$

以上这些基本初等函数的幂级数展开式经常使用, 希望读者要记牢.

例 6 把函数 $f(x) = \dfrac{1}{2-x-x^2}$ 展开成 x 的麦克劳林级数.

解 $f(x) = \dfrac{1}{2-x-x^2} = \dfrac{1}{(1-x)(2+x)} = \dfrac{1}{3}\left(\dfrac{1}{1-x} + \dfrac{1}{2+x}\right)$. 由于

$$\frac{1}{1-x} = \sum_{n=0}^{\infty} x^n, \quad -1 < x < 1,$$

10.5 函数的幂级数展开

$$\frac{1}{2+x} = \frac{1}{2} \cdot \frac{1}{1+x/2} = \frac{1}{2}\sum_{n=0}^{\infty}\left(-\frac{x}{2}\right)^n = \sum_{n=0}^{\infty}(-1)^n \frac{x^n}{2^{n+1}}, \quad -2 < x < 2,$$

因此

$$\frac{1}{2-x-x^2} = \frac{1}{3}\sum_{n=0}^{\infty}\left[1 + \frac{(-1)^n}{2^{n+1}}\right]x^n, \quad -1 < x < 1.$$

例 7 把 $\cos^2 x$ 展开成麦克劳林级数.

解 $\cos^2 x = \frac{1}{2}(1+\cos 2x) = \frac{1}{2}\left[1 + \sum_{n=0}^{\infty}(-1)^n \frac{(2x)^{2n}}{(2n)!}\right] = 1 + \sum_{n=1}^{\infty}\frac{(-1)^n 2^{2n-1}}{(2n)!}x^{2n}$.

例 8 把函数 $\frac{1}{x}, e^x, \ln x$ 在 $x=2$ 处展开成泰勒级数.

解 首先当 $|x-2| < 2$ 时,

$$\frac{1}{x} = \frac{1}{2+x-2} = \frac{1}{2} \cdot \frac{1}{1+(x-2)/2} = \frac{1}{2}\sum_{n=0}^{\infty}(-1)^n\left(\frac{x-2}{2}\right)^n = \sum_{n=0}^{\infty}\frac{(-1)^n}{2^{n+1}}(x-2)^n;$$

其次对一切 x,

$$e^x = e^2 \cdot e^{x-2} = e^2 \sum_{n=0}^{\infty}\frac{(x-2)^n}{n!};$$

最后当 $|x-2| < 2$ 时,

$$\ln x = \ln 2 + \ln\left(1+\frac{x-2}{2}\right) = \ln 2 + \sum_{n=1}^{\infty}\frac{(-1)^{n-1}}{n}\left(\frac{x-2}{2}\right)^n = \ln 2 + \sum_{n=1}^{\infty}\frac{(-1)^{n-1}}{n 2^n}(x-2)^n.$$

下面举例说明幂级数在近似计算中的应用.

例 9 计算 e 的近似值 (精确到 10^{-4}).

解 因为 $e^x = \sum_{n=0}^{\infty}\frac{x^n}{n!}$, 令 $x=1$ 得 $e = \sum_{n=0}^{\infty}\frac{1}{n!}$. 若取前 n 项的和作为 e 的近似值, 则误差

$$R_n = \sum_{k=n}^{\infty}\frac{1}{k!} = \frac{1}{n!}\left[1 + \frac{1}{n+1} + \frac{1}{(n+1)(n+2)} + \cdots\right]$$
$$< \frac{1}{n!}\left(1 + \frac{1}{n} + \frac{1}{n^2} + \cdots\right) = \frac{1}{(n-1)!(n-1)},$$

当取 $n=8$ 时, $R_8 < \frac{1}{7!7} < 10^{-4}$, 于是 $e \approx \sum_{n=0}^{7}\frac{1}{n!} \approx 2.7183$.

例 10 计算 $\int_0^1 \frac{\sin x}{x}dx$ 的近似值 (精确到 10^{-4}).

解 因为 $\lim\limits_{x\to 0}\dfrac{\sin x}{x}=1$, 于是定义函数 $\dfrac{\sin x}{x}$ 在 $x=0$ 的值为 1, 则它在 $[0,1]$ 上连续. 由于

$$\frac{\sin x}{x}=1-\frac{x^2}{3!}+\frac{x^4}{5!}-\frac{x^6}{7!}+\cdots,$$

因此

$$\int_0^1 \frac{\sin x}{x}\mathrm{d}x = 1-\frac{1}{3\cdot 3!}+\frac{1}{5\cdot 5!}-\frac{1}{7\cdot 7!}+\cdots,$$

其中第四项的绝对值 $\dfrac{1}{7\cdot 7!}<10^{-4}$, 于是

$$\int_0^1 \frac{\sin x}{x}\mathrm{d}x \approx 1-\frac{1}{3\cdot 3!}+\frac{1}{5\cdot 5!} \approx 0.9461.$$

习 题 10

1. 用级数收敛的定义判别下列级数的敛散性:

(1) $\sum\limits_{n=1}^{\infty}\dfrac{\ln^n 3}{3^n}$;

(2) $\sum\limits_{n=1}^{\infty}\dfrac{n}{2n+1}$;

(3) $\sum\limits_{n=1}^{\infty}\dfrac{1}{(3n-2)(3n+1)}$;

(4) $\sum\limits_{n=1}^{\infty}(\sqrt{n+2}-2\sqrt{n+1}+\sqrt{n})$.

2. 用比较判别法判别下列级数的敛散性:

(1) $\sum\limits_{n=2}^{\infty}\dfrac{1}{n^2-1}$;

(2) $\sum\limits_{n=1}^{\infty}\dfrac{1}{\sqrt{n^2+n}}$;

(3) $\sum\limits_{n=1}^{\infty}\dfrac{1}{n\cdot\sqrt[n]{n}}$;

(4) $\sum\limits_{n=1}^{\infty}2^n\sin\dfrac{\pi}{3^n}$;

(5) $\sum\limits_{n=2}^{\infty}\ln\dfrac{n^2+1}{n^2-1}$;

(6) $\sum\limits_{n=1}^{\infty}(\sqrt[n]{n}-1)$;

(7) $\sum\limits_{n=1}^{\infty}\left(1-\cos\dfrac{1}{n}\right)$;

(8) $\sum\limits_{n=1}^{\infty}\dfrac{n^{n-1}}{(2n^2+n+1)^{\frac{n+1}{2}}}$;

(9) $\sum\limits_{n=1}^{\infty}(\sqrt{n^2+1}-\sqrt{n^2-1})$;

(10) $\sum\limits_{n=1}^{\infty}\left(\dfrac{1}{n}-\ln\dfrac{n+1}{n}\right)$.

3. 用比值或根值判别法判别下列级数的敛散性:

(1) $\sum\limits_{n=1}^{\infty}\dfrac{2n-1}{2^n}$;

(2) $\sum\limits_{n=1}^{\infty}\dfrac{3^n}{5^n-4^n}$;

(3) $\sum\limits_{n=1}^{\infty}\dfrac{n^n}{n!}$;

(4) $\sum\limits_{n=1}^{\infty}\left(\dfrac{2n+\sqrt{n}}{n}\right)^n$;

(5) $\sum\limits_{n=1}^{\infty}\left(\dfrac{n}{2n-1}\right)^{2n-1}$;

(6) $\sum\limits_{n=1}^{\infty}\dfrac{n^2\left[\sqrt{2}+(-1)^n\right]^n}{3^n}$;

(7) $\sum\limits_{n=1}^{\infty}\dfrac{\sin\dfrac{\pi}{3^n}}{n}$;

(8) $\sum\limits_{n=1}^{\infty}\dfrac{1\cdot 3\cdot 5\cdot\cdots\cdot(2n-1)}{3^n n!}$.

习 题 10

4. 用积分判别法判别下列级数的敛散性：
(1) $\sum_{n=2}^{\infty} \dfrac{1}{n(\ln n)^2}$;
(2) $\sum_{n=3}^{\infty} \dfrac{1}{n \ln n \cdot \ln(\ln n)}$.

5. 设 $a_n = \int_0^{\frac{\pi}{4}} \tan^n x \mathrm{d}x, n = 1, 2, \cdots,$
(1) 求级数 $\sum_{n=1}^{\infty} \dfrac{a_n + a_{n+2}}{n}$ 的和；
(2) 设 $k > 0$, 证明级数 $\sum_{n=1}^{\infty} \dfrac{a_n}{n^k}$ 收敛.

6. 设正项级数 $\sum_{n=1}^{\infty} a_n$ 发散，证明：
(1) 级数 $\sum_{n=1}^{\infty} \dfrac{a_n}{1 + a_n}$ 发散；
(2) 级数 $\sum_{n=1}^{\infty} \dfrac{a_n}{1 + n^2 a_n}$ 收敛.

7. 判别下列级数的敛散性：
(1) $\sum_{n=1}^{\infty} (-1)^{n-1} \dfrac{1}{\sqrt{n}}$;
(2) $\sum_{n=1}^{\infty} (-1)^n \ln \dfrac{n}{n+1}$;
(3) $\sum_{n=1}^{\infty} (-1)^{n-1} \dfrac{2^{n^2}}{n!}$;
(4) $\sum_{n=2}^{\infty} (-1)^n \dfrac{\ln^2 n}{n}$.

8. 判别下列级数是否收敛？若收敛，是绝对收敛还是条件收敛？
(1) $\sum_{n=1}^{\infty} (-1)^n \dfrac{1}{\ln(1+n)}$;
(2) $\sum_{n=1}^{\infty} \dfrac{\sin nx}{n!}$;
(3) $\sum_{n=1}^{\infty} (-1)^{n-1} \dfrac{n}{2^{n-1}}$;
(4) $\sum_{n=1}^{\infty} \dfrac{(-1)^n}{n - \ln n}$;
(5) $\sum_{n=1}^{\infty} \left[\dfrac{(-1)^n}{\sqrt{n}} + \dfrac{1}{n} \right]$;
(6) $\sum_{n=1}^{\infty} (-1)^{n+1} \dfrac{\ln(2 + 1/n)}{\sqrt{(3n-2)(3n+2)}}$;
(7) $\sum_{n=1}^{\infty} \dfrac{(-1)^{n+1}}{np^{n+1}} (p > 0)$.

9. 设级数 $\sum_{n=1}^{\infty} u_n^2$ 收敛，证明级数 $\sum_{n=1}^{\infty} \dfrac{u_n}{n}$ 绝对收敛.

10. 求下列幂级数的收敛半径与收敛域：
(1) $\sum_{n=0}^{\infty} \dfrac{(-1)^n}{n!} x^n$;
(2) $\sum_{n=1}^{\infty} \dfrac{1}{2^n + n} x^{2n-1}$;
(3) $\sum_{n=1}^{\infty} \dfrac{3^n + (-2)^n}{n} x^n$;
(4) $\sum_{n=1}^{\infty} (-1)^n \dfrac{\ln(n+1)}{n+1} (x+1)^n$;
(5) $\sum_{n=1}^{\infty} \dfrac{(-1)^{n-1}}{2n-1} (2x-3)^n$;
(6) $\sum_{n=1}^{\infty} \dfrac{x^{n^2}}{2^n}$.

11. 求下列幂级数的收敛域，并求和函数：
(1) $\sum_{n=1}^{\infty} (-1)^{n-1} \dfrac{x^{2n-1}}{2n-1}$;
(2) $\sum_{n=1}^{\infty} n x^n$;
(3) $\sum_{n=1}^{\infty} \dfrac{1+n}{2^n n!} x^n$;
(4) $\sum_{n=1}^{\infty} \dfrac{x^n}{n(n+1)}$;
(5) $\sum_{n=0}^{\infty} \dfrac{x^{2n}}{(2n)!}$.

12. 求幂级数 $\sum\limits_{n=1}^{\infty} n(n+1)x^n$ 的收敛域及和函数，并求数项级数 $\sum\limits_{n=1}^{\infty} n(n+1)(-1)^n \dfrac{1}{2^n}$ 的和.

13. 求数项级数 $\sum\limits_{n=1}^{\infty} \dfrac{(-1)^{n-1}}{4n^2-1}$ 的和.

14. 将下列函数展开成 x 的幂级数，并求收敛域：

(1) $f(x) = \sin^2 x$; (2) $f(x) = \ln(10+x)$;

(3) $f(x) = \ln(1+x-2x^2)$; (4) $f(x) = \dfrac{x}{x^2-2x-3}$;

(5) $f(x) = \dfrac{\mathrm{d}}{\mathrm{d}x}\left(\dfrac{\mathrm{e}^x-1}{x}\right)$; (6) $f(x) = \int_0^x \dfrac{\sin t}{t} \mathrm{d}t$.

15. 将下列函数在指定点展开成幂级数，并求收敛域：

(1) $f(x) = \mathrm{e}^x, x=1$; (2) $f(x) = \cos x, x = \dfrac{\pi}{4}$;

(3) $f(x) = \ln x, x=2$; (4) $f(x) = \dfrac{1}{x^2+3x+2}, x=2$.

部分习题参考答案

习 题 1

3. (1) $0 \leqslant x \leqslant 3$ (2) $x > 3$

   (3) $|x| \leqslant \sqrt{\frac{\pi}{2}}$ 及 $\sqrt{2k\pi - \frac{\pi}{2}} \leqslant |x| \leqslant \sqrt{2k\pi + \frac{\pi}{2}}, k = 1, 2, 3 \cdots$ (4) $1 \leqslant x \leqslant 100$

4. $2k\pi < x < 2k\pi + \pi, x \neq 2k\pi + \frac{\pi}{2}, k = 0, \pm 1, \pm 2 \cdots$;

   $1 < x < 10$;

   除去所有正整数以外的一切正数

5. (1) 不同 (2) 不同

6. $f(f(x)) = -\frac{1-x}{x}; f(f(f(x))) = x$

7. $f(0) = 1; f(-x) = \frac{1+x}{1-x}; f(x+1) = \frac{-x}{2+x}; f(x) + 1 = \frac{2}{1+x}; f\left(\frac{1}{x}\right) = \frac{x-1}{x+1}$;

   $\frac{1}{f(x)} = \frac{1+x}{1-x}$

8. $f(x) = \frac{2x+1}{4x-1}$

9. (1) 严格单增 (2) 严格单增 (3) 严格单减 (4) 严格单增

   (5) 严格单减 (6) 严格单增

10. (1) $a > 0$, 严格单增; $a < 0$, 严格单减; $a=0$, 常数

    (2) $a > 0$: $x > -\frac{b}{2a}$, 严格单增; $x \leqslant -\frac{b}{2a}$, 严格单减;

    $a < 0$: $x > -\frac{b}{2a}$, 严格单减; $x \leqslant -\frac{b}{2a}$, 严格单增

    (3) 严格单增

    (4) $a > 1$, 严格单增; $0 < a < 1$, 严格单减

11. (1) 偶 (2) 偶 (3) 奇 (4) 奇

14. (1) 是 (2) 是 (3) 是 (4) 不是

15. (1) $f^{-1}(x) = \frac{1+x}{1-x}$ (2) $f^{-1}(x) = \lg(x + \sqrt{x^2+1})$

16. $f(g(x)) = \begin{cases} 1, & x < 0, \\ 0, & x = 0, \\ -1, & x > 0; \end{cases}$ $g(f(x)) = \begin{cases} 10, & |x| < 1, \\ 1, & |x| = 1, \\ 10^{-1}, & |x| > 1 \end{cases}$

17. $f(g(x)) = 0; g(g(x)) = 0; f(f(x)) = f(x); g(f(x)) = g(x)$

18. $x = -\frac{3}{4}, x = -\frac{5}{4}$

19. 4

20. 4; 0

21. $y = f^{-1}\left(g\left(f\left(x\right)\right)\right)$

习 题 2

1. (1) 收敛　(2) 收敛　(3) 收敛　(4) 发散
7. $\dfrac{3}{5}$
8. 1
9. (2) 0
10. 2
11. $\dfrac{1+\sqrt{5}}{2}$
14. -1; 1
15. 1; 1
16. -3
17. 当 $|x| \to 1$ 时为无穷大量，当 $x \to \infty$ 及 $x \to 0$ 时为无穷小量
18. 否; 否
19. 1
20. 1; 1
21. (1) 4　(2) ∞　(3) $\dfrac{2}{3}$　(4) 1　(5) 1　(6) -1　(7) -1　(8) 3　(9) $\dfrac{1}{2}$　(10) 1
　　(11) $\dfrac{m}{n}$　(12) $\dfrac{\sqrt{2}}{2}$　(13) x　(14) 1　(15) 0　(16) 1　(17) e^{-2}　(18) e^{-2}
　　(19) e^2　(20) $e^{\cot a}$　(21) $2\sqrt{3}$　(22) 1　(23) 0
22. (1) $\dfrac{1}{2}$　(2) $\dfrac{2}{3}$　(3) -2　(4) $\dfrac{2}{5}$
23. (1) 同阶　(2) 低阶　(3) 同阶　(4) 高阶
24. 2
25. 1
27. (1) $x = 0$ 可去　(2) $x = 1$ 可去　(3) $x = 1$ 第一类不可去　(4) $x = 0$ 第二类
　　(5) $x = 0$ 可去　(6) $x = 0$ 可去

习 题 3

1. (1) 2　(2) e^e　(3) e^{-1}　(4) $\dfrac{2}{3}x_0^{-1/3}$　(5) $2x_0 + 3$　(6) $3\cos(3x_0 + 1)$
2. $y = \dfrac{1}{e}x$
3. $\dfrac{3}{2}$; $-\dfrac{3}{2}$
4. (1) 连续，不可导　(2) 连续，可导　(3) 连续，可导　(4) 连续，不可导
　　(5) 连续，可导　(6) 连续，不可导
5. (2) $f(0) \neq 0$ 时可导; $f(0) = 0$ 且 $f'(0) = 0$ 时可导
6. (1) $2f'(x_0)$　(2) $\dfrac{1}{3f'(x_0)}$
7. $y = |x|$ 在 $x = 0$ 点
10. $\dfrac{1}{2e}$

部分习题参考答案

11. (1) $\dfrac{2-\sqrt{x}}{2x} - 3\sin x$ (2) $\cos x - x\sin x + 2x$ (3) $e^x(x^2 + 3x + 2)$

    (4) $3x^2 + 12x + 11$ (5) $-\dfrac{5}{2}x\sqrt{x} - \dfrac{\sqrt{x}}{2x^2}$ (6) $-\dfrac{x+1}{2x\sqrt{x}}$

    (7) $-\dfrac{\ln x + 1}{x^2 \ln^2 x}$ (8) $-\dfrac{2x + \sin 2x}{(x\sin x - \cos x)^2}$ (9) $\sin x \ln x + x\cos x \ln x + \sin x$

12. (1) $20x(x^2+1)^9$ (2) $\cot x$ (3) $\dfrac{1}{\sqrt{x^2+a^2}}$ (4) $\dfrac{1}{x\ln x \cdot \ln \ln x}$ (5) $\dfrac{1}{2x} + \dfrac{1}{2x\sqrt{\ln x}}$

    (6) $\dfrac{x}{\sqrt{1+x^2}} e^{\sqrt{1+x^2}}$ (7) $\dfrac{e^x}{2\sqrt{1+e^x}}$ (8) $2^{x/\ln x} \ln 2 \dfrac{\ln x - 1}{\ln^2 x}$ (9) $-\dfrac{1}{x^2}\sin\dfrac{2}{x} e^{\sin^2 \frac{1}{x}}$

    (10) $n\sin^{n-1} x \cos x \cos nx - n\sin^n x \sin nx$ (11) $2\sqrt{a^2 - x^2}$ (12) $\csc x$

    (13) $\sec x$ (14) $2\sqrt{x^2 - a^2}$ (15) $\dfrac{1}{a}x^{1/a-1} + a^{1/x}\ln a\left(-\dfrac{1}{x^2}\right) + x^{1/x}\dfrac{1-\ln x}{x^2}$

    (16) $2x\arctan\dfrac{2x}{1-x^2} + \dfrac{2x^2}{1+x^2}$ (17) $\dfrac{2x^4 - 3a^2 x^2 + a^4 + a^2}{(a^2 - x^2)\sqrt{a^2 - x^2}}$

    (18) $-\dfrac{1}{x^2} + \dfrac{1}{x^2\sqrt{1-x^2}}$ (19) $-\dfrac{1}{(1+x)\sqrt{2x - 2x^2}}$ (20) $\dfrac{1}{a^2 - x^2}$

13. (1) $f'(x^2) \cdot 2x$ (2) $-f'\left(\dfrac{1}{\ln x}\right)\dfrac{1}{x(\ln x)^2}$ (3) $f'(f(x))f'(x)$ (4) $\dfrac{1}{2}f'(x)\dfrac{1}{\sqrt{f(x)}}$

    (5) $\dfrac{1}{1+f^2(x)}f'(x)$ (6) $f'(\arctan x)\dfrac{1}{1+x^2}$ (7) $\dfrac{f'(x) + 2f(x)f'(x)}{2\sqrt{f(x) + f^2(x)}}$

    (8) $\cos(f(\sin x)) f'(\sin x) \cos x$

15. $\dfrac{\varphi(x)\psi'(x)\ln\varphi(x) - \psi(x)\varphi'(x)\ln\psi(x)}{2\varphi(x)\psi(x)\ln^2\varphi(x)}$

18. $f'(a) = a$

20. (1) $x^{x^a + a - 1}(a\ln x + 1)$ (2) $x^{\sin x}\left(\cos x \ln x + \dfrac{\sin x}{x}\right) + x^x(1 + \ln x)$

    (3) $\dfrac{x\sqrt{1-x^2}}{1+x^2}\left(\dfrac{1}{x} - \dfrac{x}{1-x^2} - \dfrac{2x}{1+x^2}\right)$ (4) $(x\sin x)^x[\ln(x\sin x) + 1 + x\cot x]$

    (5) $\left(\dfrac{a_1}{x-a_1} + \dfrac{a_2}{x-a_2} + \cdots + \dfrac{a_n}{x-a_n}\right)(x-a_1)^{a_1}(x-a_2)^{a_2}\cdots(x-a_n)^{a_n}$

21. 切线：$y = -\dfrac{1}{2}x + \dfrac{3}{2}$；法线：$y = 2x - 1$

23. (1) 6 (2) $\dfrac{1}{x}$ (3) $2\arctan x + \dfrac{2x}{1+x^2}$ (4) $2^{20}[(x+1)\cos 2x + 10\sin 2x]$

    (5) $\dfrac{2x}{(1-x^2)^2} + \dfrac{(1+2x^2)\arcsin x + x\sqrt{1-x^2}}{(1-x^2)^{5/2}}$ (6) $-\dfrac{x}{(x^2+1)^{3/2}}$

    (7) $2e^{-x} - 4xe^{-x} + x^2 e^{-x}$ (8) $\sec x \cdot \tan x$

24. (1) $2f'(x^2) + 4x^2 f''(x^2)$ (2) $\dfrac{f''(\ln x)}{x^2} - \dfrac{f'(\ln x)}{x^2}$

    (3) $\dfrac{f''(x)f(x) - (f'(x))^2}{f^2(x)}$ (4) $e^{-x}f'(e^{-x}) + e^{-2x}f''(e^{-x})$

25. (1) $\dfrac{2y}{x^2}$ (2) $\dfrac{\sqrt[3]{x^2}+\sqrt[3]{y^2}}{3\sqrt[3]{x^4y}}$ (3) $\dfrac{e^{2y}(3-y)}{(2-y)^3}$ (4) $\dfrac{2(x^2+y^2)}{(x-y)^3}$

26. (1) $y^{(n)} = a^x(\ln a)^n$ (2) $y^{(n)} = \alpha(\alpha-1)\cdots(\alpha-n+1)(x+1)^{\alpha-n}$

(3) $y^{(n)} = ne^x + xe^x$ (4) $(-1)^{n-1}(n-1)![(1+x)^{-n} + (x-2)^{-n}]$

(5) $(-1)^n n![(x-3)^{-n-1} - (x-2)^{-n-1}]$ (6) $y^{(n)} = (4)^{n-1}\cos\left(4x + \dfrac{n\pi}{2}\right)$

27. $y^{(2n)}(0) = 0, y^{(2n+1)}(0) = (-1)^n(2n)!$

29. (1) $-\dfrac{x}{\sqrt{1-x^2}}dx$ (2) $(x^2+1)^{-3/2}dx$ (3) $2(e^{2x} - e^{-2x})dx$ (4) $\dfrac{-2x}{1+x^4}dx$

(5) $[\sin(\ln x) + \cos(\ln x)]dx$ (6) $(x^x \ln x + x^x)dx$ (7) $\dfrac{e^y}{2-y}dx$

(8) $\dfrac{1}{(x+y)^2}dx$ (9) $\dfrac{x+y}{x-y}dx$ (10) $\dfrac{x\ln y - y}{y\ln x - x} \cdot \dfrac{y}{x}dx$

30. (1) $x\ln 2$ (2) $\dfrac{1}{2}\sin 2x$ (3) $\dfrac{3}{2}x^2$ (4) $-\dfrac{1}{2}e^{-2x}$ (5) $\dfrac{1}{2}\ln|1+2x|$

(6) $\dfrac{1}{3}\tan 3x$ (7) $\dfrac{1}{2}\sec 2x$ (8) $\dfrac{1}{2}\arcsin 2x$ (9) $\dfrac{1}{2}\ln\left(2x+\sqrt{1+4x^2}\right)$

(10) $\dfrac{1}{2}\ln\left|\dfrac{1+x}{1-x}\right|$

31. (1) 0.01 (2) 0.98 (3) 0.5078 (4) 0.523

习 题 4

1. (1) 满足; $\xi = \dfrac{1}{4}$ (2) 满足; $\xi = 2$ (3) 满足; $\xi = 0$

2. (1) 满足; $\xi = \dfrac{2\sqrt{3}}{3}$ (2) 满足; $\xi = \dfrac{1}{\ln 2}$ (3) 满足; $\xi = \dfrac{5-\sqrt{43}}{3}$

14. (1) 极值点 $-1, 2$; 严格单增区间 $(-\infty, -1], [2, +\infty)$; 严格单减区间 $[-1, 2]$

(2) 无极值点, 严格单增区间 $(-\infty, +\infty)$

(3) 极值点 $\dfrac{1}{e^2}$; 严格单增区间 $\left[\dfrac{1}{e^2}, +\infty\right)$; 严格单减区间 $\left(0, \dfrac{1}{e^2}\right]$

(4) 极值点 1, 严格单增区间 $(-\infty, 1)$; 严格单减区间 $[1, +\infty)$

(5) 极值点 $1-\sqrt{2}, 1+\sqrt{2}$; 严格单增区间 $(-\infty, 1-\sqrt{2}], [1+\sqrt{2}, +\infty)$; 严格单减区间 $[1-\sqrt{2}, 1+\sqrt{2}]$

(6) 极值点 0; 严格单减区间 $(-1, 0]$; 严格单增区间 $[0, +\infty)$

16. (1) 拐点 1; 上凸区间 $[1, +\infty)$; 下凸区间 $(-\infty, 1]$

(2) 拐点 $k\pi$; 上凸区间 $[2k\pi, 2k\pi + \pi]$; 下凸区间 $[2k\pi - \pi, 2k\pi]$

(3) 没有拐点; 下凸区间 $(-\infty, +\infty)$

(4) 拐点 2; 上凸区间 $(-\infty, 2]$; 下凸区间 $[2, +\infty)$

(5) 拐点 0; 上凸区间 $[0, +\infty)$; 下凸区间 $(-\infty, 0]$

(6) 没有拐点; 下凸区间 $(-1, +\infty)$

17. (1) $y = x - 1, x = -1$ (2) $y = 0$ (3) $y = \pm\sqrt{6}\left(x - \dfrac{2}{3}\right)$ (4) $y = x+3, x = 0$

(5) $y = 0$ (6) $x = 0$

19. (1) 2 (2) 2 (3) $\dfrac{m}{n}a^{m-n}$ (4) $\dfrac{1}{3}$ (5) $-\dfrac{1}{8}$ (6) 1 (7) 1 (8) $\dfrac{1}{2}$ (9) $\dfrac{1}{2}$ (10) 0

(11) $\dfrac{1}{2}$ (12) 1 (13) $+\infty$ (14) 2 (15) $e^{-2/\pi}$ (16) 1 (17) 1 (18) $\dfrac{1}{6}$

24. (1) $S_{\max}=\dfrac{ah}{4}$ (2) $D{:}H=b{:}a$

习 题 5

1. (1) x^3-x^2+x+C (2) $\dfrac{4^x}{\ln 4}-\dfrac{2\cdot 6^x}{\ln 6}+\dfrac{9^x}{\ln 9}+C$ (3) $\dfrac{1}{4}\ln\left|\dfrac{x-1}{x+3}\right|+C$ (4) e^x-x+C

(5) $x+\arctan x+C$ (6) $\dfrac{(4e)^x}{1+2\ln 2}+C$ (7) $\dfrac{1}{2}\tan x+C$ (8) $\sin x-\cos x+C$

2. (1) $\dfrac{1}{2}\ln^2 x+C$ \hspace{2em} (2) $x-\dfrac{\sqrt{2}}{2}\arctan\dfrac{\sqrt{2}x}{2}+C$

(3) $\dfrac{1}{3}(3+2e^x)^{3/2}+C$ \hspace{2em} (4) $\dfrac{1}{21}\ln\left|\dfrac{x^3}{x^3+7}\right|+C$

(5) $-e^{1/x}+C$ \hspace{2em} (6) $-\ln(1+\cos x)+C$

(7) $-\sqrt{3+2x-x^2}+C$ \hspace{2em} (8) $2\sin\sqrt{x}+C$

(9) $-\sqrt{1+\cos^2 x}+C$ \hspace{2em} (10) $\tan x+\dfrac{1}{3}\tan^3 x+C$

(11) $\dfrac{1}{3}(\ln\tan x)^{3/2}+C$ \hspace{2em} (12) $\dfrac{1}{2}\tan^2 x+\ln|\cos x|+C$

(13) $-\sqrt{1-x^2}+\dfrac{1}{3}(\arcsin x)^3+C$ \hspace{1em} (14) $\dfrac{2}{3}(1+\ln x)^{3/2}-2\sqrt{1+\ln x}+C$

(15) $\ln|\cos\sqrt{1-x^2}|+C$ \hspace{2em} (16) $-\cos x+\dfrac{1}{3}\cos^3 x+C$

3. (1) $\dfrac{2}{5}(x-2)^{5/2}+\dfrac{4}{3}(x-2)^{3/2}+C$ \hspace{1em} (2) $2\sqrt{1+x}-2\ln(1+\sqrt{1+x})+C$

(3) $\arcsin\dfrac{x}{2}+C$ \hspace{2em} (4) $\dfrac{\sqrt{2}}{2}\ln(\sqrt{2}x+\sqrt{1+2x^2})+C$

(5) $-\dfrac{\sqrt{x^2+1}}{x}+C$ \hspace{2em} (6) $2\ln(\sqrt{x}+\sqrt{x+1})+C$

(7) $2\arctan\sqrt{x-1}+C$ \hspace{2em} (8) $3\sqrt[3]{x}-6\sqrt[6]{x}+6\ln|1+\sqrt[6]{x}|+C$

(9) $\dfrac{x}{\sqrt{1-x^2}}-\dfrac{3}{2}\arcsin x+\dfrac{1}{2}x\sqrt{1-x^2}+C$ \hspace{1em} (10) $\dfrac{1}{3}\ln|3x+\sqrt{9x^2-4}|+C$

(11) $\dfrac{1}{2}\ln(2x-1+\sqrt{4x^2-4x+6})+C$ \hspace{1em} (12) $-\dfrac{\sqrt{1-x^2}}{x}-\arcsin x+C$

4. (1) $-\dfrac{1+\ln x}{x}+C$ \hspace{2em} (2) $-\dfrac{x}{3}\cos 3x+\dfrac{1}{9}\sin 3x+C$

(3) $\dfrac{3x-1}{9}e^{3x}+C$ \hspace{2em} (4) $x\arctan\dfrac{1}{x}+\dfrac{\ln(1+x^2)}{2}+C$

(5) $\sqrt{2x-x^2}\arcsin(1-x)+x+C$ \hspace{1em} (6) $\dfrac{1}{2}(\sec x\tan x+\ln|\tan x+\sec x|)+C$

(7) $\dfrac{x}{2}\sqrt{x^2-1}+\dfrac{1}{2}\ln|x+\sqrt{x^2-1}|+C$ \hspace{1em} (8) $x^2\sin x+2x\cos x-2\sin x+C$

(9) $\dfrac{x^3}{27}(9\ln^2 x-6\ln x+2)+C$ \hspace{1em} (10) $-\dfrac{x}{2}+\dfrac{1+x^2}{2}\arctan x+C$

(11) $x\arcsin^2 x+2\sqrt{1-x^2}\arcsin x-2x+C$ \hspace{0.5em} (12) $(\sqrt{2x+1}-1)e^{\sqrt{2x+1}}+C$

(13) $-\cos x \ln\tan x + \ln|\csc x - \cot x| + C$

(14) $\dfrac{1}{2}e^{-x}(\sin x - \cos x) + C$

(15) $-2\sqrt{1-x}\arccos\sqrt{x} - 2\sqrt{x} + C$

(16) $\dfrac{x\ln x}{\sqrt{1+x^2}} - \ln(x+\sqrt{1+x^2}) + C$

5. $e^{\frac{x-1}{3}} + C$

6. $x + 2\ln|x-1| + C$

7. (1) $e^{e^x+1} + C$　(2) $2\sqrt{x} + C$　(3) $-\dfrac{1}{3}(x-2)^3 - \dfrac{1}{x-2} + C$

(4) $\begin{cases} x, & -\infty < x \leqslant 0, \\ e^x - 1, & 0 < x < +\infty \end{cases}$

8. (1) $x - 2\ln|x| - \dfrac{1}{x} + C$

(2) $2\sqrt{x} - 3\sqrt[3]{x} + \ln x + C$

(3) $\dfrac{2}{3}x^{3/2} - 2x^{-1/2} + C$

(4) $-\cot x - x + C$

(5) $x - 5\ln|x+5| + C$

(6) $\dfrac{1}{2}e^{2x} + e^x + x + C$

(7) $-\dfrac{1}{6\ln 3}3^{-x} + \dfrac{1}{18\ln 2}2^{-x} + C$

(8) $-\cot x - \tan x + C$

(9) $\dfrac{x^2}{4}(2\ln^2 x - 2\ln x + 1) + C$

(10) $\dfrac{x^3}{3}\arctan x - \dfrac{1}{6}x^2 + \dfrac{1}{6}\ln(x^2+1) + C$

(11) $x + \ln\left|\dfrac{x}{1+xe^x}\right| + C$

(12) $\dfrac{x}{2}(\sin(\ln x) - \cos(\ln x)) + C$

(13) $2\sqrt{x}\arcsin\sqrt{x} + 2\sqrt{1-x} + C$

(14) $\dfrac{1}{303}(3x+e^2)^{101} + C$

(15) $\dfrac{2^{5x+1}}{5\ln 2} + C$

(16) $2^{\sqrt{2}}x + C$

(17) $\dfrac{1}{24}\arctan\dfrac{3x^4}{2} + C$

(18) $\dfrac{1}{4}\sin^4 x + C$

(19) $\arctan e^x + C$

(20) $-\dfrac{1}{\ln x} + C$

(21) $\dfrac{1}{3}\arctan\dfrac{e^x}{3} + C$

(22) $\dfrac{2\sqrt{a^2\sin^2 x + b^2\cos^2 x}}{a^2 - b^2} + C$

(23) $\dfrac{1}{2}\arcsin^2 x + C$

(24) $2\arctan\sqrt{e^x - 1} + C$

(25) $-\sqrt{a^2 - x^2} + 2a\arctan\sqrt{\dfrac{a+x}{a-x}} + C$

(26) $\arccos\dfrac{1}{x} + C$

(27) $\dfrac{2}{15}(3x+2)(x-1)^{3/2} + C$

(28) $\dfrac{3}{8}\arctan x + \dfrac{3x^3 + 5x}{8(x^2+1)^2} + C$

(29) $\dfrac{\sqrt{2}}{2}\arctan\dfrac{\tan\frac{x}{2}}{\sqrt{2}} + C$

(30) $\dfrac{1}{3}\ln\left|\tan\dfrac{x}{2}\left(3 + \tan^2\dfrac{x}{2}\right)\right| + C$

(31) $-\dfrac{1}{2\sin x} + \dfrac{1}{4}\ln\left|\dfrac{1+\sin x}{1-\sin x}\right| + C$

(32) $\dfrac{1}{2}e^x(x\cos x + x\sin x - \sin x) + C$

(33) $2x\sqrt{1+e^x} - 4\sqrt{1+e^x} - 2\ln\left|\dfrac{\sqrt{1+e^x}-1}{\sqrt{1+e^x}+1}\right| + C$

(34) $2\sqrt{1+\sin^2 x} - 2\arctan\sqrt{1+\sin^2 x} + C$

(35) $\dfrac{1}{3}(x+1)^{3/2} - \dfrac{1}{3}(x-1)^{3/2} + C$

(36) $\left(1 - \dfrac{1}{x}\right)\ln(1-x) + C$

部分习题参考答案　　　　　　　　　　　　　　　　　　　　　　　　　　· 181 ·

(37) $x - \ln\left|1 + \sqrt{1 - e^{2x}}\right| - e^{-x}\arcsin e^x + C$　　(38) $-\dfrac{x}{8\sin^2\frac{x}{2}} - \dfrac{1}{4}\cot\dfrac{x}{2} + C$

(39) $2\ln(e^x + 1) - x + C$　　(40) $-\dfrac{1}{2}[\ln(1+x) - \ln x]^2 + C$

(41) $-\dfrac{1}{5x^5} + \dfrac{1}{3x^3} - \dfrac{1}{x} + \arctan\dfrac{1}{x} + C$　　(42) $-\dfrac{(1-x^2)^{3/2}}{3x^3} + C$

(43) $-\dfrac{1}{\ln x} - \dfrac{\ln x}{x} - \dfrac{1}{x} + C$　　(44) $-2\sqrt{x}\cos\sqrt{x} + 2\sin\sqrt{x} + C$

(45) $\dfrac{1}{4}\ln\left|\dfrac{x-1}{x+1}\right| - \dfrac{1}{2}\arctan x + C$　　(46) $\dfrac{5}{7}\ln|x-2| + \dfrac{9}{7}\ln|x+5| + C$

(47) $\dfrac{1}{2}\ln|x^2 - 1| + \dfrac{1}{x+1} + C$

(48) $\dfrac{1}{3}\ln|x+1| - \dfrac{1}{6}\ln(x^2 - x + 1) + \dfrac{1}{\sqrt{3}}\arctan\dfrac{2x-1}{\sqrt{3}} + C$

习　题　6

1. (1) 4　(2) $e - 1$

2. (1) $\displaystyle\int_0^1 \sin\pi x\,dx$　(2) $\displaystyle\int_0^1 x^p\,dx$

3. (1) $\pi \leqslant \displaystyle\int_{\pi/4}^{5\pi/4}(1 + \sin^2 x)\,dx \leqslant 2\pi$　(2) $\dfrac{\pi}{2} \leqslant \displaystyle\int_0^{\pi/2}\dfrac{dx}{\sqrt{1 - \frac{8}{9}\sin^2 x}} \leqslant \dfrac{3\pi}{2}$

(3) $\dfrac{\pi}{2} \leqslant \displaystyle\int_0^{\frac{\pi}{2}} e^{\sin x}\,dx \leqslant \dfrac{\pi}{2}e$

6. (1) $\dfrac{8}{3}$　(2) $\dfrac{1}{2e}$　(3) $\dfrac{1}{2}$　(4) $\dfrac{\pi^2}{4}$　(5) $\dfrac{f(0)}{2}$　(6) $\dfrac{\pi}{6}$　(7) 12

7. 方法 1. 作辅助函数 $F(\lambda) = \dfrac{1}{\lambda}\displaystyle\int_0^\lambda f(x)\,dx$

　　方法 2. 在 $[0, \lambda]$ 和 $[\lambda, 1]$ 内分别用积分中值定理

8. (1) $f(x) = e^{2x}$　(2) $f(x) = x$　(3) $f(x) = -1 - 2x$　(4) $f(x) = x - \dfrac{e^2 + 1}{8}$

9. (1) $\dfrac{\pi}{2}$　(2) $1 - \dfrac{\pi}{4}$　(3) 1　(4) 0

10. $\dfrac{3}{2}(\sqrt{10} - 1)$

11. (1) $\dfrac{1}{4}$　(2) $\dfrac{5\pi^2}{144}$　(3) $\dfrac{\ln 2}{2}$　(4) $1 + \ln 3 - \ln(4 - e)$　(5) $\dfrac{\pi}{6} - \dfrac{\sqrt{3}}{8}$　(6) 2　(7) $\dfrac{4}{3}$

    (8) $2(\sqrt{2} - 1)$

12. $\sin 1$

13. (1) $4 - 2\arctan 2$　(2) $\dfrac{\pi}{32}$　(3) $\dfrac{\pi a^4}{16}$　(4) $2\ln 2$　(5) $\dfrac{\pi}{4}$　(6) $\dfrac{\sqrt{2}}{2}$　(7) $\ln\dfrac{4 + \sqrt{17}}{1 + \sqrt{2}}$

    (8) $\dfrac{\pi}{6}$

14. $\dfrac{\pi^2}{8}$

15. (1) $\dfrac{\sqrt{3}\pi}{12}+\dfrac{1}{2}$ (2) $1-\dfrac{2}{e}$ (3) $\dfrac{\pi}{4}+\dfrac{\ln 2}{2}$ (4) $\dfrac{\pi}{2}-1$

    (5) $\dfrac{4\sqrt{2}}{3}\ln 2-\dfrac{8\sqrt{2}}{9}+\dfrac{4}{9}$ (6) $2\left(1-\dfrac{1}{e}\right)$ (7) $\dfrac{2}{5}(e^{4\pi}-1)$ (8) $\dfrac{\pi^2}{4}-2$

16. (1) $\dfrac{1}{2}(e^{a^2}-1)$ (2) $\dfrac{1}{e}-1$ (3) 2

18. (1) $\ln 3$ (2) $\dfrac{\pi}{2}\arctan 2$ (3) $\dfrac{\pi}{4}$ (4) $\dfrac{1}{3}\ln 2$ (5) $2^{3/4}\left(e^{\pi/8}-e^{-\pi/8}\right)$

    (6) $\dfrac{\pi\ln 2}{8}$ (7) $\dfrac{3\pi}{16}$ (8) $2\cdot\dfrac{10}{11}\cdot\dfrac{8}{9}\cdot\dfrac{6}{7}\cdot\dfrac{4}{5}\cdot\dfrac{2}{3}$ (9) 0 (10) $\dfrac{1}{4}(e^2-3)$

20. $\dfrac{1}{4}\ln 3-\dfrac{1}{2}$

21. (1) $S=\dfrac{3}{2}-\ln 2$ (2) $S=18$ (3) $S=2$

22. 切线方程为 $y=\dfrac{1}{2}(x+1)$, $A(1,1)$, $V_x=\dfrac{\pi}{6}$

23. $a=\dfrac{1}{e}$, 切点为 $(e^2,1)$, $V_x=\dfrac{\pi}{2}$

24. $a=\dfrac{\sqrt{2}}{2}$ 时, S_1+S_2 取最小值 $S\left(\dfrac{1}{\sqrt{2}}\right)=\dfrac{2-\sqrt{2}}{6}$; $V_x=\dfrac{\sqrt{2}+1}{30}\pi$

25. $\ln 3-\dfrac{1}{2}$

26. (1) 1 (2) 2 (3) $\ln 2$ (4) $\dfrac{1}{k-1}$ (5) $\dfrac{2}{3}\ln 2$ (6) π (7) $2-2\ln 2$

    (8) π (9) $\dfrac{\pi^2}{8}$ (10) $-\dfrac{\pi}{3}$ (11) $\dfrac{-1}{1+(\lambda+1)^2}$ (12) π

27. $\displaystyle\int_0^{+\infty}x^2 e^{-x^2}\,dx=\dfrac{\sqrt{\pi}}{4}$; $\displaystyle\int_0^{+\infty}\left(\dfrac{\sin x}{x}\right)^2 dx=\dfrac{\pi}{2}$

28. $F(x)=\begin{cases}0, & x\leqslant 0,\\ \dfrac{1}{2}x^2, & 0\leqslant x\leqslant 1,\\ 1-\dfrac{1}{2}(x-2)^2, & 1\leqslant x\leqslant 2,\\ 1, & x\geqslant 2.\end{cases}$ $E=1$

习 题 7

1. (1) 二阶   (2) 一阶   (3) 一阶   (4) 四阶

2. (1) $\arctan y=\arctan x+C$ (2) $\ln|y|=\sqrt{1-x^2}+C$

    (3) $y^2=C|1-x^2|-1$ (4) $x=C(1-e^{-y})$

3. (1) $y^2-2xy=C$ (2) $y+\sqrt{y^2-x^2}=Cx^2$

    (3) $y=xe^{Cx+1}$ (4) $y^2=x^2\ln(Cx^2)$

4. (1) $y=e^{-x}(x+C)$ (2) $y=\dfrac{1}{x}\left(\dfrac{1}{3}x^3+\dfrac{3}{2}x^2+2x+C\right)$

    (3) $x=y^3\left(\dfrac{1}{2y}+C\right)$ (4) $x=\dfrac{1}{2}\ln y+\dfrac{C}{\ln y}$

部分习题参考答案

5. (1) $y = \int \left(-\dfrac{9}{8}x^2 + C_1\right) dx = \dfrac{3}{8}x^3 + C_1 x + C_2$

   (2) $y = \dfrac{1}{2}x^2 \ln x + C_1 x^3 + C_2 x^2 + C_3 x + C_4$

   (3) $y = \int \left[\dfrac{1}{2}(x+1)^2 + C_1\right] dx = \dfrac{1}{6}(x+1)^3 + C_1 x + C_2$

   (4) $(1-y)^3 = C_1 x + C_2$. 另外，$y' = 0$ 即当 $y \equiv C$ 时，也满足方程

6. (1) $y = 4e^x + 2e^{3x}$ (2) $y = (2+x)e^{-x/2}$ (3) $y = e^{2x} \sin 3x$

习 题 8

1. (1) $\{(x,y) : 0 \leqslant y \leqslant x^2, x \geqslant 0\}$ (2) $\{(x,y) : x^2 < y \leqslant \sqrt{1-x^2}\}$

   (3) $\{(x,y) : |y| \leqslant |x|, x \neq 0\}$ (4) $\{(x,y,z) : 1 < x^2 + y^2 + z^2 \leqslant 4\}$

2. (1) 1   (2) 0   (3) $-\dfrac{1}{4}$ (4) 0

3. $f(x,y) = \dfrac{x^2(1-y)}{1+y}$

6. (1) $z_x = 4x^3 - 8xy,\ z_y = 4y^3 - 4x^2$

   (2) $z_x = 2x \ln(x^2+y^2) + \dfrac{2x^3}{x^2+y^2},\ z_y = \dfrac{2x^2 y}{x^2+y^2}$

   (3) $z_x = e^x[\cos y + (1+x)\sin y],\ z_y = e^x(x\cos y - \sin y)$

   (4) $z_x = y^2(1+xy)^{y-1},\ z_y = (1+xy)^y \left[\ln(1+xy) + \dfrac{xy}{1+xy}\right]$

   (5) $u_x = \dfrac{y}{z} x^{\frac{y-z}{z}},\ u_y = \dfrac{1}{z} x^{\frac{y}{z}} \ln x,\ u_z = -\dfrac{y}{z^2} x^{\frac{y}{z}} \ln x$

   (6) $u_x = -\dfrac{x}{(x^2+y^2+z^2)^{3/2}},\ u_y = -\dfrac{y}{(x^2+y^2+z^2)^{3/2}},\ u_z = -\dfrac{z}{(x^2+y^2+z^2)^{3/2}}$

7. $f_x(3,4) = \dfrac{2}{5};\ f_y(3,4) = \dfrac{36}{5}$

8. (1) $z_{xx} = y e^{xy}(2+xy),\ z_{xy} = x e^{xy}(2+xy),\ z_{yy} = x^3 e^{xy}$

   (2) $z_{xx} = (2-y)\cos(x+y) - x\sin(x+y)$,
   $z_{xy} = (1-y)\cos(x+y) - (1+x)\sin(x+y)$,
   $z_{yy} = -(2+x)\sin(x+y) - y\cos(x+y)$

   (3) $z_{xx} = \dfrac{x+2y}{(x+y)^2},\ z_{xy} = \dfrac{y}{(x+y)^2},\ z_{yy} = \dfrac{-x}{(x+y)^2}$

   (4) $z_{xx} = y^x \ln^2 y,\ z_{xy} = y^{x-1}(x \ln y + 1),\ z_{yy} = x(x-1)y^{x-2}$

9. (1) $dz = \dfrac{2x\,dy - 2y\,dx}{(x-y)^2}$ (2) $dz = e^{\frac{y}{x}} \dfrac{x\,dy - y\,dx}{x^2}$

   (3) $dz = e^x[\cos(xy) - y\sin(xy)]dx - xe^x \sin(xy)dy$ (4) $du = \dfrac{x\,dx + y\,dy + z\,dz}{\sqrt{x^2+y^2+z^2}}$

10. $\dfrac{1}{3}dx + \dfrac{2}{3}dy$

11. $0.3e$

12. $\dfrac{\partial z}{\partial x} = 4x,\ \dfrac{\partial z}{\partial y} = 4y$

13. $\dfrac{\mathrm{d}z}{\mathrm{d}t} = e^{\sin t - t^6}(\cos t - 6t^5)$

14. $\dfrac{\partial u}{\partial x} = 2e^{x^2+y^2+z^2}(x + y^2 z \cos x)$, $\quad \dfrac{\partial u}{\partial y} = 2y e^{x^2+y^2+z^2}(1 + 2z \sin x)$

15. (1) $z_{xx} = y^2 f_{11} + 2 f_{12} + \dfrac{1}{y^2} f_{22}$, $\quad z_{xy} = f_1 - \dfrac{1}{y^2} f_2 + xy f_{11} - \dfrac{x}{y^3} f_{22}$

$\quad z_{yy} = x^2 f_{11} - \dfrac{2x^2}{y^2} f_{12} + \dfrac{2x}{y^3} f_2 + \dfrac{x^2}{y^4} f_{22}$

(2) $z_{xx} = f'' \cos^2 x - f' \sin x$, $z_{xy} = -f'' \cos x \sin y$, $z_{yy} = f'' \sin^2 y - f' \cos y$

16. $\dfrac{\partial^2 z}{\partial x \partial y} = 3x^2 f_1 + x^3 f_{11} + x^3 e^{xy}(x+y) f_{12} + x^3 e^{xy}(4+xy) f_2 + x^4 y e^{2xy} f_{22}$

17. $x^2 + y^2$

18. $\dfrac{\partial z}{\partial x} = \dfrac{yz\cos\frac{z}{x}}{xy\cos\frac{z}{x} - x^2 \sin\frac{z}{y}}$; $\dfrac{\partial z}{\partial y} = \dfrac{xz\sin\frac{z}{y}}{xy\sin\frac{z}{y} - y^2\cos\frac{z}{x}}$

19. $\dfrac{\partial^2 z}{\partial x^2} = \dfrac{y^2 z(2-z)e^z - 2xy^3 z}{(e^z - xy)^3}$

20. $\dfrac{\mathrm{d}u}{\mathrm{d}x} = f_x + \dfrac{y e^{xy}}{1 - x e^{xy}} f_y + \dfrac{z}{e^z - x} f_z$

22. $x_0 = \dfrac{3\alpha - 2\beta}{2\alpha^2 - \beta^2}$, $y_0 = \dfrac{4\alpha - 3\beta}{2(2\alpha^2 - \beta^2)}$

23. $Q_1 = 5, Q_2 = 3, L(5,3) = 120$

24. $x_1 = 6\left(\dfrac{\alpha p_2}{\beta p_1}\right)^\beta$, $x_2 = 6\left(\dfrac{\beta p_1}{\alpha p_2}\right)^\alpha$

25. 最长 $\sqrt{9 + 5\sqrt{3}}$,最短 $\sqrt{9 - 5\sqrt{3}}$

习 题 9

3. (1) $\displaystyle\int_0^2 \mathrm{d}x \int_{x^2}^{4x-x^2} f(x,y)\mathrm{d}y = \int_0^4 \mathrm{d}y \int_{2-\sqrt{4-y}}^{\sqrt{y}} f(x,y)\mathrm{d}x$

(2) $\displaystyle\int_{-1}^0 \mathrm{d}x \int_1^{2x+3} f(x,y)\mathrm{d}y + \int_0^2 \mathrm{d}x \int_1^{3-x} f(x,y)\mathrm{d}y = \int_1^3 \mathrm{d}y \int_{\frac{1}{2}(y-3)}^{3-y} f(x,y)\mathrm{d}x$

(3) $\displaystyle\int_{-2}^{-1} \mathrm{d}x \int_{-\sqrt{4-x^2}}^{\sqrt{4-x^2}} f(x,y)\mathrm{d}y + \int_{-1}^1 \mathrm{d}x \int_{-\sqrt{4-x^2}}^{-\sqrt{1-x^2}} f(x,y)\mathrm{d}y$

$\quad + \displaystyle\int_{-1}^1 \mathrm{d}x \int_{\sqrt{1-x^2}}^{\sqrt{4-x^2}} f(x,y)\mathrm{d}y + \int_1^2 \mathrm{d}x \int_{-\sqrt{4-x^2}}^{\sqrt{4-x^2}} f(x,y)\mathrm{d}y$

(类似可得先 x 后 y 积分次序的结果)

4. (1) $\displaystyle\int_{-1}^0 \mathrm{d}y \int_0^{y+1} f(x,y)\mathrm{d}x + \int_0^1 \mathrm{d}y \int_0^{1-y} f(x,y)\mathrm{d}x$

(2) $\displaystyle\int_0^{\frac{\sqrt{2}}{2}} \mathrm{d}x \int_0^x f(x,y)\mathrm{d}y + \int_{\frac{\sqrt{2}}{2}}^1 \mathrm{d}x \int_0^{\sqrt{1-x^2}} f(x,y)\mathrm{d}y$

(3) $\displaystyle\int_1^2 \mathrm{d}x \int_{\frac{1}{x}}^x f(x,y)\mathrm{d}y$ $\quad$ (4) $\displaystyle\int_0^2 \mathrm{d}y \int_{\sqrt{2y}}^{\sqrt{8-y^2}} f(x,y)\mathrm{d}x$

5. (1) $\int_{-\frac{\pi}{2}}^{\frac{\pi}{2}} d\theta \int_0^{a\cos\theta} f(\rho\cos\theta, \rho\sin\theta)\rho d\rho$

(2) $\int_0^{\frac{\pi}{4}} d\theta \int_0^{\frac{1}{\cos\theta}} f(\rho\cos\theta, \rho\sin\theta)\rho d\rho + \int_{\frac{\pi}{4}}^{\frac{\pi}{2}} d\theta \int_0^{\frac{1}{\sin\theta}} f(\rho\cos\theta, \rho\sin\theta)\rho d\rho$

6. (1) $\frac{1}{4}$ (2) $\frac{11}{15}$ (3) $\frac{2}{3}$ (4) $\frac{2}{3}a^3$ (5) $\frac{\pi}{2}$ (6) $\frac{\pi}{4}$ (7) $\frac{1}{8}\pi ab$ (8) $\frac{1}{3}(1-\cos 1)$

7. $2a^2$

8. $\frac{81}{2}\pi$

9. 提示: $e^u \geqslant 1+u$

习 题 10

1. (1) 收敛 (2) 发散 (3) 收敛 (4) 收敛

2. (1) 收敛 (2) 发散 (3) 发散 (4) 收敛 (5) 收敛
   (6) 发散 (7) 收敛 (8) 收敛 (9) 发散 (10) 收敛

3. (1) 收敛 (2) 收敛 (3) 发散 (4) 发散
   (5) 收敛 (6) 收敛 (7) 收敛 (8) 收敛

4. (1) 收敛 (2) 发散

5. (1) 1

7. (1) 收敛 (2) 收敛 (3) 发散 (4) 收敛

8. (1) 条件收敛 (2) 绝对收敛 (3) 绝对收敛 (4) 条件收敛 (5) 发散 (6) 条件收敛
   (7) $0 < p < 1$ 发散; $p=1$ 条件收敛; $p > 1$ 绝对收敛

10. (1) $+\infty, (-\infty, +\infty)$ (2) $\sqrt{2}, (-\sqrt{2}, \sqrt{2})$ (3) $\frac{1}{3}, \left[-\frac{1}{3}, \frac{1}{3}\right]$
    (4) $1, (-2, 0]$ (5) $\frac{1}{2}, (1, 2]$ (6) $1, [-1, 1]$

11. (1) $[-1, 1]$, $\arctan x$ (2) $(-1, 1)$, $\frac{x}{(1-x)^2}$ (3) $(-\infty, \infty)$, $\left(1+\frac{x}{2}\right)e^{\frac{x}{2}} - 1$

   (4) $[-1, 1]$, $\begin{cases} 1 + \left(\frac{1}{x} - 1\right)\ln(1-x), & -1 \leqslant x < 1, x \neq 0 \\ 1, & x = 1 \\ 0, & x = 0 \end{cases}$

   (5) $(-\infty, \infty)$, $\frac{1}{2}(e^x + e^{-x})$

12. $(-1, 1)$; $\frac{2x}{(1-x)^3}$; $-\frac{8}{27}$

13. $\frac{\pi}{4} - \frac{1}{2}$

14. (1) $\sum_{n=1}^{\infty} (-1)^{n-1} \frac{2^{2n-1}}{(2n)!} x^{2n}, (-\infty, +\infty)$ (2) $\ln 10 + \sum_{n=0}^{\infty} \frac{(-1)^n}{n+1} \left(\frac{x}{10}\right)^{n+1}, (-10, 10]$

   (3) $\sum_{n=1}^{\infty} \frac{(-1)^{n-1} 2^n - 1}{n} x^n, \left(-\frac{1}{2}, \frac{1}{2}\right]$ (4) $\frac{1}{4} \sum_{n=0}^{\infty} \left[(-1)^n - \frac{1}{3^n}\right] x^n, (-1, 1)$

(5) $\sum_{n=2}^{\infty} \frac{n-1}{n!} x^{n-2}, x \neq 0$ (6) $\sum_{n=0}^{\infty} \frac{(-1)^n x^{2n+1}}{(2n+1)(2n+1)!}, (-\infty, \infty)$

15. (1) $e \sum_{n=0}^{\infty} \frac{(x-1)^n}{n!}, (-\infty, \infty)$

(2) $\frac{\sqrt{2}}{2} \left[\sum_{n=0}^{\infty} (-1)^n \frac{1}{(2n)!} \left(x - \frac{\pi}{4}\right)^{2n} - \sum_{n=1}^{\infty} (-1)^{n-1} \frac{1}{(2n-1)!} \left(x - \frac{\pi}{4}\right)^{2n-1} \right], (-\infty, \infty)$

(3) $\ln 2 + \sum_{n=1}^{\infty} \frac{(-1)^{n+1}}{n \cdot 2^n} (x-2)^n, (0, 4]$

(4) $\sum_{n=0}^{\infty} (-1)^n \left(\frac{1}{3^{n+1}} - \frac{1}{4^{n+1}} \right) (x-2)^n, (-1, 5)$

The Best
of
Greg Egan

祈祷之海

格雷格·伊根经典科幻三重奏

1

[澳] 格雷格·伊根 著
鲁冬旭 阿 古 刘文元 萧傲然 张 涵 译

新 星 出 版 社　NEW STAR PRESS

THE BEST OF GREG EGAN by Greg Egan

Copyright © 2019 by Greg Egan

This edition arranged with Curtis Brown Group Limited of Haymarket House through Andrew Nurnberg Associates International Limited.

Simplified Chinese edition copyright:

2022 Chengdu Eight Light Minutes Culture Communication Co., Ltd.

All rights reserved.

著作版权合同登记号：01-2022-2529

图书在版编目（CIP）数据

祈祷之海 /（澳）格雷格·伊根著；鲁冬旭等译
. -- 北京：新星出版社，2023.1（2025.2 重印）
（格雷格·伊根经典科幻三重奏；Ⅰ）
ISBN 978-7-5133-5044-0

Ⅰ. ①祈… Ⅱ. ①格… ②鲁… Ⅲ. ①幻想小说－小说集－澳大利亚－现代 Ⅳ. ① I611.45

中国版本图书馆 CIP 数据核字（2022）第 183337 号

光分科幻文库

祈祷之海

[澳]格雷格·伊根 著；鲁冬旭 阿 古 刘文元 萧傲然 张 涵 译

责任编辑： 吴燕慧
监　　制： 黄 艳
特约编辑： 余曦赟　田兴海　姚 雪
责任印制： 李珊珊

出版发行： 新星出版社
出 版 人： 马汝军
社　　址： 北京市西城区车公庄大街丙 3 号楼 100044
网　　址： www.newstarpress.com
电　　话： 010-88310888
传　　真： 010-65270449
法律顾问： 北京市岳成律师事务所

读者服务： 010-88310811　service@newstarpress.com
邮购地址： 北京市西城区车公庄大街丙 3 号楼 100044

印　　刷： 北京天恒嘉业印刷有限公司
开　　本： 910mm×1230mm　1/32
印　　张： 7.25
字　　数： 194 千字
版　　次： 2023 年 1 月第一版　2025 年 2 月第七次印刷
书　　号： ISBN 978-7-5133-5044-0
定　　价： 58.00 元

版权专有，侵权必究；如有质量问题，请与印刷厂联系更换。

(5) $\sum_{n=2}^{\infty} \dfrac{n-1}{n!} x^{n-2}, x \neq 0$ (6) $\sum_{n=0}^{\infty} \dfrac{(-1)^n x^{2n+1}}{(2n+1)(2n+1)!}, (-\infty, \infty)$

15. (1) $e \sum_{n=0}^{\infty} \dfrac{(x-1)^n}{n!}, (-\infty, \infty)$

(2) $\dfrac{\sqrt{2}}{2} \left[\sum_{n=0}^{\infty} (-1)^n \dfrac{1}{(2n)!} \left(x - \dfrac{\pi}{4}\right)^{2n} - \sum_{n=1}^{\infty} (-1)^{n-1} \dfrac{1}{(2n-1)!} \left(x - \dfrac{\pi}{4}\right)^{2n-1} \right], (-\infty, \infty)$

(3) $\ln 2 + \sum_{n=1}^{\infty} \dfrac{(-1)^{n+1}}{n \cdot 2^n} (x-2)^n, (0, 4]$

(4) $\sum_{n=0}^{\infty} (-1)^n \left(\dfrac{1}{3^{n+1}} - \dfrac{1}{4^{n+1}} \right) (x-2)^n, (-1, 5)$

5. (1) $\int_{-\frac{\pi}{2}}^{\frac{\pi}{2}} d\theta \int_{0}^{a\cos\theta} f(\rho\cos\theta, \rho\sin\theta)\rho d\rho$

(2) $\int_{0}^{\frac{\pi}{4}} d\theta \int_{0}^{\frac{1}{\cos\theta}} f(\rho\cos\theta, \rho\sin\theta)\rho d\rho + \int_{\frac{\pi}{4}}^{\frac{\pi}{2}} d\theta \int_{0}^{\frac{1}{\sin\theta}} f(\rho\cos\theta, \rho\sin\theta)\rho d\rho$

6. (1) $\frac{1}{4}$ (2) $\frac{11}{15}$ (3) $\frac{2}{3}$ (4) $\frac{2}{3}a^3$ (5) $\frac{\pi}{2}$ (6) $\frac{\pi}{4}$ (7) $\frac{1}{8}\pi ab$ (8) $\frac{1}{3}(1-\cos 1)$

7. $2a^2$

8. $\frac{81}{2}\pi$

9. 提示: $e^u \geqslant 1+u$

习　题　10

1. (1) 收敛　(2) 发散　(3) 收敛　(4) 收敛

2. (1) 收敛　(2) 发散　(3) 发散　(4) 收敛　(5) 收敛
   (6) 发散　(7) 收敛　(8) 收敛　(9) 发散　(10) 收敛

3. (1) 收敛　(2) 收敛　(3) 发散　(4) 发散
   (5) 收敛　(6) 收敛　(7) 收敛　(8) 收敛

4. (1) 收敛　(2) 发散

5. (1) 1

7. (1) 收敛　(2) 收敛　(3) 发散　(4) 收敛

8. (1) 条件收敛　(2) 绝对收敛　(3) 绝对收敛　(4) 条件收敛　(5) 发散　(6) 条件收敛
   (7) $0 < p < 1$ 发散; $p = 1$ 条件收敛; $p > 1$ 绝对收敛

10. (1) $+\infty, (-\infty, +\infty)$ (2) $\sqrt{2}, (-\sqrt{2}, \sqrt{2})$ (3) $\frac{1}{3}, \left[-\frac{1}{3}, \frac{1}{3}\right]$

    (4) $1, (-2, 0]$ (5) $\frac{1}{2}, (1, 2]$ (6) $1, [-1, 1]$

11. (1) $[-1, 1]$, $\arctan x$ (2) $(-1, 1)$, $\frac{x}{(1-x)^2}$ (3) $(-\infty, \infty)$, $\left(1+\frac{x}{2}\right)e^{\frac{x}{2}} - 1$

    (4) $[-1, 1]$, $\begin{cases} 1 + \left(\frac{1}{x} - 1\right)\ln(1-x), & -1 \leqslant x < 1, x \neq 0 \\ 1, & x = 1 \\ 0, & x = 0 \end{cases}$

    (5) $(-\infty, \infty)$, $\frac{1}{2}(e^x + e^{-x})$

12. $(-1, 1)$; $\frac{2x}{(1-x)^3}$; $-\frac{8}{27}$

13. $\frac{\pi}{4} - \frac{1}{2}$

14. (1) $\sum_{n=1}^{\infty} (-1)^{n-1} \frac{2^{2n-1}}{(2n)!} x^{2n}, (-\infty, +\infty)$ (2) $\ln 10 + \sum_{n=0}^{\infty} \frac{(-1)^n}{n+1} \left(\frac{x}{10}\right)^{n+1}, (-10, 10]$

    (3) $\sum_{n=1}^{\infty} \frac{(-1)^{n-1} 2^n - 1}{n} x^n, \left(-\frac{1}{2}, \frac{1}{2}\right]$ (4) $\frac{1}{4} \sum_{n=0}^{\infty} \left[(-1)^n - \frac{1}{3^n}\right] x^n, (-1, 1)$